機械工学基礎課程

熱力学

松村幸彦
遠藤琢磨 [編著]

朝倉書店

執 筆 者（執筆順，※は編著者，括弧内は担当章）

松村 幸彦※　広島大学大学院工学研究院・教授（1, 10, 11, 13, 16章）
遠藤 琢磨※　広島大学大学院工学研究院・教授（2～5, 17章）
笠原 次郎　名古屋大学大学院工学研究科・教授（2～5章）
野村 信福　愛媛大学大学院理工学研究科・教授（6章，補章）
田之上健一郎　山口大学大学院理工学研究科・准教授（7章）
大澤 克幸　鳥取大学大学院工学研究科・教授（8章）
小田 哲也　鳥取大学大学院工学研究科・准教授（8章）
城﨑 知至　広島大学大学院工学研究院・准教授（9章）
坪井 伸幸　九州工業大学大学院工学研究院・教授（9章）
板谷 義紀　岐阜大学大学院工学研究科・教授（12章）
井上 修平　広島大学大学院工学研究院・准教授（14, 15章）

はじめに

　熱力学はすべての現象の基礎となる考え方であり，これまでもエンジン，熱利用，冷凍などの幅広い分野で用いられている．一方，21世紀になり，ナノテクノロジー，新規材料開発，宇宙工学などの科学技術の発展が進み，地球温暖化と気候変動，再生可能エネルギー導入，PM2.5などの環境・エネルギー問題の解決が求められている．このため，従来以上に幅広い対象を扱う必要が生じている．熱力学を体系的に理解し，時には蒸気や化学反応についても理解をすることも必要となる．本書はこのようなニーズに対応することを考えて作成された．

　まず，熱力学を体系的に理解するために，理論的にしっかりと議論が展開されるように途中を飛ばさず，かならず根拠を示すようにした．議論の結論や重要なポイントは各章末にわかりやすくまとめてあるが，その結論はどうして導かれるのかについても本文に必ず示した．また，全体を通しての議論が俯瞰できるように，最初に用語を整理した図，基本となる式を整理した図を掲載した．

　次に，蒸気や化学反応についての理解を深められるように，化学熱力学の分野を比較的しっかりと議論した．このため，混合，相変化，化学反応についても理解を深めることが可能となっている．

　具体的な構成としては，第1部で熱力学の基礎と気体のプロセスを，第2部で化学ポテンシャルの考え方と蒸気のプロセスを扱っている．エンジンやガスタービンなど気体を用いたプロセスの理解までが必要であれば第1部のみでも教科書として使えるような構成となっている．第2部まで学ぶことによって，蒸気タービンや化学反応までを扱うことも可能となる．なお，第2部では最初に化学ポテンシャルの考え方を説明するが，蒸気による熱機関サイクル，蒸気圧縮冷凍サイクルの部分は化学ポテンシャルの知識がなくても理解できるようにまとめてある．

　なお，紙面の制限にとらわれず，わかりやすく説明できるように，章末問題の解答や式の導出など，サポート内容をホームページに掲載する形をとった．

　　　　　http://www.asakura.co.jp/books/isbn/978-4-254-23794-8/

を参照されたい．また，統計熱力学の知識があった方が理解が容易になることがあるので，巻末に補章として統計熱力学の説明を加えてある．今後，国際化も求

められるので，主要用語には英語を示し，英語の索引も加えた．必要に応じて，知りたいことが得られることを考慮して編集をしているので，これらの特長を上手く使っていただければ幸いである．

　最後に，本書の執筆にあたってご協力をいただいた皆様に謝意を表する．

2015年8月

著者を代表して　松村幸彦
　　　　　　　　遠藤琢磨

目　　次

使用記号　　viii
鳥瞰図　　x
熱力学関係式一覧（微分形）　　xiv
熱力学関係式一覧（積分形）　　xvi

第1部　熱力学の基礎と気体サイクル

1. 工業熱力学の基礎的事項 ································· 1
   1.1 熱力学とは ··· 1
   1.2 基本的な概念と用語 ································· 1
   1.3 内部エネルギー ····································· 8
   1.4 過　程 ··· 9
   1.5 サイクル ··· 11

2. 熱力学第1法則 ··· 13
   2.1 熱力学第1法則の表現 ······························· 13
   2.2 準静的過程に対する熱力学第1法則 ··················· 14
   2.3 定積過程，定圧過程，エンタルピー ··················· 15

3. 熱力学第2法則 ··· 21
   3.1 熱の移動と温度および熱源 ··························· 21
   3.2 熱力学第2法則（ケルビンの原理） ··················· 21
   3.3 カルノーサイクル ··································· 22
   3.4 熱機関の効率 ······································· 23
   3.5 熱機関の効率に関する知見 ··························· 24

3.6　熱力学的絶対温度目盛……………………………………………… 26

4. **エントロピー**…………………………………………………………… 30
   4.1　クラウジウスの不等式…………………………………………… 30
   4.2　エントロピー……………………………………………………… 32
   4.3　熱力学第2法則のエントロピーを使った表現………………… 36

5. **一般的な熱力学関係式**………………………………………………… 40
   5.1　状態変数を表す文字についての習慣…………………………… 40
   5.2　状態方程式（熱的状態方程式），熱量的状態方程式………… 40
   5.3　熱容量，比熱……………………………………………………… 41
   5.4　ギブズ自由エネルギー，ヘルムホルツ自由エネルギー……… 43
   5.5　完全微分…………………………………………………………… 45
   5.6　マクスウェルの熱力学的関係…………………………………… 46
   5.7　体膨張係数，等温圧縮率，圧力係数…………………………… 47
   5.8　ギブズの関係式からすぐに得られる一般関係式……………… 48
   5.9　比熱に関連した一般関係式……………………………………… 49
   5.10　等エントロピー変化と等温変化………………………………… 50
   5.11　内部エネルギーなどに関連した一般関係式…………………… 50

6. **落穂ひろい**……………………………………………………………… 53
   6.1　P-V 線図と T-S 線図……………………………………………… 53
   6.2　単位について……………………………………………………… 55
   6.3　温度目盛…………………………………………………………… 56
   6.4　状態量と完全微分………………………………………………… 59
   6.5　定常流れを伴うエネルギー式…………………………………… 60
   6.6　冷凍機の成績係数………………………………………………… 62

7. **理想気体**………………………………………………………………… 64
   7.1　理想気体とは……………………………………………………… 64
   7.2　理想気体の法則…………………………………………………… 64

7.3	内部エネルギー，エンタルピー，比熱，エントロピー	65
7.4	理想気体の状態変化	67

8. ガスサイクル … 75
- 8.1 熱機関のガスサイクル … 75
- 8.2 ガス逆サイクル … 84
- 8.3 エクセルギーと最大仕事 … 86

9. 実在気体 … 92
- 9.1 圧縮因子 … 92
- 9.2 実在気体に対する熱的状態方程式の例 … 93
- 9.3 ジュール・トムソン効果 … 95

第2部　多成分系，相変化，化学反応への展開

10. 化学ポテンシャル … 100
- 10.1 化学反応などの取り扱い … 100
- 10.2 化学ポテンシャルの定義 … 102
- 10.3 混合系の状態量 … 103
- 10.4 熱力学量の基準 … 105
- 10.5 開いた系への展開 … 106

11. 自発的状態変化と平衡状態 … 108
- 11.1 自発的な状態変化とエントロピー … 108
- 11.2 自発的な温度変化 … 108
- 11.3 自発的な圧力変化 … 110
- 11.4 自発的な物質の変化 … 111
- 11.5 定温定積の閉じた系の平衡 … 113
- 11.6 定温定圧の閉じた系の平衡 … 114

12. 多成分の理想気体 … 117
- 12.1 混合気体の圧力と平均モル質量 … 117

    12.2　混合気体のエネルギーと平均比熱……………………………… 119
    12.3　その他の状態量………………………………………………… 120
    12.4　湿り気体………………………………………………………… 122

13. 相と相平衡 ……………………………………………………… 127
    13.1　相……………………………………………………………… 127
    13.2　相転移………………………………………………………… 128
    13.3　相平衡の条件………………………………………………… 128
    13.4　蒸　気………………………………………………………… 131
    13.5　ファン・デル・ワールスの式と気液共存状態……………… 134

14. 蒸気による熱機関サイクル …………………………………… 137
    14.1　蒸気の性質…………………………………………………… 137
    14.2　蒸気原動機サイクル………………………………………… 138
    14.3　再熱サイクル………………………………………………… 140
    14.4　再生サイクル………………………………………………… 142
    14.5　実サイクルおよび他のサイクル…………………………… 143

15. 蒸気圧縮冷凍サイクル ………………………………………… 145
    15.1　蒸気圧縮冷凍サイクル……………………………………… 145
    15.2　モリエ線図…………………………………………………… 145
    15.3　1段圧縮冷凍サイクル……………………………………… 146
    15.4　2段膨張冷凍サイクル……………………………………… 148
    15.5　2段圧縮冷凍サイクル……………………………………… 149
    15.6　多元冷凍サイクル…………………………………………… 150

16. 化学反応 ………………………………………………………… 153
    16.1　反応進行度…………………………………………………… 153
    16.2　定温定積の閉じた系の化学平衡…………………………… 154
    16.3　定温定圧の閉じた系の化学平衡…………………………… 156
    16.4　理想気体の場合の定温定圧の化学平衡…………………… 157

17. ギブズの相律とデュエムの定理 …………………………………… 161
   17.1 ギブズの相律 …………………………………………………… 161
   17.2 デュエムの定理 ………………………………………………… 162
   17.3 ギブズの相律とデュエムの定理との関係 …………………… 163

補章 エントロピーの統計的取扱い ……………………………………… 165
   S.1 場合の数とエントロピー ……………………………………… 165
   S.2 粒子の分布とエントロピー …………………………………… 169
   S.3 粒子の熱平衡分布 ……………………………………………… 170
   S.4 情報理論のエントロピー ……………………………………… 173

付 録 ……………………………………………………………………… 177
   1. 熱力学で扱う代表的な物理量　177
   2. 国際単位系（IS）　178
   3. 単位の換算係数　179
   4. 気体の物性　180
   5. 水の物性　181
   6. 臨界定数　186
   7. 熱化学的特性　186
   8. 各種線図　187
   9. 微小量（全微分）の計算　191

索　引 ………………………………………………………………………… 195
英語索引 ……………………………………………………………………… 198

# 使用記号

本書で使用する記号を以下に示す．付録の表 A1.1（177 頁）も参照のこと．

A	[m²]	断面積(6.5 節)		f_{Vw}	[m³/m³]	水蒸気体積分率(12.4 節)
A	[J]	アネルギー		G	[J]	ギブズ自由エネルギー
a	[Pa mol²/m⁶]	ファン・デル・ワールス定数		G_m	[J/mol]	モルギブズ自由エネルギー
b	[mol/m³]	ファン・デル・ワールス定数		ΔG_m°	[J/mol]	標準生成モルギブズ自由エネルギー
C	[J/K]	熱容量				
C	[m/s]	速度(第2章, 8.1.8 項)		ΔG_r°	[J/mol]	反応のギブズ自由エネルギー変化
C	[-]	化学種の数(17.1 節)				
C_m	[J/(mol K)]	モル熱容量		g	[J/kg]	比ギブズ自由エネルギー
C_{mw}	[mol/m³]	水蒸気モル濃度(12.4 節)		g	[m/s²]	重力加速度(6.5 節)
C_P	[J/K]	定圧熱容量		H	[J]	エンタルピー
C_{Pm}	[J/(mol K)]	定圧モル比熱		H	[kg/kg]	絶対湿度(12.4 節)
$\overline{C}_{Pm}$	[J/(mol K)]	平均定圧モル比熱		H'	[mol/mol]	モル湿度(12.4 節)
C_V	[J/K]	定積熱容量		H_{env}	[J]	環境温度，環境圧力におけるエンタルピー
C_{Vm}	[J/(mol K)]	定積モル比熱				
$\overline{C}_{Vm}$	[J/(mol K)]	平均定積モル比熱		H_{sat}	[kg/kg]	飽和絶対湿度(12.4 節)
C_w	[kg/m³]	水蒸気濃度(12.4 節)		H'_{sat}	[mol/mol]	飽和モル湿度(12.4 節)
c	[J/(kg K)]	比熱		h	[J/kg]	比エンタルピー
c_P	[J/(kg K)]	定圧比熱		h_H	[J/kg]	湿り比エンタルピー(12.4 節)
$\overline{c}_P$	[J/(kg K)]	平均定圧比熱		I	[J]	全供給エネルギー
c_{PH}	[J/(kg K)]	湿り比熱(12.4 節)		I	[-]	シャノンの情報量(補章)
c_V	[J/(kg K)]	定積比熱		k_B	[J/K]	ボルツマン定数
$\overline{c}_V$	[J/(kg K)]	平均定積比熱		L	[m]	距離
E	[J]	エクセルギー		M	[kg]	質量
E	[J]	全エネルギー(補章)		M		$(\partial z/\partial x)_y$ (5.6, 6.4 節)
E_c	[J]	閉じた系のエクセルギー		$\dot{M}$	[kg/s]	質量流量
E_o	[J]	開いた系のエクセルギー		M_m	[kg/mol]	モル質量
E_Q	[J]	熱のエクセルギー		$\overline{M}_m$	[kg/mol]	平均モル質量
E_V	[J]	体積変化のエクセルギー		m	[kg/kg]	質量分率
F	[J]	ヘルムホルツ自由エネルギー		N	[-]	整数(第2章)
F	[N]	力(第1章)		N		$(\partial z/\partial y)_x$ (5.6, 6.4 節)
F	[-]	自由度(17.1 節)		N	[-]	全粒子の個数(補章)
f	[J/kg]	比ヘルムホルツ自由エネルギー		n	[mol]	物質量
f_i	[-]	粒子がエネルギー準位 ε_i に存在する確率(補章)				

使 用 記 号

記号	単位	意味
n_i	[-]	エネルギー準位 ε_i に存在する粒子の数(補章)
n_m	[mol/mol]	モル分率
n_{mw}	[mol/mol]	水蒸気モル分率(12.4節)
n_p	[-]	ポリトロープ指数
P	[Pa]	圧力
P	[-]	相の数(17.1節)
P	[-]	確率(補章)
P_0	[Pa]	大気圧
P_a	[Pa]	絶対圧
P_e	[Pa]	外界の圧力
P_{env}	[Pa]	環境の圧力
P_g	[Pa]	ゲージ圧
P_{sat}	[Pa]	飽和蒸気圧
P_w	[Pa]	水蒸気分圧
Q	[J]	系が受け取る熱
$\dot{Q}$	[W]	単位時間に系が受け取る熱
Q^*	[J]	系が供給する熱
Q_H	[J]	高温熱源から系が受け取る熱
Q_L^*	[J]	低温熱源に系が渡す熱
Q_P	[J]	定圧変化で系が受け取る熱
Q_{rev}	[J]	可逆過程で系が受け取る熱
Q_V	[J]	定積変化で系が受け取る熱
R	[J/(mol K)]	ガス定数
R	[-]	独立な化学反応の数(17.1節)
R_0	[J/(mol K)]	一般ガス定数
S	[J/K]	エントロピー
S	[m^2]	面積(第1章)
$S°$	[J/K]	標準エントロピー
S_{env}	[J]	環境温度,環境圧力におけるエントロピー
T	[K]	温度
$\tilde{T}$	[K]	基準温度
T_d	[K]	露点(12.4節)
T_{env}	[K]	環境の温度
T_{sat}	[K]	断熱飽和温度(12.4節)
T_{tr}	[K]	相転移温度
U	[J]	内部エネルギー
U_{env}	[J]	環境温度,環境圧力における内部エネルギー
U_m	[J/mol]	モル内部エネルギー
u	[J/kg]	比内部エネルギー
V	[m^3]	体積
V_{env}	[J]	環境温度,環境圧力における体積
V_m	[m^3/mol]	モル体積
v	[m^3/kg]	比体積
W	[-]	状態の数(補章)
W_a	[J]	絶対仕事
W_c	[J]	閉じた系のする仕事
W_e	[J]	外界に取り出せる仕事
W_o	[J]	開いた系のする仕事
W_t	[J]	工業仕事
$\dot{W}_t$	[W]	単位時間当たりの工業仕事
x	[mol]	化学量論係数
Z	[-]	圧縮因子
Z	[-]	分配関数(補章)
z	[m]	高さ(6.5節)
α	[1/Pa]	等温圧縮率
β	[1/K]	体膨張係数
γ	[-]	圧力比
γ_w	[J/kg]	水の蒸発潜熱(12.4節)
ε	[-]	圧縮比(8.1節)
ε_H	[-]	ヒートポンプの成績係数
ε_i	[J]	エネルギー準位(補章)
ε_R	[-]	冷凍機の成績係数
ζ	[-]	圧力比
η	[-]	熱効率
η_E	[-]	エクセルギー効率
η_{th}	[-]	理論熱効率
θ		絶対温度のある関数(第2章)
θ	[rad]	エンジン回転角(第8章)
κ	[-]	比熱比
μ	[J/mol]	化学ポテンシャル
ν	[mol]	負号を考慮した化学量論係数
ξ	[mol]	反応進行度
ρ	[kg/m^3]	密度(質量密度)
σ	[-]	締切比
φ	[-]	関係湿度(12.4節)
χ	[Pa/K]	定積圧力係数
ψ	[-]	飽和度(12.4節)

鳥 瞰 図

第1部　熱力学の基礎と気体サイクル

第1章　工業熱力学の基礎的事項

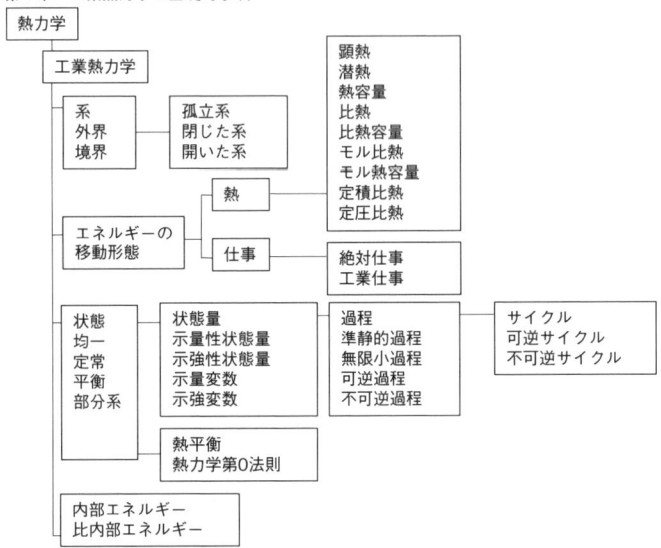

第2章　熱力学第1法則

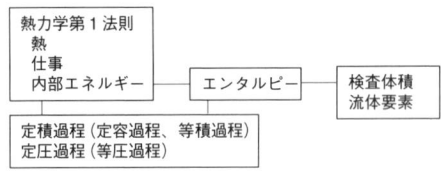

第3章　熱力学第2法則　　　　　　第4章　エントロピー

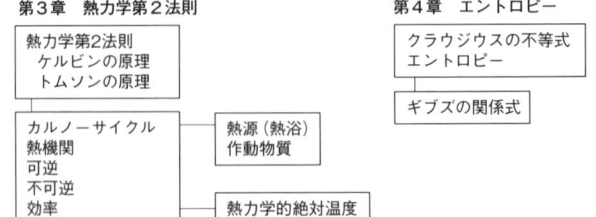

鳥　瞰　図

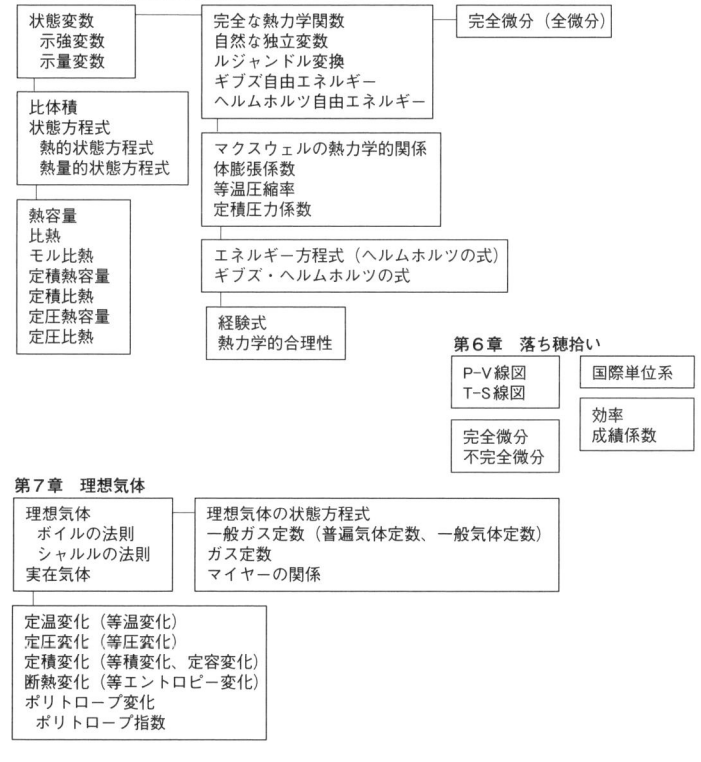

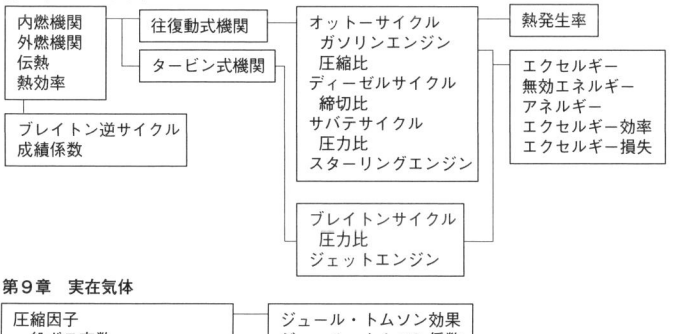

第2部 多成分系，相変化，化学反応への展開

第10章 化学ポテンシャル

化学ポテンシャル（ケミカルポテンシャル）
標準生成エンタルピー
標準エントロピー
標準生成ギブズ自由エネルギー

第11章 自発的状態変化と平衡状態

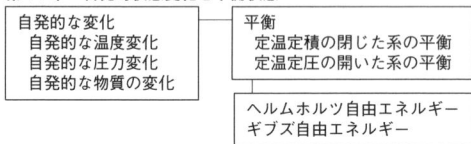

自発的な変化
　自発的な温度変化
　自発的な圧力変化
　自発的な物質の変化

平衡
　定温定積の閉じた系の平衡
　定温定圧の開いた系の平衡

ヘルムホルツ自由エネルギー
ギブズ自由エネルギー

第12章 多成分の理想気体

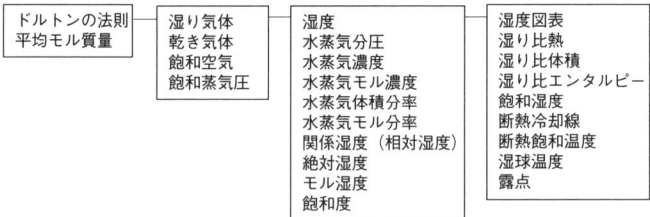

ドルトンの法則
平均モル質量

湿り気体
乾き気体
飽和空気
飽和蒸気圧

湿度
水蒸気分圧
水蒸気濃度
水蒸気モル濃度
水蒸気体積分率
水蒸気モル分率
関係湿度（相対湿度）
絶対湿度
モル湿度
飽和度

湿度図表
湿り比熱
湿り比体積
湿り比エンタルピー
飽和湿度
断熱冷却線
断熱飽和温度
湿球温度
露点

第13章 相と相平衡

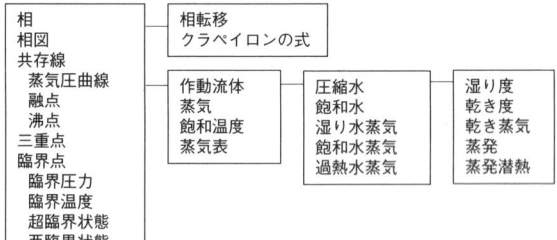

相
相図
共存線
　蒸気圧曲線
　融点
　沸点
三重点
臨界点
　臨界圧力
　臨界温度
　超臨界状態
　亜臨界状態

相転移
クラペイロンの式

作動流体
蒸気
飽和温度
蒸気表

圧縮水
飽和水
湿り水蒸気
飽和水蒸気
過熱水蒸気

湿り度
乾き度
乾き蒸気
蒸発
蒸発潜熱

第14章　蒸気による熱機関サイクル

- 蒸気サイクル（気液二相サイクル）
- 飽和蒸気圧
- 飽和温度
- 加熱蒸気

  - ランキンサイクル
  - 理論熱効率
  - 再熱サイクル
  - 再生サイクル
  - 再熱再生サイクル

  - 2流体サイクル
  - カリーナサイクル
  - ウエハラサイクル

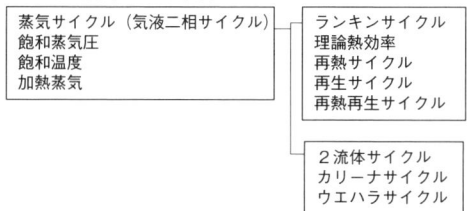

第15章　蒸気による冷凍サイクル

- 冷媒
- モリエ線図

  - 1段圧縮冷凍サイクル
  - 1段圧縮2段膨張冷凍サイクル
  - 2段圧縮1段膨張サイクル
  - 多元冷凍サイクル

第16章　化学反応

- 反応物
- 生成物
- 化学量論係数
- 反応進行度

  - 反応熱
    - 内部エネルギー
    - エンタルピー

  - 化学平衡
    - ヘルムホルツ自由エネルギー
    - ギブズ自由エネルギー
      - 親和力
      - 平衡定数

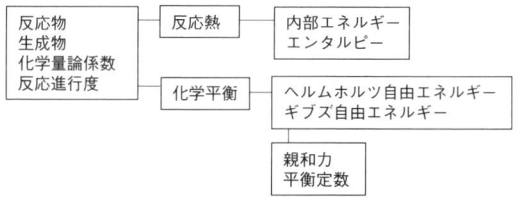

第17章　ギブズの相律とデュエムの定理

- 自由度
- ギブズの相律
- デュエムの定理

補章　エントロピーの統計的取扱い

- ボルツマン定数
- ボルツマンの原理
- スターリングの公式
- 分配関数
- 状態和
- シャノンの情報量

  - クラウジウスのエントロピー
  - シャノンのエントロピー

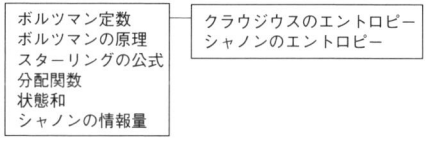

熱力学関係式一覧（微分形）

何でもOK

(1) $dU = dQ + dW_a$ (2) $dQ \leq TdS$ (3) $dW_a \equiv -PdV$ (4) $dW_t \equiv -VdP$ (11) $dQ = dU + PdV$

(12) $dQ = dH - VdP$

(5) $(dQ)_V = C_V dT$ (6) $(dQ)_P = C_P dT$ (7) $\kappa \equiv C_P/C_V$

(8) $H \equiv U + PV$ (9) $F \equiv U - TS$ (10) $G \equiv H - TS$

(13) $dU = dQ - PdV$ (14) $dU = C_V dT$

(15) $dH = dQ + VdP$

可逆 (16) $dQ = TdS$ (17) $dW_a = dU - TdS$ (18) $dW_t = dH - TdS$ (19) $dQ = dU + PdV$

(20) $dW_a = dF + SdT$ (21) $dW_t = dG + SdT$ (22) $dQ = dH - VdP$

(23) $dS = C_V \dfrac{dT}{T} + \dfrac{P}{T} dV$

(24) $dS = C_P \dfrac{dT}{T} - \dfrac{V}{T} dP$

圧力一定 (25) $dP = 0$ (26) $dW_a = -PdV$ (27) $dW_t = 0$ (28) $dQ = dH$

(29) $dQ = C_V dT + PdV$

体積一定 (30) $dV = 0$ (31) $dW_a = 0$ (32) $dW_t = -VdP$ (33) $dQ = dU$

温度一定 (34) $dT = 0$ (35) $dW_a = dF$ (36) $dW_t = dG$ (37) $dQ = TdS$

断熱 (38) $dS = 0$ (39) $dW_a = dU$ (40) $dW_t = dH$ (41) $dQ = 0$

ポリトロープ (42) $d(PV^{n_P}) = 0$ (43) $dW_a = -PdV$ (44) $dW_t = -VdP$ (45) $dQ = TdS$

不可逆

(46) $dQ < TdS$ (47) $dW_a > dU - TdS$ (48) $dW_t > dH - TdS$

理想気体

(49) $PV = MRT$ (50) $\dfrac{dP}{P} + \dfrac{dV}{V} = \dfrac{dM}{M} + \dfrac{dT}{T}$

(51) $C_P = C_V + MR$

(52) $dS = C_V \dfrac{dT}{T} + MR \dfrac{dV}{V}$ (53) $dS = C_P \dfrac{dT}{T} - MR \dfrac{dP}{P}$ (54) $dS = C_V \dfrac{dP}{P} + C_P \dfrac{dV}{V}$

(55) $dS = C_V \left(\dfrac{dP}{P} + \kappa \dfrac{dV}{V} \right)$

(56) $dS = C_V d(\ln PV^\kappa)$

圧力一定 (57) $\dfrac{dT}{T} = \dfrac{dV}{V}$ (58) $dW_a = -MRdT$ (59) $dW_t = 0$ (60) $dQ = dH$

(61) $dQ = (C_V + MR)dT$

体積一定 (62) $\dfrac{dT}{T} = \dfrac{dP}{P}$ (63) $dW_a = 0$ (64) $dW_t = -VdP$ (65) $dQ = dU$

(66) $dQ = C_V dT$

温度一定 (67) $\dfrac{dP}{P} = -\dfrac{dV}{V}$ (68) $dW_a = dF$ (70) $dW_t = dG$ (73) $dQ = TdS$

(69) $dW_a = -RT \dfrac{dV}{V}$ (71) $dW_t = -MRT \dfrac{dP}{P}$ (74) $dQ = MRT \dfrac{dV}{V}$

(72) $dW_t = -dW_a$ (75) $dQ = -dW_a$

断熱 (76) $\dfrac{dP}{P} = -\kappa \dfrac{dV}{V} = \dfrac{\kappa}{\kappa-1} \dfrac{dT}{T}$ (77) $dW_a = dU$ (79) $dW_t = dH$ (81) $dQ = 0$

(78) $dW_a = C_V dT$ (80) $dW_t = -\dfrac{\kappa}{\kappa-1} MRdT$

ポリトロープ (82) $\dfrac{dP}{P} = -n_p \dfrac{dV}{V} = \dfrac{n_p}{n_p-1} \dfrac{dT}{T}$ (83) $dW_a = \dfrac{MR}{n_p-1} dT$ (84) $dW_t = -\dfrac{n_p}{n_p-1} MRdT$ (85) $dQ = \left(C_V - \dfrac{MR}{n_p-1} \right) dT$

熱力学関係式一覧（積分形）

何でもOK

(1) $U_2 - U_1 = Q + W_a$ (2) $Q \leq \int_1^2 TdS$ (3) $W_a \equiv -\int_1^2 PdV$ (4) $W_t \equiv -\int_1^2 VdP$ (11) $Q = U_2 - U_1 + \int_1^2 PdV$

(5) $Q|_V = \int_1^2 C_V dT$ (6) $Q|_P = \int_1^2 C_P dT$ (7) $\kappa \equiv C_P/C_V$ (12) $Q = H_2 - H_1 - \int_1^2 VdP$

(8) $H \equiv U + PV$ (9) $F \equiv U - TS$ (10) $G \equiv H - TS$

(13) $U_2 - U_1 = Q - \int_1^2 PdV$ (14) $U_2 - U_1 = \int_1^2 C_V dT$

(15) $H_2 - H_1 = Q + \int_1^2 VdP$

可逆　　C_V, C_P 一定

(16) $Q = \int_1^2 TdS$ (17) $W_a = U_2 - U_1 - \int_1^2 TdS$ (18) $W_t = H_2 - H_1 - \int_1^2 TdS$ (19) $Q = U_2 - U_1 + \int_1^2 PdV$

(20) $W_a = F_2 - F_1 + \int_1^2 SdT$ (21) $W_t = G_2 - G_1 + \int_1^2 SdT$ (22) $Q = H_2 - H_1 - \int_1^2 VdP$

(23) $S_2 - S_1 = C_V \ln\frac{T_2}{T_1} + \int_1^2 \frac{P}{T}dV$

(24) $S_2 - S_1 = C_P \ln\frac{T_2}{T_1} - \int_1^2 \frac{V}{T}dP$

圧力一定　(25) $P_1 = P_2$ (26) $W_a = -P(V_2 - V_1)$ (27) $W_t = 0$ (28) $Q = H_2 - H_1$

(29) $Q = C_V \ln\frac{T_2}{T_1} + P(V_2 - V_1)$

体積一定　(30) $V_1 = V_2$ (31) $W_a = 0$ (32) $W_t = -V(P_2 - P_1)$ (33) $Q = U_2 - U_1$

温度一定　(34) $T_1 = T_2$ (35) $W_a = F_2 - F_1$ (36) $W_t = G_2 - G_1$ (37) $Q = T(S_2 - S_1)$

断熱　(38) $S_1 = S_2$ (39) $W_a = U_2 - U_1$ (40) $W_t = H_2 - H_1$ (41) $Q = 0$

ポリトロープ　(42) $P_1 V_1^{n_P} = P_2 V_2^{n_P}$ (43) $W_a = -\int_1^2 PdV$ (44) $W_t = -\int_1^2 VdP$ (45) $Q = \int_1^2 TdS$

不可逆

(46) $Q < \int_1^2 TdS$ (47) $W_a > U_2 - U_1 - \int_1^2 TdS$ (48) $W_t > H_2 - H_1 - \int_1^2 TdS$

理想気体

(49) $PV = MRT$ (50) $\ln\dfrac{P_2}{P_1} + \ln\dfrac{V_2}{V_1} = \ln\dfrac{T_2}{T_1}$ (50b) $\dfrac{P_1V_1}{T_1} = \dfrac{P_2V_2}{T_2}$

(51) $C_P = C_V + MR$

(52) $S_2 - S_1 = C_V \ln\dfrac{T_2}{T_1} + MR\ln\dfrac{V_2}{V_1}$ (53) $S_2 - S_1 = C_P \ln\dfrac{T_2}{T_1} - MR\ln\dfrac{P_2}{P_1}$ (54) $S_2 - S_1 = C_V \ln\dfrac{P_2}{P_1} + C_P\dfrac{V_2}{V_1}$

(55) $S_2 - S_1 = C_V\left(\ln\dfrac{P_2}{P_1} + \kappa\ln\dfrac{V_2}{V_1}\right)$

(56) $S_2 - S_1 = C_V \ln PV^\kappa$

圧力一定 (57) $\dfrac{T_2}{T_1} = \dfrac{V_2}{V_1}$ (58) $W_a = -MR(T_2 - T_1)$ (59) $W_t = 0$ (60) $Q = H_2 - H_1$

(61) $Q = (C_V + MR)(T_2 - T_1)$

体積一定 (62) $\dfrac{T_2}{T_1} = \dfrac{P_2}{P_1}$ (63) $W_a = 0$ (64) $W_t = -V(P_2 - P_1)$ (65) $Q = U_2 - U_1$

(66) $Q = C_V(T_2 - T_1)$

温度一定 (67) $\dfrac{P_2}{P_1} = \dfrac{V_1}{V_2}$ (68) $W_a = F_2 - F_1$ (70) $W_t = G_2 - G_1$ (73) $Q = T(S_2 - S_1)$

(69) $W_a = -MRT\ln\dfrac{V_2}{V_1}$ (71) $W_t = -MRT\ln\dfrac{P_2}{P_1}$ (74) $Q = MRT\ln\dfrac{V_2}{V_1}$

(72) $W_t = -W_a$ (75) $Q = -W_a$

断熱 (76) $\dfrac{P_2}{P_1} = \left(\dfrac{V_1}{V_2}\right)^\kappa = \left(\dfrac{T_2}{T_1}\right)^{\frac{\kappa}{\kappa-1}}$ (77) $W_a = U_2 - U_1$ (79) $W_t = H_2 - H_1$ (81) $Q = 0$

(78) $W_a = C_V(T_2 - T_1)$ (80) $W_t = -\dfrac{\kappa}{\kappa-1}MR(T_2 - T_1)$

ポリトロープ (82) $\dfrac{P_2}{P_1} = \left(\dfrac{V_1}{V_2}\right)^{n_p} = \left(\dfrac{T_2}{T_1}\right)^{\frac{n_p}{n_p-1}}$ (83) $W_a = \dfrac{MR}{n_p-1}(T_2 - T_1)$ (84) $W_t = -\dfrac{n_p}{n_p-1}MR(T_2 - T_1)$ (85) $Q = \left(C_V - \dfrac{MR}{n_p-1}\right)(T_2 - T_1)$

第1部 熱力学の基礎と気体サイクル

Chapter 1

工業熱力学の基礎的事項

[目標・目的]　この章では，熱力学で扱う内容，そこで用いる基本的な概念と用語を説明して，後の章の議論の準備をする．

1.1 熱力学とは

エンジンや冷蔵庫など，熱を仕事に変えたり，仕事を熱に変えたりする装置は広く用いられている．また，熱や仕事を加えることによって，物質にエネルギーを蓄えたり，高温や高圧の物体から熱や仕事を取り出したりする装置もある．これらの装置において，どういう原理に従って，どういう仕組みで，仕事と熱が変換できるのかを知ることは重要である．そのためには，ある物質に熱や仕事を加えたり取り出したりした時に，物質の状態にはどのような変化が起きるのかを考えることが有効である．**熱力学**（thermodynamics）とは，熱や仕事の出入りが物質の状態の変化とどう関係するかを議論する学問である．そして，主に工業的に用いられる装置のために，分子や原子ではなく，物質全体の状態に着目して議論を行うのが**工業熱力学**（industrial thermodynamics）である．

1.2 基本的な概念と用語

定量的な議論を行うためには，物質の状態，熱や仕事などの量を最初に定義しておく必要がある．本書で用いる代表的な物理量を付録の表 A1.1 に示しておく．

1.2.1 系

まず，熱や仕事が出入りして起きる状態変化を考える範囲を決めておく必要が

> **しっかり議論 1.1** 　　熱力学で扱うのは，極めて多数の原子や分子からなる物質のマクロな振る舞いであり，ごく少数の原子や分子のミクロな振る舞いではない．実は，極めて多数の原子や分子の集団的な振る舞いはごく少数の変数で表すことができる．本書の熱力学では，そのようなマクロな振る舞いを表す変数の変化の仕方について議論する．

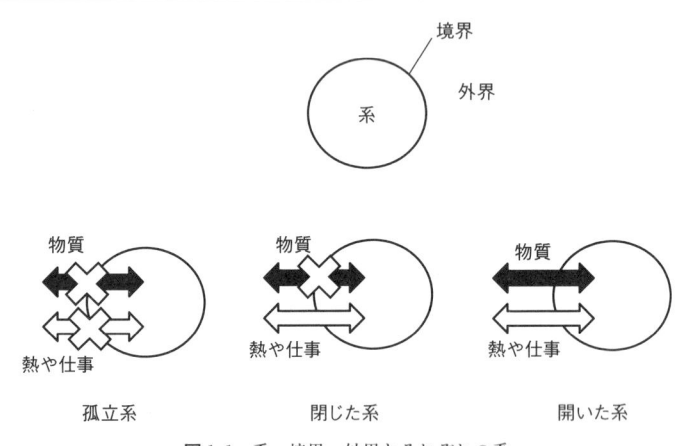

図 1.1　系・境界・外界とそれぞれの系

ある．この対象とする範囲を**系**（system）と呼び，それ以外を**外界**（surrounding）と呼ぶ．系と外界の間を**境界**（boundary）と呼ぶ．系は境界で囲まれていることになる．境界を通して，熱も仕事も物質も移動できない系を**孤立系**（isolated system），熱と仕事は移動できるが物質は移動できない系を**閉じた系**（closed system），熱も仕事も物質も移動できる系を**開いた系**（open system）と呼ぶ．図 1.1 にこれらの概念図を示す．

例えば，クーラーボックスのように熱も通さず，形も変わらない堅い箱は，孤立系として近似することができる．密閉した圧力鍋のように熱を通すけれども物質が出入りしない容器は閉じた系として近似できる．フタを開けたナベのように蒸気や湯気は中から出ていき，熱も伝わるような容器は開いた系となる．なお，実際の系はクーラーボックスでも徐々に熱が伝わって内部が暖まってしまうが，この変化を考えなくてはならないのであれば閉じた系として扱い，内部が暖まって膨張した空気が漏れ出すことまで考えなくてはならないのであれば開いた系として扱う必要がある．同じ系であっても，考える熱や仕事，物質の移動によって近似する系が変わることには注意が必要である．

系として所定の物質を考える場合などには，系は加熱や圧縮などによる変化に

伴って大きさや形を変えることもある．

1.2.2 熱と仕事

熱力学でいう**熱**（heat）や**仕事**（work）は，系から出入りするエネルギーの形態として定義される．ある系が別の系に力を加えて力学的な仕事をすれば，仕事を行った系のエネルギーはその分だけ減少し，仕事を行われた系のエネルギーはその分だけ増加する．一般的に，力と変位の積で表されるエネルギーの移動を仕事と呼ぶ．ある系から別の系へのエネルギーの移動は，仕事以外の形でも行われる．仕事以外のエネルギー移動の形態を熱と呼ぶ．気体を封じ込めたピストンについて考えるとわかりやすい．ピストンを暖めると中の気体にエネルギーが与えられ，膨張してピストンを押し上げる．暖めることによって気体に伝えられるエネルギーは熱として伝わり，ピストンを押し上げるエネルギーは仕事として伝わっている．

熱や仕事はエネルギーの移動形態であるが，これによって伝えられたエネルギーの量のことも熱，仕事という．エネルギーであるからその単位は［J］となる．定常状態の場合などに，単位時間当たりで考えることがあり，この場合の単位は［J/s］あるいは［W］となる．また，系の中の単位質量あるいは単位物質量当たりで考えることもあり，この場合の単位はそれぞれ［J/kg］，［J/mol］となる．単位時間当たりでも同様で，この場合の単位はそれぞれ［W/kg］，［W/mol］となる．

工業熱力学では，熱を加えて仕事を取り出すことが多いので，本書では熱は系に入ってくる熱を正，仕事は系がする仕事を正とする．系から出て行く熱は，負の熱が系に加えられたとして扱い，系に加えられる仕事は，負の仕事を系がしたとして扱う．ただし，冷凍機などの場合には，逆の符号を用いた方が理解しやすいこともあり，その場合にはこれらの記号に「*」をつける．

1.2.3 状 態

熱や仕事の出入りによって系の中の状態がどのように変化するかを表すには，系の**状態**（state）を示す変数を定義する必要がある．通常，系の状態を表すには，系の中に含まれる物質の種類と量，系の体積，ならびに温度や圧力などが用いられる．もちろん，同じ系の中でも場所によって物質の種類や温度，圧力が変わったり，これらの値が時間とともに変化したりする．特に，場所によってこれらの値が変化しない系を**均一**（homogeneous）であるといい，時間とともにこれらの値が変化しない系を**定常**（steady）であるという．外部から熱や仕事や物

> **しっかり議論 1.2**　境界には以下のような性質のものがある.
> 　断熱：熱を通さない性質
> 　透熱：熱を通す性質
> 　透過性：ある物質を透過させる性質
> 　断物：どんな物質も透過させない性質
> 　可動：動ける性質
> 　堅い：力を受けても変形しない性質
> 　境界のこれらの性質は物質や熱や仕事の移動に制限を課す．この制限を束縛と呼ぶ．外界が一定の平衡状態にある場合，束縛条件を変化させて系の状態変化を操作することができる．

質が供給されない場合，系の内部の状態は十分に長い時間を置けば自然に一定の状態になる．この状態は定常であるが，特に**平衡**（equilibrium）であるという．なお，場所によって物質の種類や温度，圧力が変わる場合には，通常，系を均一と見なせるくらい十分小さな系の集まりと考え，この小さな系を**部分系**（subsystem）と呼ぶ．

1.2.4 状態量

物質の量は，物質の質量 M [kg] あるいは物質量 n [mol] で表すことが多い．また，体積 V は [m^3] で表される．単位体積当たりの質量を密度 ρ [kg/m^3]，単位質量当たりの体積を比体積 v [m^3/kg]，1 mol 当たりの体積 V_m [m^3/mol] をモル体積と呼ぶ．

温度 T [K] は，熱の移動に関連して定義される．熱がある系から別の系へ伝わる時には，熱を供給する系の温度は熱を受け取る系の温度より高い．外部からの熱や仕事や物質の出入りがない，温度が不均一な系が平衡状態になった場合を**熱平衡**（thermal equilibrium）と呼ぶ．経験から，同じ温度の物質を接触させても熱の移動は起きず，これらの物質は熱平衡にあることがわかる．この「同じ温度の物質は熱平衡にある」という経験則を**熱力学第 0 法則**（the zeroth law of thermodynamics）と呼ぶ．

圧力 P [Pa] は境界が内部から受ける単位面積当たりの力である．圧力には絶対真空を基準とする絶対圧力と，大気圧を基準として表すゲージ圧力がある．大気圧を P_0 [Pa] とすると，ゲージ圧力 P_g [Pa] と絶対圧力 P_a [Pa] には式（1.1）に示す関係がある．以下の熱力学の計算などで使う圧力は絶対圧力である．

$$P_\mathrm{a} = P_0 + P_\mathrm{g} \tag{1.1}$$

ある状態の系を考える時，系が均一であれば温度や圧力などの値は 1 つの値に

1.2 基本的な概念と用語

> **しっかり議論 1.3** 通常，密度というと単位体積中の質量 [kg/m^3] を示すが，単位体積中にある物質量であるモル密度 [mol/m^3] など他の密度もあるので，厳密には質量密度と呼んで区別する．

> **しっかり議論 1.4** 温度の単位 [K] は，第3章で厳密に定義する．

> **しっかり議論 1.5** 熱力学では「熱平衡」という言葉に2通りの使い方がある．1つは「孤立系の熱平衡状態」というような使われ方で，「1つの孤立系を放置すれば，どんな複雑な初期状態であったとしても，やがてある終局的な状態に落ち着き，それ以上変化しなくなる．このような終局的な状態を熱平衡状態という（熱平衡状態を単に状態ということも多い）．」というような説明になる．もう1つは「2つの系の熱平衡」というような使われ方で，「2つの系が熱をやりとりできるように接触しているにもかかわらず，実際には熱のやりとりが起こらないとき，これら2つの系は熱平衡にある．そして，これら2つの系の温度は等しい．」というように説明できる．熱力学第0法則は，後者の使い方に関するもので，「系Aと系Bが熱平衡にあり，また，系Bと系Cが熱平衡にあるとき，系Aと系Cも熱平衡にある．この経験法則を熱力学第0法則（熱平衡の推移性）という．この法則は，温度計の原理を与える．」というように説明される．

決まる．このような状態を決めると定まる物理量を**状態量**（quantity of state, property）と呼ぶ．状態量の中で，同じ状態の系を2つ合わせて新しい系を作った時に2倍になる質量や物質量のような量を**示量性状態量**（extensive property），同じ状態の系を2つ合わせて新しい系を作っても変化しない温度や圧力のような量を**示強性状態量**（intensive property）という．これらの状態量を表す変数をそれぞれ，**示量変数**（extensive variable），**示強変数**（intensive variable）という．

1.2.5 各種の熱

a. 潜熱と顕熱

熱が加えられると通常，物質の温度は上昇する．このような場合に加えられた熱を**顕熱**（sensible heat）という．しかしながら，沸騰などによって系の状態変化が進行する場合，熱を加えても物質の温度は上昇しないことがある．このような場合に加えられた熱を**潜熱**（latent heat）という．

b. 熱容量と比熱

均一な系に微小熱量 $d'Q$ を加えて，均一のまま系の温度が dT だけ変化した場合，

しっかり議論 1.6 第1章の本文ではわかりやすさのために均一の場合で説明しているが，均一でなくても系が熱力学的平衡状態にあれば，状態量は決められる．たとえば，複数の相が共存する平衡状態のような場合である．なお，状態量という概念は，化学反応が進行している途中の状態を考察するような場合には，系が熱力学的平衡状態になくとも，均一であれば定義できるものと拡張されるのが普通である．

しっかり議論 1.7 ある熱平衡状態を指定するのに必要かつ十分な一組の変数を独立変数（自変状態変数）に選べば，他の状態変数は選んだ自変状態変数の関数となる．自変状態変数の数は，系がどのような状況にあるかで定まっている．「熱と力学的な圧縮・膨張仕事のみによって他の系とエネルギーのやりとりをする，化学的な組成変化の起こらない，重力などの外場の影響が無視できる均一な閉鎖系」における自変状態変数の数は 2 である．これは，「経験的な事実」であると理解してよい．したがって，例えば，温度と体積の値を指定すると，圧力などの他の状態変数の値は，すべて，一意に決まってしまう．なお，系の状態を規定する独立な示強変数の数を自由度という．

$$d'Q = \left(\frac{dQ}{dT}\right) dT \tag{1.2}$$

で定義される dQ/dT を**熱容量**（heat capacity）と呼ぶ．系内の物質単位質量当たりの熱容量を**比熱**（specific heat，比熱容量とも）[J/(kg K)]，単位物質量当たりの熱容量を**モル比熱**（molar heat，モル熱容量とも）[J/(mol K)] と呼ぶ．熱の加え方によって，同じ熱を加えても温度の変化は異なる．体積が一定の場合の比熱を**定積比熱**（specific heat under constant volume），圧力が一定の場合の比熱を**定圧比熱**（specific heat under constant pressure）と呼ぶ．

1.2.6 各種の仕事
a. 体積膨張の仕事

力学的仕事は力と距離の積で定義されるが，熱力学では圧力と体積変化の積で表すことが多い．これらが等しくなることは，図 1.2 に示すようなシリンダーとピストンを考えて，シリンダーとピストンで囲まれた部分を系とし，ピストンが少しだけ動いた時に系がする微小仕事 $d'W_a$ を考えれば理解できる．ピストン

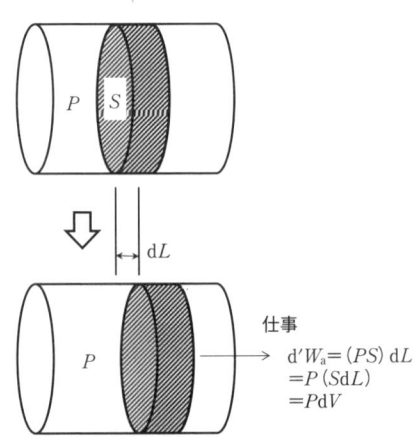

図 1.2 シリンダ内を動くピストンのする仕事

> **しっかり議論1.8** 比熱とは熱容量という言葉に単位質量当たりであることを示す「比」をつけた比熱容量のこと．熱容量に単位物質量当たりであることを示す「モル」をつけたものがモル熱容量．これらの用語もよく用いられる．

に力 F [N] がかかって微小距離 $\mathrm{d}L$ [m] ピストンが移動した場合，ピストンにかかる力はピストンにかかる圧力 P [Pa] とピストンの面積 S [m^2] の積である．ピストンの面積 S [m^2] と移動した微小距離 $\mathrm{d}L$ [m] の積は系の微小体積変化 $\mathrm{d}V$ [m^3] に等しい．よって，

$$\mathrm{d}'W_\mathrm{a} = F\mathrm{d}L = PS\mathrm{d}L = P\mathrm{d}V \tag{1.3}$$

が確認できる（微小量の計算は付録9参照）．

b. 絶対仕事と工業仕事

ピストンのような閉じた系が体積膨張をすると系は仕事をする．微小な体積増加 $\mathrm{d}V$ があった時に，系の圧力が P であれば，系のする仕事は $P\mathrm{d}V$ である．この仕事は式（1.3）で定義した $\mathrm{d}'W_\mathrm{a}$ であり，**絶対仕事**（absolute work）と呼ぶ．

開いた系から仕事を得る場合には，定常状態を考えることが多い．ある物質の体積 V が圧力 P で微小区間である系に入る時に系が受け取る仕事は PV となる．この物質が出て行く時に系がする仕事は $PV + \mathrm{d}(PV)$ である．すなわち，物質が系を出入りする時に，系は仕事 $\mathrm{d}(PV)$ をする必要がある．微小区間の系で，物質の体積膨張によって仕事 $P\mathrm{d}V$ が得られても，この中から $\mathrm{d}(PV)$ は系の出入りに使わなくてはならないので，系が実質的にする仕事は，

$$\mathrm{d}'W_\mathrm{t} = P\mathrm{d}V - \mathrm{d}(PV) = P\mathrm{d}V - (P\mathrm{d}V + V\mathrm{d}P) = -V\mathrm{d}P \tag{1.4}$$

しかない．この仕事を**工業仕事**（technical work）と呼ぶ．

c. 系のする仕事と得られる仕事

閉じた系の場合，系が $P\mathrm{d}V$ の仕事をしても，摩擦があるとその分だけ仕事は浪費されて，実際には外界の圧力 $P_\mathrm{e} < P$ での体積膨張による $P_\mathrm{e}\mathrm{d}V$ しか仕事は得られない．摩擦がない場合にだけ $P\mathrm{d}V$ の仕事が得られる．同様に，開いた系の場合，摩擦がない場合にだけ $-V\mathrm{d}P$ の仕事が得られる．

[例題1] ピストンに入れた空気を加熱したところ，0.1 MPa で体積が 5 m^3 膨張した．この空気がした仕事はいくらか．

解）$(0.1 \times 10^6 \,\mathrm{Pa})(5 \,\mathrm{m}^3) = 0.5 \times 10^6 \,\mathrm{J} = 0.5 \,\mathrm{MJ}$

1.3 内部エネルギー

ある閉じた系の状態 A を別の状態 B にする時に，熱や仕事を加えなくてはならないことがある．この場合，いろいろな熱と仕事の加え方があるが，加える熱と仕事の和はいつも同じになる．つまり，系に加えなければならないエネルギーの量は一定になる．また，状態 B から状態 A に戻すときには，加えたのと同じだけのエネルギーが取り出せる．このことから，状態 B は状態 A よりそのエネルギーの分だけ多くのエネルギーを持った状態であると考えることができる．このような，ある状態に含まれているエネルギーを**内部エネルギー**（internal energy）と呼ぶ．単位質量当たりの内部エネルギーを**比内部エネルギー**（specific internal energy）と呼ぶ．内部エネルギーの単位は [J]，比内部エネルギーの単位は [J/kg] である．内部エネルギーは状態によって決まるので状態量である．

微小な熱 $d'Q$ が系に供給され，内部エネルギーが微小量 dU 増加して，同時に系が微小な仕事 $d'W_c$ をしたとすれば，

$$d'Q = dU + d'W_c \tag{1.5}$$

となる．

[例題 2] なべに水を入れて IH ヒータで加熱し，熱を 500 J 加えた．熱がすべて水に伝わったとして，水の内部エネルギーはいくら増加したか．水の体積変化や蒸発はなかったものとする．

解） 仕事は 0 J なので，水に加えられたエネルギーの総量は熱の 500 J．この分だけ内部エネルギーが増加するので 500 J．

しっかり議論 1.9　内部エネルギーを定義する際は，系が剛体的に持つ力学的なエネルギーは含めない．熱平衡状態にある系が有する全エネルギーは，一般に，その系が剛体的に持つ力学的なエネルギー（質量中心の並進運動による運動エネルギー，質量中心周りの剛体的な回転による回転運動のエネルギー，質量中心の位置によって決まるポテンシャルエネルギー）と「それ以外のエネルギー」に分けて考えることができる．この「それ以外のエネルギー」を「内部エネルギー」と呼ぶ．内部エネルギーの実体は，系を構成している個々の粒子の（規則正しくない）運動の運動エネルギーと系を構成している粒子間の相互作用のポテンシャルエネルギー（分子が持つ化学エネルギーも，原子間に蓄えられたポテンシャルエネルギーとみなすことができる）とである．熱力学では，通常，系のエネルギーとして内部エネルギーのみを考える．そして，系が剛体的に持つ力学的なエネルギーについては，力学を用いて解析する．

しっかり議論 1.10　物質の内部エネルギーは，物質を構成している原子や分子の運動エネルギーやポテンシャルエネルギー，化学エネルギーとして説明できる．また，熱の移動も，より高い運動エネルギーを持っている分子からより低い運動エネルギーを持っている分子へのエネルギーの移動として，圧力も分子がある面の単位面積に単位時間当たりに与える運動量として，それぞれ説明できる．このような分子の作用によるエネルギーを扱うのが統計熱力学である．本書の本文中では扱わないが，知っておくと理解の助けになる．

しっかり議論 1.11　ここでは出入りするエネルギーとして体積膨張の仕事と熱だけを考えているが，他の形態のエネルギーが出入りする場合にはそれも含めて議論することが必要となる．例えば，運動エネルギーKや位置エネルギーZなどの出入りを合わせて考える必要がある場合には，式 (1.5) は
$$d'Q = dU + (d'W_a + d'K + d'Z + \cdots)$$
とする必要がある．第 1 部では，基本的に熱と体積仕事のみがエネルギーとして出入りする場合のみを扱う．

1.4　過　程

　系のある状態から別の状態への変化のことを**過程**（process）と呼ぶ．過程の途中では，系が均一でないこともあるので，必ずしも系の状態量は 1 つに決められない．例えば，シリンダーとピストンの系で，一気にピストンを押し込むとピストンの近くは圧力が高く，ピストンから遠い部分ではまだ圧力が高くなっていない状況が考えられる．このような場合，ピストンの中の圧力を 1 つの値に決めることはできない．

　過程の途中の状態量が 1 つに決められる場合には，その変化の様子から系に出入りする熱や仕事を計算することができる．このため，常に平衡状態を保ちながら行われる変化を特別に考える．平衡状態を保ちながら変化させるためには，加熱・冷却や圧縮・膨張を無限にゆっくり行い，系の中に圧力や温度の偏りができないようにすればよい．このような変化を**準静的過程**（quasistatic process）と呼ぶ．さらに，理想的な変化として系と外界の圧力，温度が等しいとすれば，系から取り出せる仕事や熱を系の状態変数を用いて表すことができる．本書では，準静的過程においては，外界と系の温度，圧力は等しいものとして議論を進める．準静的過程は実際にはあり得ない過程だが，この過程を考えることで変化に必要な熱や仕事を計算することができ，実際の場合の近似値を得ることができる．

しっかり議論 1.12　実は，熱平衡状態にある系とは，系内に示強変数のアンバランスがない系のことである．

しっかり議論 1.13　系から取り出せる仕事や熱を系の状態変数を用いて表すことができるのは系と外部の圧力，温度が等しいこととして説明しているが，より一般的には系と外部の示強性状態量が等しいことが条件である．

コラム 1.1　何にでも適用できる熱力学　熱力学はどんな（マクロな）系に対しても成立する．例えば，人の体を系として，95.6 kcal（＝400 kJ）のエネルギーの食物を食べ，体から 50 kJ の熱を放出したら，人の体の内部エネルギーは，400−50＝350 kJ 増加する（熱力学的仕事は 0 とする）．また，電池から電気を取り出してモーターを回し，1 kJ の仕事をさせたら，乾電池の内部エネルギーは 1 kJ 減少する（熱の出入りはない場合）．

　準静的過程に伴う熱や仕事などの出入りを計算するには，この準静的過程についての**無限小過程**（infinitesimal process）の式を立てて，これを積分すればよい．無限小過程とは，無限にわずかの変化のことである．無限小過程では関係する量は変化しておらず，微小な変化だけに注目して式を立てればよい．

　また，ある過程が進行して，熱や仕事が系に出入りした場合，この過程を逆向きにたどってもとの状態に戻し，同じだけの熱と仕事が系から逆向きに出入りさせられるならこれを**可逆過程**（reversible process）と呼ぶ．現実の過程は**不可**

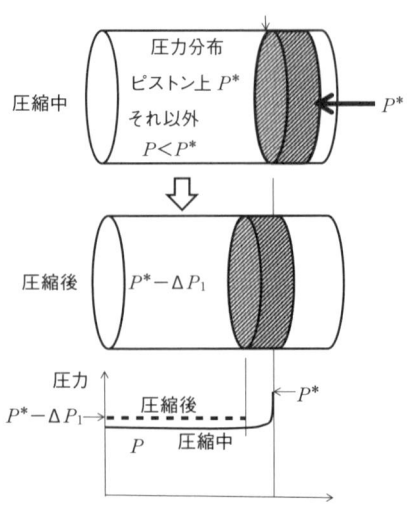

図 1.3　不均一性によって過程が不可逆となる例

逆過程（irreversible process）である．これは，系の内部にできる圧力や温度の分布などのためである．例えば，図 1.3 に示すように圧縮の時にピストンの近くが他の部分より高圧の P^* であれば，系に加える仕事は P^*dV となる．ところが，その後，系全体の圧力は自然に均一になってしまい，そのときの圧力は P^* よりも低い $P^*-\Delta P_1$ となってしまう．この圧力で逆向きに膨張させても，取り出せる仕事は $(P^*-\Delta P_1)dV$ となり，最初に加えた仕事は取り出せない．ある過程が可逆となるためには，系の内部が均一であることが必要であり，変化が準静的であることが求められる．

1.5　サイクル

最初の状態からいくつかの過程を経て，最初の状態に戻るような過程の組み合わせを**サイクル**（cycle）と呼ぶ．サイクルを連続的に行うことで連続的に熱を仕事に変えたり，仕事によって熱を移動させたりすることができる．すべての過程が可逆である仮想的なサイクルを**可逆サイクル**（reversible cycle）と呼ぶ．1 つでも不可逆な過程が含まれていたら，そのサイクルは**不可逆サイクル**（irreversible process）となる．サイクルも過程の一種である．

[まとめ]
・熱力学とは，系と呼ばれる部分への熱や仕事の出入りと系の中にある物質の状態の変化を扱う学問である．ある状態から別の状態への変化が過程，過程を組み合わせてもとの状態に戻るものがサイクルである．
・熱力学では付録の表 A1.1 に示すような物理量を扱う．
・熱や仕事は系から出入りするエネルギーの形態である．これが出入りすると状態が変化し，それに伴って内部エネルギーが変化する．
・状態が 1 つの値に決まる状態量で表せるのは系が均一な場合である．
・平衡状態の各々は状態変数のある組に対応する．そして，準静的過程では，過程の途中も常に平衡状態にあるとみなせる．
・準静的過程に伴う状態量の変化は，対応する無限小変化に伴う状態量の変化を積分して得られる．
・可逆変化は準静的である必要がある．可逆変化では，系に出入りする熱や仕事を系の状態変数の変化に基づいて計算することができる．

しっかり議論 1.14 厳密には，無限小過程とは，最初と最後の状態に熱力学的状態として微小な差しかないような状態変化のことである．そして，変化の途中，系も外界も常に熱平衡状態を保つとみなされる理想的な無限小過程を準静的無限小過程と呼ぶ．

演習問題

1.1 次の量を示量状態量と示強状態量に分類せよ．
 (a) 温度 (b) 圧力 (c) 内部エネルギー (d) 体積 (e) 物質量 (f) 質量
1.2 圧力 0.15 MPa のまま風船に入った気体が $1\,\mathrm{m}^3$ から $5\,\mathrm{m}^3$ まで膨張した．この時，風船の外側は 0.1 MPa であった．この気体のした仕事はいくらか．また，取り出せた仕事はいくらか．
1.3 鍋に水 1 kg を入れて加熱したら，20°C だった水が 60°C になった．この時の加熱量はいくらか．水の内部エネルギーはどれだけ増加したか．水の体積膨張は無視する．
1.4 圧力 P [Pa] の気体の体積が微小量 $\mathrm{d}V$ [m³] だけ増加した時に気体がする仕事はいくらか．$P=k/V$ (k は定数) の関係がある時，この気体が体積 V_1 [m³] から体積 V_2 [m³] まで膨張した時にする仕事はいくらか．
1.5 圧力 P [Pa] の液体の体積が微少量 $\mathrm{d}V$ [m³] だけ増加した時に液体がする仕事はいくらか．$P=k(V_0-V)$ (k は定数) の関係がある時，この液体が体積 V_1 [m³] から体積 V_2 [m³] まで膨張した時にする仕事はいくらか．

参考文献

清水 明『熱力学の基礎』，東京大学出版会，2007．

Chapter 2

熱力学第1法則

[目標・目的] 熱力学におけるエネルギー保存則を表す熱力学第1法則を学ぶ．また合わせて，重要な状態量であるエンタルピーを導入する．

2.1 熱力学第1法則の表現

閉じた系がある状態1から別の状態2まで変化する場合，その変化の間に「その系に外界から与えられる**熱**（heat）Q」と「その系が行う**仕事**（work）W_c」，および「状態1，2それぞれの系の**内部エネルギー**（internal energy）U_1，U_2」の間には，どのような変化であっても，次式の関係がある．これを**熱力学第1法則**（the first law of thermodynamics）という．

$$U_2 - U_1 = Q - W_c \tag{2.1}$$

図2.1は，上式の関係を図示したものである．熱力学第1法則はエネルギー保存則を表している．式（2.1）は

$$Q = (U_2 - U_1) + W_c \tag{2.2}$$

と書け，与えられた熱が内部エネルギーの増加と仕事をするのに使われたことを示すが，同時に，内部エネルギー U が系の状態量であること，熱も仕事と同じようにエネルギー移動形態の1つであることも意味している．注意しておかなく

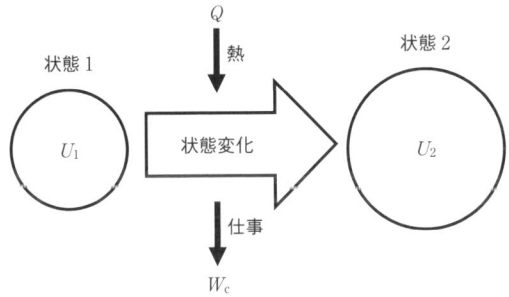

図2.1 熱力学第1法則

> **しっかり議論 2.1** 慣習として「熱をやり取りする」とか「仕事をやり取りする」などというが，これは「熱という移動形態を通じてエネルギーをやり取りする」とか「仕事という移動形態を通じてエネルギーをやり取りする」という意味である．一度系に入ってしまったら，熱と仕事は区別できない．

てはならないのは，熱 Q，仕事 W_c は，それぞれの形態で移動するエネルギーの量であり，これらは変化の過程に依存することである．熱 Q と仕事 W_c は，いずれも「状態量」ではなく，「状態量の差」でもない．ただし，$Q-W_c$ は状態量の差に等しくなる．

なお，式 (2.1) は他に仕事をせず，理解しやすい閉じた系について導かれているが，流れの一部や，流体の微小部分などの任意の流体要素について一般的に成立するエネルギー保存則である．また，変化が不可逆であっても成立する．

2.2 準静的過程に対する熱力学第1法則

状態変化が無限小過程である時，式 (2.2) は，

$$d'Q = dU + d'W_c \tag{1.5再}$$

と書かれる．これは，式 (1.5) に他ならない．ここで，dU は無限小過程の前後における「系の状態量 U の無限に小さな差（U の微分）」であるが，$d'Q$，$d'W_c$ は「何かの量の無限に小さな差（微分）」というわけではなく，単に，無限に小さな Q，W_c というだけの意味である．ここでは，それを強調するために，「d」ではなく「d'」というように「d」にプライム (prime)「'」をつけて表す．いま考えている無限小過程は準静的ではないかもしれないので，式 (1.5) は「ある平衡状態の系に無限に小さな熱 $d'Q$ を与え，同時に系は無限に小さな仕事 $d'W_c$ をして，系が新しい平衡状態になった場合，系の内部エネルギーは $d'Q-d'W_c$ だけ変化している」という意味である．

式 (1.5) は，系が均一で，その行う仕事が圧縮・膨張仕事だけで，準静的であれば，系の圧力 P と体積変化 dV を使って，次のように書ける．

$$dU = d'Q - PdV \tag{2.3}$$

この変化が可逆であれば，外界に取り出すことのできる仕事 dW_e は，$P=P_e$ となるので，

$$dW_e = P_e dV = PdV \tag{2.4}$$

より，

$$dW_e = d'Q - dU \tag{2.5}$$

> **しっかり議論 2.2** 厳密には，式 (2.1) が流体の微小部分などの任意の流体要素についても成立するには，物質の拡散が無視できるなどの条件も必要になる．

> **しっかり議論 2.3** $P=P_e$ という式は，外界の圧力 P_e が定義でき，系の圧力 P が定義でき，これらが等しい，という意味である．系の圧力が定義できるためには，系の圧力が一様である必要がある．内部束縛を持たない系や部分系には適用できるが，内部束縛によって圧力の異なる複数の部分系から成っている複合系には適用できない．準静的であることは，変化の間の P を定義できるために必要である．$P=P_e$ であるためには，ピストンに摩擦がないことも求められる．
> 一方，外界の圧力については，外界の均一性は期待できないので，系が感じている圧力という意味である．これは，議論しているような圧縮・膨張が起こる間の境界近傍における実効的な外界圧力である．

である．式 (2.3) を積分すれば，可逆過程 $1 \to 2$ に対し，次のように書ける．

$$\int_1^2 dU = U_2 - U_1 = \int_1^2 d'Q - \int_{V_1}^{V_2} P dV \tag{2.6}$$

最右辺 $\int_1^2 d'Q - \int_{V_1}^{V_2} PdV$ は，どちらの項も準静的過程の種類を指定しないと決められない．状態量のみで構成されている $\int_{V_1}^{V_2} PdV$ も，過程の種類によって関数 $P(V)$ が変わってくる．

2.3 定積過程，定圧過程，エンタルピー

体積一定の閉じた系の変化である**定積過程**（constant-volume process, isochoric process：定容過程，等積過程ともいう）を考える．この時，圧縮・膨張仕事によって移動するエネルギーは存在しないから，式 (2.3) は次のように書ける．

$$dU = d'Q \tag{2.7}$$

すなわち，系に与えた熱の分だけ系の内部エネルギーが増加する．このような定積過程は，実験的に実現しやすい．

実験的に実現しやすいもう 1 つの過程は，系の圧力が一定に保たれるような**定圧過程**（constant-pressure process, isobaric process：等圧過程ともいう）である．例えば，シリンダーとピストンで閉じ込められた気体を考える．ピストンが外界の一定圧力で押されていて，ピストンが摩擦なく動くなら，準静的に系に熱

> **しっかり議論 2.4** 流体要素は流体の小さな塊であり,非常に小さいので,流体要素の中は常に均一で,その状態変化は常に準静的過程であるとみなす.

> **しっかり議論 2.5** PV という量は,ある流体要素が他の流体に接して移動することによって不可避的になされる仕事を表現するものであり,他の流体に接した流体要素の移動に伴ったエネルギーの輸送を表現する際には必ず考慮されねばならないものである.PV という量が状態量であるということを直観的に理解するには,流体の中の「ある流体要素」に着目するとき,その流体要素が他の流体の中に存在することによってその流体要素の周囲の場に PV という量のポテンシャルエネルギーが蓄えられているとみなすとよい.ただし,流体要素自身が持っているエネルギーは,あくまで,運動エネルギーと内部エネルギーの和 $MC^2/2+U$ であることに注意すべきである.この場合,PV は流体要素の周囲の場に蓄えられていると解釈する.

を与えるとき,系の圧力は常に外界の圧力に等しく,一定に保たれる.なお,熱の与え方が準静的でないと,系の温度・圧力が一様でなくなり,それらの値を定義できなくなってしまう.

さて,定積過程では系に与えた熱の分だけ状態量である内部エネルギーが増加した.定積過程の前後の内部エネルギーが決められれば,定容過程で系に加えられた熱がわかることになる.定圧過程の場合にも,系に与えた熱の分だけ変化するような系の状態量があると,何かと便利である.そのような状態量を定義するため,

$$H = U + PV \tag{2.8}$$

という新しい量を考える.上式の右辺は状態量のみで構成されているから,左辺の H [J] も状態量である.式 (2.8) で定義された状態量 H を系の**エンタルピー** (enthalpy) と呼ぶ.H の微分は

$$dH = dU + PdV + VdP \tag{2.9}$$

であり,

$$dU = dH - PdV - VdP \tag{2.10}$$

と書かれるから,準静的過程では,これを式 (2.3) から得られる $dU+PdV=d'Q$ に代入して,

$$d'Q = dH - VdP \tag{2.11}$$

が得られる.これが,エンタルピーを用いた準静的過程の熱力学第 1 法則の表記である.

ここで,定圧過程では $dP=0$ だから,次のように書ける.

$$dH = d'Q \tag{2.12}$$

2.3 定積過程，定圧過程，エンタルピー

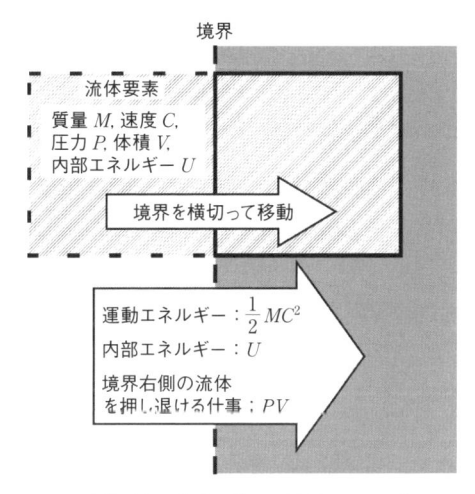

図2.2 流体要素の移動に伴って輸送されるエネルギー

すなわち，定圧過程で出入りした熱の量だけ状態量であるエンタルピーが変化することがわかる．このため，エンタルピーは熱関数とも呼ばれることがある．

エンタルピーは移動する流体要素とともに輸送されるエネルギーを表す時にも用いられる．空間に固定された，流体が出たり入ったりする，ある**検査体積**（control volume）を考え，この中に含まれるエネルギーの総量の変化について考えよう．ある**流体要素**（fluid element）の質量 M [kg] が，一定の速度 C [m/s]，内部エネルギー U [J]，圧力 P [Pa]，体積 V [m³] でこの検査体積に流入する場合，その流体要素が持っている運動エネルギー $MC^2/2$ [J] と内部エネルギー U が，この検査体積に自動的に持ち込まれる．さらに，この流体要素の流入に伴って，検査体積内に存在していた流体に対して不可避的になされる仕事が存在する．いま考えている流体要素は検査体積内に存在していた流体を圧力 P で体積 V だけ押し退けて流入するわけであるから，結果として，PV [J] の仕事を検査体積内に存在していた流体に対して不可避的に行ってしまう．したがって，この流体要素の流入に伴って，検査体積に含まれるエネルギーの総量は

$$\frac{1}{2}MC^2 + U + PV = \frac{1}{2}MC^2 + H \tag{2.13}$$

だけ増加することになる．図2.2は，この状況を図示したものである．検査体積から流体要素が流出する場合も同様で，この場合は，検査体積内の流体が注目している流体要素を圧力 P で体積 V だけ押し退けるわけであるから，この流体要素の流出に伴って，その運動エネルギー $MC^2/2$ と内部エネルギー U が検査体積

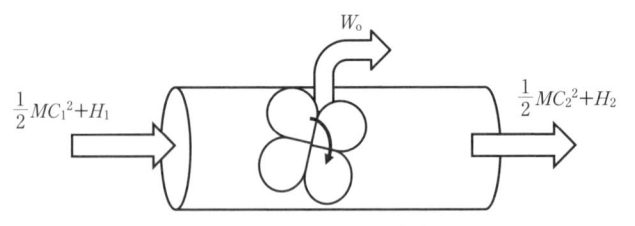

図2.3 開いた系のする仕事

から流出する以外に，不可避的に検査体積内の流体が検査体積の外部に対してPVの仕事をすることになる．この流体要素の移動とともに輸送されるエネルギーも$MC^2/2+U+PV=MC^2/2+H$である．

エンタルピーはまた，開いた系の行う仕事を議論する時にも用いられる．詳しくは7.4節で説明するが，ここでは，断熱の定常流れの行う仕事がエンタルピー変化によって近似できることを簡単に示す．図2.3に管を流れる流体の様子を示す．時間とともに流れの様子が変わらない定常状態を考え，流れている流体の質量M当たりについてのエネルギーを考える．この管に入る時の流体の状態を1で表し，出ていく時の流体の状態を2で表すと，上記の議論から管に入る流体の輸送するエネルギーは$MC_1^2/2+H_1$，出ていく流体の輸送するエネルギーは$MC_2^2/2+H_2$と近似できる．もちろん，速度分布や圧力分布があるので平均値を用いることとしよう．位置エネルギーの変化も無視する．近似計算なので得られる結果も近似的な値にすぎないが，実際のプロセスを計算するには十分な近似であることが多い．さて，流路内に水車をおいて水力発電をする時のように，流れている流体が質量M当たりに仕事W_oをしたとする．この時，管を系として考えて，系に入ってくるエネルギーと系から出て行くエネルギーについてエネルギーの保存を考えると

$$\frac{1}{2}MC_1^2+H_1=\frac{1}{2}MC_2^2+H_2+W_\text{o} \tag{2.14}$$

となる．通常の系では運動エネルギーはエンタルピーに比べて小さい．運動エネルギーが無視できる場合には

$$H_1=H_2+W_\text{o} \tag{2.15}$$

となり，

$$W_\text{o}=H_1-H_2 \tag{2.16}$$

が得られる．すなわち，得られる仕事はエンタルピーの減少分であることがわかる．逆に，圧縮機などで仕事を加える場合には（この場合には$W_\text{o}<0$に注意），流体のエンタルピーはその分だけ増加する．

2.3 定積過程，定圧過程，エンタルピー

しっかり議論 2.6　熱力学の議論は，可逆な過程について進められることが多い．この場合，系の状態量を使って厳密な議論を展開することができる．しかしながら，現実に可逆なプロセスは存在しないので，厳密な議論で実際のプロセスの計算をすることはできない．一方，工学的な目的のためには実際に近い値を使って，小さい影響を無視して議論を展開することも行われる．得られる結果も厳密な値ではなく，近似値しか得られないが，十分に精度が良ければ設計に使うこともできるし，これを基本として補正を加えたり，安全係数を考慮して設計するなどの対応が可能となる．

開いた系のする仕事をエンタルピーの変化で表す議論は，あくまで近似的な議論である．細かく考えれば，通常，流速は管の壁の近くでは 0 であり，中心に近づくほど大きくなる．圧力も同じ入口の部分であっても分布があり得る．定常状態そのものも，厳密には現実には存在せず常に変動がある．壁との摩擦も，流れそのものの乱れもあるので，その分のエネルギー消費も生じてしまう．これらのことを理解した上で，壁との摩擦がなく，流れの乱れもなく，断面での速度と圧力が一様で，流量の変動もなく，可逆な変化であるとして扱っている．これは，ちょうど力学で摩擦がない場合について等加速度運動などを議論していることに相当する．

この変化を微小な部分について考えれば，

$$d'W_o = -dH = -dU - PdV - VdP \tag{2.17}$$

となる．さらに断熱の状態なので，式 (2.3) は $dU = -PdV$ となるが，これを代入して，

$$d'W_o = PdV - PdV - VdP = -VdP \tag{2.18}$$

であることがわかる．これは，1.3.2 項で確認した工業仕事である．よって，断熱の場合には，系のする仕事はエンタルピーの変化で近似することができ，

$$dH = -dW_t = VdP \tag{2.19}$$

が成立する．

[まとめ]
- 一般的な閉鎖系の一般的な状態変化に対する熱力学第 1 法則は，式 (2.1) のように表現される．
- 閉鎖系が圧縮・膨張仕事だけで外界と仕事のやり取りをする場合，その準静的無限小過程に対する熱力学第 1 法則は，式 (2.3) のように表現される．
- 系のエンタルピーは式 (2.8) で定義される．
- 系のエンタルピーは定圧過程での熱の出入り，開いた系から得られる仕事を計算するのに用いられる．

演習問題

2.1 モーターに電池をつなぎ，20 kJ の力学的な仕事をさせたところ，3 kJ の熱が周囲に放出され，最終的に，静止したモーターも電池も室温に戻った．モーター，電池，各々の内部エネルギーの変化はどれだけか？

2.2 気体がピストン付きシリンダーに封入されている．気体が加熱されて 20 kJ のエネルギーを受け取り，同時にピストンのみに仕事をし，最終的に気体の内部エネルギーが 5 kJ 増加したとする．気体が外界（ピストン）に行った仕事を求めよ．また，過程が準静的であり，気体の圧力が一定（0.1 MPa）の場合，膨張した体積を求めよ．

2.3 温度 400 K の気体を堅い容器に封入し，その後，この気体に 3600 kJ の熱を加えた．気体の内部エネルギーの変化 dU と温度の変化 dT には $dU = C_V dT$，$C_V = 1.0$ kJ/K の関係があるとし，加熱後の気体の温度を求めよ．

2.4 ピストン付きシリンダーに気体が封入され，その温度は 400 K である．この気体を，圧力を一定に保ちながら加熱し，気体に 3600 kJ の熱を加えた．気体のエンタルピーの変化 dH と温度の変化 dT には $dH = C_P dT$，$C_P = 1.2$ kJ/K の関係があるとし，加熱後の気体の温度を求めよ．

2.5 タービンを考え，その入口から流入する気体の比エンタルピー（単位質量当たりのエンタルピー）が 5 MJ/kg，出口から流出する気体の比エンタルピーが 3 MJ/kg，出口での気体の流速が 600 m/s であるとする．タービンを流れる気体の質量流量が 5 kg/s であるとき，気体がタービンに行う仕事率を求めよ．ただし，入口での気体の流速および気体とタービンの熱交換は無視できるほど小さいとする．

参考文献

田崎晴明『熱力学――現代的な視点から』（新物理学シリーズ 32），第 8 章，培風館，2000.

Chapter 3

熱力学第 2 法則

[目標・目的]　熱力学において最も重要な経験的法則である熱力学第 2 法則を学び，それを使って熱機関を考察することにより，熱力学的絶対温度目盛を導入する．

3.1　熱の移動と温度および熱源

熱を通す壁をはさんで温度の異なる 2 つの系を接触させると，熱は高温の系から低温の系へと移動する．これは，経験的な事実である．温度が T で変化しない物体（系）で，他の系と熱のみを交換できるようなものを，温度 T の**熱源**（heat source, heat bath, 熱浴とも）と呼ぶ．なお，熱源が他の系と熱を交換する際，熱源の温度は一定に保たれるが，熱源の状態まで一定に保たれるわけではないことには注意が必要である（後に第 4 章でエントロピーを学ぶ際に思い出してほしい．熱源のエントロピーは一定に保たれるわけではない）．

3.2　熱力学第 2 法則（ケルビンの原理）

1 つの熱源から熱を取り出し，これを仕事に変換するだけで，他には何の結果も残さないような過程は実現不可能である．例えば，ピストンの中の気体を熱源の熱で膨張させて仕事をさせると，その後には体積が膨張した気体が残ってしまう．どのような工夫をしても，熱を仕事に変換するだけの過程はできない．これは，経験的な事実である．これを**熱力学第 2 法則**（the second law of thermodynamics）という．なお，この場合の過程には，サイクルやサイクルと別の過程を組み合わせた複合過程，複数のサイクルからなる複合サイクルなどもすべて含む．熱力学第 2 法則の表現方法にはいくつかあり，この表現は**ケルビンの原理**（Kelvin's principle，トムソンの原理とも）と呼ばれている表現である．

上の表現の中の「他には何の結果も残さないような過程」を実現する試みとしては，サイクルを考えるのがよい．系の状態変化がサイクルならば，系の状態は

完全にもとに戻るので，あとに残る結果は外界における熱移動と仕事だけになる．熱力学第2法則は，1つの熱源から熱を取り出し，これをすべて仕事に変換して供給するサイクルはできない，ということを述べている．なお，熱機関において外界と熱や仕事のやり取りをする物質を**作動物質**（working substance，作業物質とも）という．

3.3 カルノーサイクル

ケルビンの原理にある通り，ある過程によって，1つの熱源から熱をもらってこれを仕事に変換し，それ以外の結果を残さないようにすることは不可能である．熱源から熱をもらってそれを仕事に変換するようなサイクルを実現するためには，少なくとも，異なる温度 T_H, T_L を持つ2つの熱源が必要である．逆に，異なる温度 T_H, T_L を持つ2つの熱源があれば（$T_H > T_L$ とする），以下に示すカルノーサイクルと呼ばれるサイクルによって熱を仕事に変換することが可能である．

一様な気体からなる閉鎖系に関し，図3.1に示す一連の準静的過程から構成されるサイクルを考えよう．過程 A → B は，着目系を温度 T_H の高温熱源に接触させ，着目系の温度 T を $T = T_H$ に保ちながら膨張させる準静的等温膨張過程である．過程 B → C は，着目系を断熱的に膨張させる準静的断熱膨張過程である（この過程中に着目系の温度 T は T_H から T_L まで低下する）．過程 C → D は，着目系を温度 T_L の低温熱源に接触させ，着目系の温度 T を $T = T_L$ に保ちながら圧縮する準静的等温圧縮過程である．過程 D → A は，着目系を断熱的に圧縮する準静的断熱圧縮過程である（この過程中に着目系の温度 T は T_L から T_H まで上昇する）．

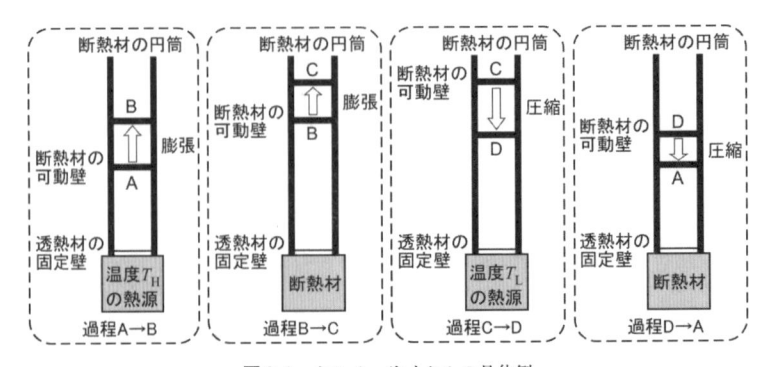

図3.1 カルノーサイクルの具体例

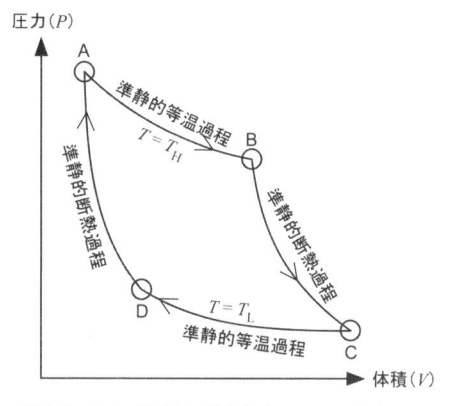

図3.2 P–V 平面上に描かれたカルノーサイクル

このような準静的過程のみで構成されるサイクルでは，着目系の状態変化を P–V 平面上に描くことができる．図3.2は，図3.1に示した状態変化の様子を P–V 平面上に描いた例である．このサイクルを**カルノーサイクル**（the Carnot cycle）と呼ぶ．サイクル A → B → C → D → A（これを簡単にサイクル ABCDA と呼ぶことにする）は準静的過程のみで構成されるサイクルであり，逆行可能である．

3.4 熱機関の効率

ある系に熱力学的なサイクルを行わせ，外界の熱を移動させるとともに外界に対して仕事を行う仕組みを**熱機関**（heat engine）という．このサイクルが**可逆**（reversible）であるとき可逆熱機関といい，**不可逆**（irreversible）であるとき不可逆熱機関という．

ある系に熱力学的なサイクルを行わせ，その間に，高温の熱源 H から熱 $Q_H(>0)$ をもらい，低温の熱源 L に熱 $Q_L^*(>0)$ を捨て，外界に対して仕事 $W_c(>0)$ をなす熱機関を考えるとき，サイクルでは「始めと終わりで着目系の状態が一致する」から，U_1 と U_2 は等しくなり，式 (2.1) は次のように書かれる．

$$U_2 - U_1 = 0 = (Q_H - Q_L^*) - W_c \tag{3.1}$$

よって

$$W_c = Q_H - Q_L^* \tag{3.2}$$

このような熱機関の**効率**（efficiency）η（通常，熱効率と呼ばれる）は，

$$\eta = \frac{W_c}{Q_H} \tag{3.3}$$

で定義するのが自然である．式（3.2）を使うと，上式は次のようにも書ける．

$$\eta = \frac{W_c}{Q_H} = \frac{Q_H - Q_L^*}{Q_H} = 1 - \frac{Q_L^*}{Q_H} \tag{3.4}$$

3.5 熱機関の効率に関する知見

熱機関の効率について，ケルビンの原理からいくつか重要な知見を証明することができる．そのために，高温熱源Hと低温熱源Lという2つの熱源を考え，さらに，これら2つの熱源の間で働く2つの熱機関A，Bを考える．熱機関Aはある系に熱力学的なサイクルを行わせ，その間に，高温熱源Hから熱Q_{HA}をもらい，低温熱源Lに熱Q_{LA}^*を捨て，外界に対して仕事W_{cA}をする熱機関である．また，熱機関Bはある系に熱力学的なサイクルを行わせ，その間に，高温熱源Hから熱Q_{HB}をもらい，低温熱源Lに熱Q_{LB}^*を捨て，外界に対して仕事W_{cB}をする熱機関である．なお，これらの熱機関が行うサイクルはカルノーサイクルである必要はない．

まず，熱機関Aを考察し，2つの熱源の間で働くこのような熱機関に対する一般論として「$W_{cA} > 0$ならば，$Q_{HA} > 0$かつ$Q_{LA}^* > 0$」を証明する．最初に，$Q_{LA}^* \leq 0$，すなわち系は低温熱源Lから熱をもらうと仮定してみる．すると，このサイクルと，2つの熱源を熱的に接触させ，高温熱源Hから低温熱源Lに熱を自発的に移動させる過程を組み合わせることにより，1サイクルの間に低温熱源Lが正味に受け取る熱を0にすることができる．このとき，このサイクルの後に残る結果は，「高温熱源Hから熱をもらい，外部に（正の）仕事をした」ということになる．サイクルと別の過程を組み合わせることを含めて，どんな方法によっても，1つの熱源から熱を取り出し，これを仕事に変換するだけで，他には何の結果も残さないような過程は実現不可能，というのがケルビンの原理なので，これは，ケルビンの原理に反する．したがって，ケルビンの原理が成立するなら$Q_{LA}^* > 0$でなければならない．また，式（3.2）より$Q_{HA} = W_{cA} + Q_{LA}^*$であり，また$W_{cA} > 0$および$Q_{LA}^* > 0$であるから，$Q_{HA} > 0$である．

次に，「熱機関Aが可逆ならば，

しっかり議論 3.1 熱源も系の外にあるので，外界である．ここで考える熱機関では，外界は少なくとも異なる温度の2つ以上の熱源と仕事を取り出す部分からなる．仕事を取り出す部分が熱源でもあることはあり得る．

$$\frac{Q_{\text{LA}}^*}{Q_{\text{HA}}} \leq \frac{Q_{\text{LB}}^*}{Q_{\text{HB}}} \tag{3.5}$$

であること」を証明する．ここでは，熱機関 B は，可逆であっても不可逆であってもどちらでもよい．式 (3.2) より，次のように書ける．

$$W_{\text{cA}} = Q_{\text{HA}} - Q_{\text{LA}}^* \tag{3.6}$$

$$W_{\text{cB}} = Q_{\text{HB}} - Q_{\text{LB}}^* \tag{3.7}$$

ここで，熱機関 A と熱機関 B を使って，それぞれ同じ量だけ高温熱源 H との熱のやりとりをすることを考える．このため，以下の熱量を導入する．

$$Q_{\text{H}} = N_{\text{A}} Q_{\text{HA}} = N_{\text{B}} Q_{\text{HB}} \tag{3.8}$$

ここで N_{A}, N_{B} は式 (3.8) を満たすような整数である．この時，

$$\frac{N_{\text{B}}}{N_{\text{A}}} = \frac{Q_{\text{HA}}}{Q_{\text{HB}}} \tag{3.9}$$

である．

さて，熱機関 B と熱機関 A の逆サイクルを組み合わせた過程を考える．熱機関 A は可逆だから，逆向きに動かすことができることに注意してほしい．熱機関 A を逆向きに N_{A} 回運転すると，外部から仕事 $N_{\text{A}} W_{\text{cA}}$ を受け取り，低温熱源 L から熱 $N_{\text{A}} Q_{\text{LA}}^*$ をもらい，高温熱源 H に熱 $N_{\text{A}} Q_{\text{HA}}$ を捨てることになる．また，熱機関 B を N_{B} 回運転すると，高温熱源 H から熱 $N_{\text{B}} Q_{\text{HB}}$ を受け取り，外部に仕事 $N_{\text{B}} W_{\text{cB}}$ をし，低温熱源 L に熱 $N_{\text{B}} Q_{\text{LB}}^*$ を捨てることになる．したがって，これらを組み合わせた過程では，高温熱源から受け取る熱量 $Q_{\text{H,total}}$, 外部に対してなす仕事 W_{total}, 低温熱源に捨てる熱量 $Q_{\text{L,total}}^*$ はそれぞれ，

$$Q_{\text{H,total}} = N_{\text{B}} Q_{\text{HB}} - N_{\text{A}} Q_{\text{HA}} = Q_{\text{H}} - Q_{\text{H}} = 0 \tag{3.10}$$

$$W_{\text{total}} = N_{\text{B}} W_{\text{cB}} - N_{\text{A}} W_{\text{cA}} \tag{3.11}$$

$$Q_{\text{L,total}}^* = N_{\text{B}} Q_{\text{LB}}^* - N_{\text{A}} Q_{\text{LA}}^* \tag{3.12}$$

となる．なお，ここで熱機関 A に出入りする仕事は正回転について定義したので，実際には出ていく熱とされる仕事に * がついておらず，入ってくる熱に「*」がついていることに注意されたい．

この組み合わせ過程に対してエネルギー収支は

$$W_{\text{total}} = Q_{\text{L,total}}^* \tag{3.13}$$

となる．この関係は，低温の熱源 L からもらった熱 $-Q_{\text{L,total}}^*$ がすべて仕事に変換されることを意味している．ここで，ケルビンの原理「1 つの熱源（いまの場合，低温熱源 L）から熱を取り出しこれを仕事に変換するだけで，他には何の結果も残さないような過程は実現不可能である」が成立するなら実際に外部に対して（正の）仕事を行ってはならないので，$W_{\text{total}} = -Q_{\text{L,total}}^* \leq 0$ であることがわか

る．つまり，実際にできるのは，外部から $-W_\text{total}≥0$ の仕事をされて，得たエネルギーのすべてを $Q^*_\text{L, total}≥0$ の熱として低温熱源 L に捨てることである．結局，

$$Q^*_\text{L, total}=N_\text{B}Q^*_\text{LB}-N_\text{A}Q^*_\text{LA}≥0 \tag{3.14}$$

なので，

$$\frac{Q^*_\text{LA}}{Q^*_\text{LB}}≤\frac{N_\text{B}}{N_\text{A}}=\frac{Q_\text{HA}}{Q_\text{HB}} \tag{3.15}$$

となる．両辺に Q^*_LB をかけて Q_HA で割れば

$$\frac{Q^*_\text{LA}}{Q_\text{HA}}≤\frac{Q^*_\text{LB}}{Q_\text{HB}} \tag{3.4 再}$$

が得られる．

続いて，「熱機関 A も熱機関 B も可逆ならば，

$$\frac{Q^*_\text{LA}}{Q_\text{HA}}=\frac{Q^*_\text{LB}}{Q_\text{HB}} \tag{3.16}$$

である」ことを証明する．こんどは熱機関 B が可逆なので，上で行った議論を熱機関 A と熱機関 B に関してそっくり入れ替え，

$$\frac{Q^*_\text{LB}}{Q_\text{HB}}≤\frac{Q^*_\text{LA}}{Q_\text{HA}} \tag{3.17}$$

を得る．式（3.5）と式（3.17）を同時に満たすには，

$$\frac{Q^*_\text{LB}}{Q_\text{HB}}=\frac{Q^*_\text{LA}}{Q_\text{HA}} \tag{3.16 再}$$

でなくてはならない．

熱機関の効率は，式（3.4）の通り $\eta=1-Q^*_\text{L}/Q_\text{H}$ であるから，得られた結果は，次のようにまとめることができる．いくつかの可逆および不可逆の熱機関があり，どの熱機関もある 1 つの高温熱源 H とある 1 つの低温熱源 L の間で働いているならば，式（3.16）より可逆な熱機関の効率はすべて同じであり，式（3.5）より不可逆な熱機関の効率は可逆な熱機関の効率を越えることができない．

3.6　熱力学的絶対温度目盛

前節で得た結果は，「温度 T_H の高温熱源 H と温度 T_L の低温熱源 L との間で働くすべての可逆熱機関に対して，比 Q^*_L/Q_H が同じ値を持つ」と言い換えられる．すなわち，この比の値は，2 つの熱源の間で働く熱機関が可逆でありさえす

れば，熱機関の特定の性質（例えば，系を構成している物質の種類や，サイクルを構成している個々の過程の種類など）には依存せず，2つの熱源の温度 T_H, T_L のみに依存する．したがって，

$$\frac{Q_L^*}{Q_H} = f(T_H, T_L) \tag{3.18}$$

と書くことができる．ただし，$f(T_H, T_L)$ は，2つの温度 T_H, T_L の関数である（第5章で学ぶ比ヘルムホルツ自由エネルギーと混同しないように要注意）．ここで，関数 $f(T_H, T_L)$ が

$$f(T_H, T_L) = \frac{f(T_0, T_L)}{f(T_0, T_H)} \tag{3.19}$$

と書けることを証明する．ここで，T_0, T_H, T_L は $T_0 > T_H > T_L$ である3つの任意の温度である．A_1 と A_2 を2つの可逆熱機関とし，A_1 が温度 T_0 と T_L の間で働いており，A_2 が温度 T_0 と T_H の間で働いているものとする．1サイクルにつき A_1 が，温度 T_0 の熱源から熱 Q_0 をもらい，温度 T_L の熱源に熱 Q_L^* を捨てるならば，$Q_L^*/Q_0 = f(T_0, T_L)$ と書ける．同様に，1サイクルにつき A_2 が，温度 T_0 の熱源から熱 Q_0 をもらい，温度 T_H の熱源に熱 Q_H を捨てるならば（あえて，Q_H^* ではなく Q_H と書いておく），$Q_H/Q_0 = f(T_0, T_H)$ と書ける．ただし，2つの熱機関 A_1, A_2 は，温度 T_0 の熱源から（1サイクルにつき）同じ大きさの熱 Q_0 をもらうように，大きさが調節されているものとする．このとき，関係式 $Q_L^*/Q_0 = f(T_0, T_L)$ を関係式 $Q_H/Q_0 = f(T_0, T_H)$ で辺々割れば，関係式 $Q_L^*/Q_H = f(T_0, T_L)/f(T_0, T_H)$ となる．ここで，熱機関 A_1 の順サイクル1回と熱機関 A_2 の逆サイクル1回から成る複合過程を考える．この複合過程は2つの可逆サイクルから成るので，この複合過程自身も可逆サイクルである．この複合過程では，結果として，温度 T_0 の熱源との間に熱の授受はなく（熱機関 A_2 が捨てた熱 Q_0 を，すべて，熱機関 A_1 がもらう），温度 T_H の熱源から熱機関 A_2 の逆サイクルによって熱 Q_H をもらい，温度 T_L の熱源に熱機関 A_1 の順サイクルによって熱 Q_L^* を捨てている．したがって，この可逆サイクルである複合過程に対して，$Q_L^*/Q_H = f(T_H, T_L)$ と書ける．よって，関係式 $Q_L^*/Q_H = f(T_0, T_L)/f(T_0, T_H)$ と関係式 $Q_L^*/Q_H = f(T_H, T_L)$ より，式 (3.19) を得る．

上の議論において，温度 T_0 は任意であったから，これを常に一定に保つことに約束すれば，関数 $f(T_0, T)$ は T のみの関数とみなすことができる．したがって，

$$f(T_0, T) = \theta(T) \tag{3.20}$$

と書くことができる．ここで，$\theta(T)$ は，温度 T のある普遍的な関数である．上

式を使うと，式 (3.18)，(3.19) より，次のように書くことができる．

$$\frac{Q_L^*}{Q_H} = f(T_H, T_L) = \frac{\theta(T_L)}{\theta(T_H)} \tag{3.21}$$

上式は，$Q_L^*/Q_H = f(T_H, T_L)$ が，T_L を変数とするある関数 $\theta(T_L)$ と，同じ関数で変数を T_H に書き換えたもの $\theta(T_H)$ との比に等しいということを表している．

ここで，温度の目盛について考えてみると，我々はいまだ何も決めていない．つまり，「高いか低いか」以外の表現方法は，未定の状態である．そこで，$\theta(T)$ 自身を温度目盛として採用し，$\theta(T)$ の値に適当な単位をつけて温度を定量的に表現することにする．つまり，$\theta(T)$ を，あらためて，単に T と書くことにする．式 (3.21) は

$$\frac{Q_L^*}{Q_H} = f(T_H, T_L) = \frac{T_L}{T_H} \tag{3.22}$$

となる．さらに式 (3.4) を使えば，

$$\frac{T_L}{T_H} = \frac{Q_L^*}{Q_H} = 1 - \eta \tag{3.23}$$

と書かれることになる．上式は，2つの温度の値の比を，それらの温度で特徴づけられる2つの熱源の間で働く任意の可逆熱機関の効率を使って定義できることを意味している．式 (3.23) では，2つの温度の値の比が決まるだけなので，温度目盛を決めるためには，さらに，基準温度が必要である．基準温度 $\tilde{T}$ を決めれば，温度 $T > \tilde{T}$ であるような物質に対しては，その物質を高温熱源，基準温度 $\tilde{T}$ の物質を低温熱源として可逆熱機関を運転して熱効率 η を測定し，

$$T = \frac{1}{1-\eta} \tilde{T} \tag{3.24}$$

によって温度 T の値が決まり，温度 $T < \tilde{T}$ であるような物質に対しては，その物質を低温熱源，基準温度 $\tilde{T}$ の物質を高温熱源として可逆熱機関を運転して熱効率 η を測定し，

$$T = (1-\eta)\tilde{T} \tag{3.25}$$

によって温度 T の値が決まる．このようにして決めた温度を**熱力学的絶対温度**（thermodynamic absolute temperature）と呼ぶ．国際単位系（SI）では，基準温度として水の三重点の温度を採用し，温度刻みが摂氏温度の温度刻みと同じになるように，この基準温度に 273.16 という値を与えている．このようにして決められた温度目盛に K（ケルビン）という単位をつけている．つまり，SI では，水の三重点の温度は正確に 273.16 K である．

[まとめ]

- 「1つの熱源から熱を取り出し，これを仕事に変換するだけで，他には何の結果も残さないような過程は実現不可能である」というケルビンの原理は，熱力学第2法則の表現方法の1つである．
- 熱機関の効率は，通常，式（3.2）で定義される．
- いくつかの（可逆および不可逆の）熱機関があり，どの熱機関も「ある1つの高温熱源 H とある1つの低温熱源 L」の間で働いているならば，可逆な熱機関の効率はすべて同じであり，不可逆な熱機関の効率は可逆な熱機関の効率を越えることができない．
- 2つの温度（の値）の比は，（それらの温度で特徴づけられる2つの熱源の間で働く）任意の可逆熱機関の効率を使い，式（3.23）で定義される．しかし，式（3.23）だけでは温度目盛の間隔が一意に決まらないので，SI では水の三重点を 273.16 とする目盛を採用し，そのようにして決めた温度目盛に K（ケルビン）という単位をつけている．

演習問題

3.1 温度 T_H の高温熱源と温度 $T_L(<T_H)$ の低温熱源との間で働くカルノーサイクルを考える．図 3.2 における状態 A を P_A, V_A で表し，作業物質の状態変化が全過程を通じて $PV/T=$ constant（右辺の定数は全過程を通じて同じ値）に従うとし，作業物質の内部エネルギーは温度のみの関数とする．状態 B の体積を V_B とし，過程 A → B において作業物質が行う仕事 $W_{A \to B}$ と作業物質が受け取る熱 Q_H を計算せよ．

次に，準静的断熱過程では作業物質の状態変化が $PV^\kappa=$ constant（κ は $1<\kappa\leq 5/3$ を満たす定数で全過程を通じて同じ値；右辺の定数は準静的断熱過程が連続している間に限り同じ値）に従うとし，過程 B → C において作業物質が行う仕事 $W_{B \to C}$ を計算せよ．

次に，過程 C → D において作業物質が行う仕事 $W_{C \to D}$ と作業物質が捨てる熱 Q_L^* を計算せよ．

次に，過程 D → A において作業物質が行う仕事 $W_{D \to A}$ を計算せよ．

最後に，熱効率 $\eta=(W_{A \to B}+W_{B \to C}+W_{C \to D}+W_{D \to A})/Q_H$ を計算せよ．

3.2 クラウジウスの原理「低温熱源から高温熱源に正の熱を移す際に，他に何の結果も残さないようにすることはできない」は，ケルビンの原理とは異なる熱力学第2法則の表現である．ケルビンの原理とクラウジウスの原理が等価であることを示せ．

3.3 1000 K の高温熱源と 300 K の低温熱源の間で働く可逆熱機関が，高温熱源から毎秒 400 kJ の熱を受け取っている．この熱機関の熱効率および仕事率を求めよ．

Chapter 4

エントロピー

[目標・目的] 新しい状態量「エントロピー」を導入する．エントロピーは，熱力学において最も重要な状態量であるが，感覚的には理解しづらい．まずは，ここに書かれていることを一度は納得し，エントロピー変化を計算できることを目指そう．感覚的に理解するのは後からでよい．

4.1 クラウジウスの不等式

閉じた系 A を考え，その系が行うサイクルを考える．1サイクルの間に系 A は，温度 $T_{e1}, T_{e2}, \cdots, T_{en}$ を持つ n 個の熱源と，それぞれ $Q_1, Q_2, \cdots, Q_n$ の熱をやり取りする．$Q_1, Q_2, \cdots, Q_n$ の正負は，系 A が熱源から熱をもらうときに正，熱源に熱を捨てるときに負，となるように決める．このとき，式 (4.1) が成り立つ．等号は可逆サイクルの場合に成り立つ．

$$\sum_{i=1}^{n} \frac{Q_i}{T_{ei}} \leq 0 \tag{4.1}$$

この不等式を**クラウジウスの不等式**（the Clausius inequality）という．

クラウジウスの不等式を証明する．図 4.1 (a) のように，上記の n 個の熱源の他に，もう1つ，温度 T_{e0} の熱源を導入する．また，n 個の可逆サイクル $C_1, C_2, \cdots, C_n$ を導入し，それらは，各々，温度 $T_{e1}, T_{e2}, \cdots, T_{en}$ の熱源と温度 T_{e0} の熱源との間で働くものとする．ただし，i 番目の可逆サイクル C_i は，温度 T_{e0} の熱源から Q_{0i} の熱をもらい（熱を捨てる場合は $Q_{0i}<0$），温度 T_{ei} の熱源に Q_i の熱を捨て（熱をもらう場合は $Q_i<0$），系 A が温度 T_{ei} の熱源とやり取りする熱を打ち消すように選ぶ．式 (3.22) から，可逆サイクル C_i が温度 T_{ei} の熱源からもらう熱 Q_{0i} は，次のように書ける．

$$\frac{Q_i}{Q_{0i}} = \frac{T_{ei}}{T_{e0}} \tag{4.2}$$

$$Q_{0i} = \frac{T_{e0}}{T_{ei}} Q_i \tag{4.3}$$

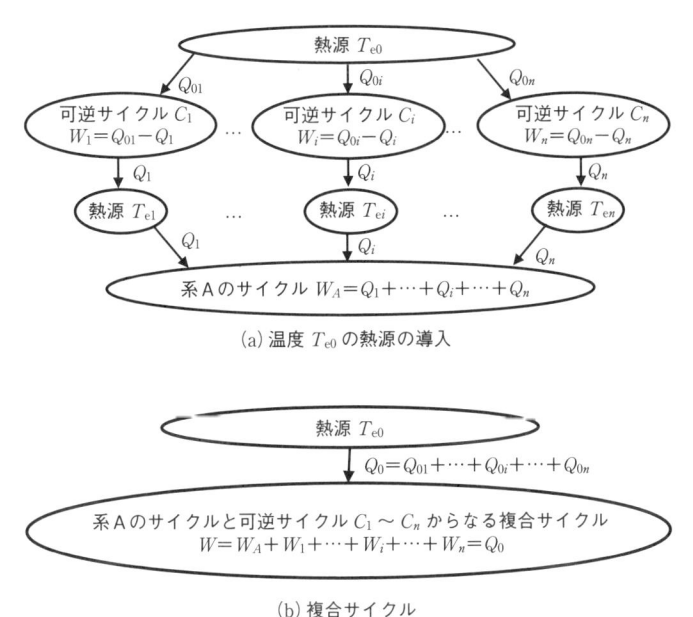

4.1 クラウジウスの不等式

(a) 温度 T_{e0} の熱源の導入

(b) 複合サイクル

図 4.1 クラウジウスの不等式の証明

さて，図 4.1 (b) に示すように，系 A の 1 サイクルと可逆サイクル $C_1, C_2, \cdots, C_n$ の各 1 サイクルから成る複合サイクルを考える．この複合サイクルでは，温度 $T_{e1}, T_{e2}, \cdots, T_{en}$ の熱源のいずれにおいても，やり取りされる正味の熱は 0 である．一方，温度 T_{e0} の熱源は，可逆サイクル $C_1, C_2, \cdots, C_n$ がもらう熱の和だけ熱を失う．すなわち，温度 T_{e0} の熱源は，全部で

$$Q_0 = \sum_{i=1}^{n} Q_{0i} = \sum_{i=1}^{n} \left(\frac{T_{e0}}{T_{ei}} Q_i \right) = T_{e0} \sum_{i=1}^{n} \frac{Q_i}{T_{ei}} \tag{4.4}$$

の熱を複合サイクルに渡す．結局，全体として，「系 A および可逆サイクル $C_1, C_2, \cdots, C_n$ を行う系」から成る複合系が，温度 T_{e0} の熱源から熱 Q_0 を受け取る．サイクルなので，この熱 Q_0 はすべて外部になす仕事になる．そうすると，この複合サイクルの後に残る唯一の結果は，「温度 T_{e0} の（1 つの）熱源から熱を受け取り，これを仕事に変換しただけ」となる．したがって，もし $Q_0 > 0$ ならば，これはケルビンの原理に反する．したがって，$Q_0 \leq 0$ でなくてはならず，次式が成り立つ．

$$Q_0 = T_{e0} \sum_{i=1}^{n} \frac{Q_i}{T_{ei}} \leq 0 \tag{4.5}$$

$$\sum_{i=1}^{n} \frac{Q_i}{T_{ei}} \leq 0 \tag{4.1 再}$$

もし，系 A が行うサイクルが可逆ならば，そのサイクルを逆向きに行うことができ，その際は $Q_1, Q_2, \cdots, Q_n$ が全部符号を変える．この逆サイクルに式 (4.1) を適用すると，次のように書ける．

$$\sum_{i=1}^{n} \frac{-Q_i}{T_{ei}} \leq 0 \tag{4.6}$$

よって

$$\sum_{i=1}^{n} \frac{Q_i}{T_{ei}} \geq 0 \tag{4.7}$$

つまり，サイクルが可逆ならば，式 (4.1) と式 (4.7) がともに成立するので，

$$\sum_{i=1}^{n} \frac{Q_i}{T_{ei}} = 0 \tag{4.8}$$

でなければならない．以上で，証明は完了した．

式 (4.1) では，系が有限個の熱源と熱をやり取りする場合を考えた．次に，系が「温度が連続的に分布した無数の熱源」と熱をやり取りする場合を考える．この場合，式 (4.1) における和を「サイクル全体についての積分」に置き換えることになる．なお，熱源の温度 T_{ei} も，受け取る熱 Q_i も，系が熱平衡状態であろうがなかろうが明確に定義される量なので，サイクルの過程に沿って積分することは可能である．「サイクル全体についての積分」を記号「$\oint$」で表し，系が温度 T_e の熱源からもらう熱を $d'Q$（熱源から熱をもらうときに正，熱源に熱を捨てるときに負）で表せば，すべてのサイクルに対して

$$\oint \frac{d'Q}{T_e} \leq 0 \tag{4.9}$$

が成り立ち，可逆サイクルに対しては，次式が成り立つ．

$$\oint \frac{d'Q}{T_e} = 0 \tag{4.10}$$

可逆サイクルでは，$T_e = T$（T は系の温度）なので，

$$\oint \frac{d'Q}{T} = 0 \tag{4.11}$$

と書ける．

4.2 エントロピー

ある均一で平衡状態にある閉じた系を考えよう．ここでは，このような系を単純な閉じた系と呼ぶ．これを，ある熱平衡状態 I から別の熱平衡状態 F まで可逆的に変化させる過程は，無数にある．そして，系の状態変化を P-V 平面上に

4.2 エントロピー

> **しっかり議論 4.1** ここでは均一で平衡状態にある系を使って説明しているが，厳密には内部構造を持たない系であればよい．

> **しっかり議論 4.2** 熱的な現象に関しては，可逆サイクルは準静的なサイクルである．準静的でなければ，系の中に温度分布が生じてしまう．温度分布があると熱移動が起きて，自然に均一温度になろうとする．この変化はもとに戻すことができない．対偶をとって，可逆でもとに戻すことができるならば，準静的であることがわかる．
> また，式 (4.11) は，着目系の温度を使って書かれているので，着目系の温度が確定するような場合にのみ適用できる．内部束縛を持たない系や部分系には適用できるが，内部束縛によって温度の異なる複数の部分系から成っている複合系には適用できない．

描いた場合，状態 I と状態 F を結ぶ任意の連続曲線が，状態 I から状態 F までの1つの可逆過程に対応する．

さて，状態 I から状態 F に変化するある可逆過程について，積分 $\int_I^F (d'Q/T)$ を考える．ここで，$d'Q$ は，系が温度 T において可逆的にもらう熱である．以下で，「積分 $\int_I^F (d'Q/T)$ が状態 I から状態 F までのすべての可逆過程に対して同一

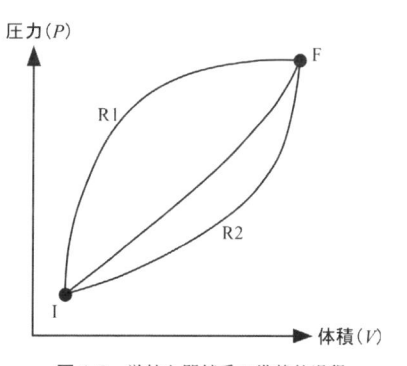

図 4.2 単純な閉鎖系の準静的過程

の値をとること」，すなわち「可逆過程に対する積分 $\int_I^F (d'Q/T)$ の値は，過程の両端の状態 I，F のみに依存し，過程自身にはよらないこと」を証明する．このためには，図 4.2 に示す，状態 I から状態 F までの任意の 2 つの異なる可逆過程 R1 と R2 について，次式を示せばよい．

$$\left(\int_I^F \frac{d'Q}{T}\right)_{R1} = \left(\int_I^F \frac{d'Q}{T}\right)_{R2} \tag{4.12}$$

ここで，左辺の積分は可逆過程 R1 に沿った積分であり，右辺の積分は可逆過程 R2 に沿った積分である．これを示すために，サイクル「I→R1→F→R2→I」を考える．このサイクルは，2 つの可逆過程から成る，可逆過程のみで構成された可逆サイクルである．したがって，式 (4.11) をこのサイクルに適用でき，

$$\oint_{I \to R1 \to F \to R2 \to I} \frac{d'Q}{T} = 0 \tag{4.13}$$

と書ける．この積分は2つの積分の和に分解でき，次のように書ける．

$$\oint_{I\to R1\to F\to R2\to I} \frac{d'Q}{T} = \left(\int_I^F \frac{d'Q}{T}\right)_{R1} + \left(\int_F^I \frac{d'Q}{T}\right)_{R2} = 0 \tag{4.14}$$

R2は可逆であるから，

$$\left(\int_F^I \frac{d'Q}{T}\right)_{R2} = -\left(\int_I^F \frac{d'Q}{T}\right)_{R2} \tag{4.15}$$

と書け，

$$\left(\int_I^F \frac{d'Q}{T}\right)_{R1} - \left(\int_I^F \frac{d'Q}{T}\right)_{R2} = 0 \tag{4.16}$$

より

$$\left(\int_I^F \frac{d'Q}{T}\right)_{R1} = \left(\int_I^F \frac{d'Q}{T}\right)_{R2} \tag{4.12 再}$$

と書ける．したがって，可逆過程に対する積分 $\int_I^F (d'Q/T)$ の値は，過程の両端の状態 I，F のみに依存し，過程自身にはよらないことが証明された．

このことから，ある基準となる熱平衡状態 O を取り，別の熱平衡状態 A まで可逆過程によって変化させた時のこの積分値

$$S(A) = \left(\int_O^A \frac{d'Q}{T}\right)_{rev} \tag{4.17}$$

は経路によらず一意に決まることがわかる．この値は経路によらないので状態量であり，これを**エントロピー**（entropy）と呼ぶ．この定義は，単純な閉じた系に限らず，あらゆる系に対して適用される．なお，エントロピーは，示量性の状態量である．

系全体は熱平衡状態にないが，その部分系でそれぞれ熱平衡が成り立っているような系のエントロピーは，各部分系のエントロピーの和で定義する．状態 A にある系全体が部分系 $1, 2, \cdots, n$ から構成され，それらの部分系は，各々，熱平衡状態 $a_1, a_2, \cdots, a_n$ にあり，それらの部分系のエントロピーが，各々，$S(a_1)$, $S(a_2), \cdots, S(a_n)$ であるなら，

$$S(A) = S(a_1) + S(a_2) + \cdots + S(a_n) \tag{4.18}$$

である．

ある系の2つの熱平衡状態を A，B とするとき，これらの状態におけるエントロピーを $S(A), S(B)$ とすると，次のように書ける．

$$S(B) - S(A) = \left(\int_A^B \frac{d'Q}{T}\right)_{rev} \tag{4.19}$$

以下，これを証明する．状態 A から状態 B までの積分路（可逆過程）は，系の状態を A から B まで変化させるような可逆過程であればどのようなものでも構

わないから，まず系の状態を A から基準状態 O まで可逆的に変化させ，続いて，基準状態 O から状態 B まで可逆的に変化させるような過程でもよい．したがって，次のように書ける．

$$\left(\int_A^B \frac{d'Q}{T}\right)_{rev} = \left(\int_A^O \frac{d'Q}{T}\right)_{rev} + \left(\int_O^B \frac{d'Q}{T}\right)_{rev} = -\left(\int_O^A \frac{d'Q}{T}\right)_{rev} + \left(\int_O^B \frac{d'Q}{T}\right)_{rev}$$
$$= -S(A) + S(B) \tag{4.20}$$

これは，式 (4.19) にほかならない．

さて，エントロピーの定義 (4.17) では，ある系に対して，ある基準状態 O を勝手に選ぶことになる．もし，状態 O の代わりに別の状態 O′ を新しい基準状態に選べば，状態 A のエントロピーとして別の新しい値

$$S'(A) = \left(\int_{O'}^A \frac{d'Q}{T}\right)_{rev} \tag{4.21}$$

が決まる．新しい基準状態 O′ に対する状態 A のエントロピー $S'(A)$ と古い基準状態 O に対する状態 A のエントロピー $S(A)$ との差は，次のように書ける．

$$S'(A) - S(A) = \left(\int_{O'}^A \frac{d'Q}{T}\right)_{rev} - \left(\int_O^A \frac{d'Q}{T}\right)_{rev} = \left(\int_{O'}^A \frac{d'Q}{T}\right)_{rev} + \left(\int_A^O \frac{d'Q}{T}\right)_{rev}$$
$$= \left(\int_{O'}^O \frac{d'Q}{T}\right)_{rev} = S'(O) = -\left(\int_O^{O'} \frac{d'Q}{T}\right)_{rev} = -S(O') \tag{4.22}$$

ここで，$S'(O)$ は新しい基準状態 O′ に対する古い基準状態 O のエントロピーであり，$S(O')$ は古い基準状態 O に対する新しい基準状態 O′ のエントロピーであり，両基準状態 O, O′ は固定されているから，$S'(O)$ および $S(O')$ は，いずれも定数である．つまり，エントロピーの値は，基準状態の選び方によって，その基準状態のエントロピーの分だけずれてくる．

なお，エントロピーについては，ある状態と別の状態のエントロピー差を式 (4.19) で計算する場合が多い．このとき，系の状態を A から B まで変化させるような可逆過程として，計算しやすい可逆過程を自由に選んでよく，このことによって，エントロピーの計算が非常に簡単なものとなることが多い．

また，可逆無限小過程の場合には，系が温度 T で熱 $d'Q$ を受け取り，エントロピーが dS だけ変わるとすると，式 (4.19) より，次のように書ける．

$$dS = \left(\frac{d'Q}{T}\right)_{rev} \tag{4.23}$$

単純な閉じた系の可逆な無限小過程では，熱力学第1法則は次のように書かれる．

$$dU = d'Q - PdV \tag{2.3再}$$

したがって，単純な閉じた系の可逆な無限小過程に対しては，式 (2.3), (4.23) から，次のように書くことができる．

$$dU = TdS - PdV \tag{4.24}$$

上式は，（単純な閉じた系に対する）**ギブズの関係式**（Gibbs relation）と呼ばれており，熱力学において非常に重要な関係式である．この式は，状態変数のみで書かれており，「U を S と V の関数と見たとき，状態変数である U は $U=U(S,V)$ と書け，S が dS だけ変化し，V が dV だけ変化すると，$U=U(S,V)$ は $TdS-PdV$ だけ変化する」ということを表している．つまり，式 (4.24) は，2 つの熱平衡状態 $[U(S,V), S, V]$ と $[U(S+dS, V+dV)=U(S,V)+dU, S+dS, V+dV]$ を結びつける関係式である．また，この場合，$dU=U(S+dS, V+dV)-U(S,V)$ は状態 (S,V) から状態 $(S+dS, V+dV)$ にどう変化したかとは無関係である．数学的な言い方をすれば，関数 $U=U(S,V)$ は S, V, U を 3 軸とする 3 次元空間におけるある曲面を表し，式 (4.24) は，その曲面の性質を表している．

4.3 熱力学第 2 法則のエントロピーを使った表現

式 (4.19) では，可逆過程に伴うエントロピー変化を表した．

$$S(\mathrm{B}) - S(\mathrm{A}) = \left(\int_\mathrm{A}^\mathrm{B} \frac{d'Q}{T}\right)_\mathrm{rev} \tag{4.19 再}$$

では，状態変化が可逆とは限らない場合，上式はどう変わるのであろうか．証明は後で行うが，その場合，次のようになる．

$$S(\mathrm{B}) - S(\mathrm{A}) \geq \int_\mathrm{A}^\mathrm{B} \frac{d'Q}{T_\mathrm{e}} \tag{4.25}$$

ここで T_e は外部熱源の温度である．等号は可逆過程のときに成り立つ．これは，熱力学第 2 法則のエントロピーを使った表現であることがわかっている．式 (4.25) より，一般的な無限小過程に対して，次式が成り立つ．等号に関しては，式 (4.25) の場合と同じである．

$$dS \geq \frac{d'Q}{T_\mathrm{e}} \tag{4.26}$$

$T_\mathrm{e} = T$ が成立すれば，式 (4.26) は，

> **しっかり議論 4.3** U を S, V の関数であると見て議論しているが，単純な閉鎖系の自変状態変数は 2 つなので，S, V の 2 変数で必要十分である．他の 2 変数をとってもよいが，表記は変わってくる．なお，$U=U(S,V)$ と書いた場合の右辺の U は，関数の名前である．

4.3 熱力学第2法則のエントロピーを使った表現

$$dS \geq \frac{d'Q}{T} \quad (4.27)$$

となる．この式は「温度 T の十分小さな系に微小な熱 $d'Q$ を与え，系の状態が落ち着く（系が新たな平衡状態になる）と，系のエントロピー変化 dS は $d'Q/T$ 以上になっている」ということを意味している．

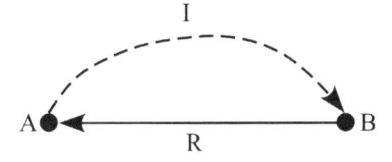

図 4.3 熱力学第2法則のエントロピーを使った表現

式 (4.25) を証明する．ある閉じた系を，図 4.3 のように，ある可逆とは限らない過程 I に沿って状態 A から状態 B まで変化させ，続いて，ある可逆過程 R に沿って状態 B から状態 A まで変化させる．この全過程 A → I → B → R → A は，可逆とは限らない一般的なサイクルである．このサイクルに式 (4.9) を適用すると，次のように書ける．

$$0 \geq \left(\oint \frac{d'Q}{T_e}\right)_{A \to I \to B \to R \to A} = \left(\int_A^B \frac{d'Q}{T_e}\right)_I + \left(\int_B^A \frac{d'Q}{T_e}\right)_R \quad (4.28)$$

熱源の温度 T_e も，受け取る熱 $d'Q$ も，着目系の状態とは関係なく明確に定義される量なので，過程に沿って積分することは可能であることに注意しよう．ここで，可逆過程 R については，式 (4.19) より，

$$\left(\int_B^A \frac{d'Q}{T_e}\right)_R = -\left(\int_A^B \frac{d'Q}{T_e}\right)_R = S(A) - S(B) \quad (4.29)$$

と書けるから，次のように書ける．

$$0 \geq \left(\int_A^B \frac{d'Q}{T_e}\right)_I + S(A) - S(B) \quad (4.30)$$

$$\left(\int_A^B \frac{d'Q}{T_e}\right)_I \leq S(B) - S(A) \quad (4.25 \text{ 再})$$

経路 I は任意なので，これで式 (4.25) は証明された．

式 (4.25), (4.26)（熱力学第2法則）を，系全体が断熱された閉じた系に適用した結果は，特に重要である．この場合，$d'Q=0$ であるから，次のように書ける．

$$S(B) - S(A) \geq 0 \quad (4.31)$$

$$dS \geq 0 \quad (4.32)$$

等号は可逆のときに成り立つから，断熱された閉じた系の可逆でない状態変化では必ずエントロピーが増大する．例えば，断熱された閉じた系の中に熱を通さない壁があって高温の部分と低温の部分に分けられていたものが，壁を取り除くこ

とで均一温度に自然になるような変化は起きる．このような自発的状態変化が進めるところまで進んだ状態が熱平衡状態であり，これは，式（4.32）より系のエントロピーが最大となった状態である．

　さらに，エントロピーをキーワードにし，式（4.9）について，もう少し考察しておこう．系が温度 T_e の熱源からもらう熱を $d'Q$（熱源から熱をもらうときに正，熱源に熱を捨てるときに負）で表せば，すべてのサイクルに対して，

$$\oint \frac{d'Q}{T_e} \leq 0 \qquad (4.9再)$$

である．ここで，等号は，可逆サイクルに対して成り立つ．上式を，熱源に対する関係式に書き換えてみよう．熱源が系からもらう熱を $d'Q_e$（系から熱をもらうときに正，系に熱を捨てるときに負）で表せば，$d'Q_e = -d'Q$ であるから，式（4.9）より，あらゆるサイクルに対して，次のように書ける．

$$\int_{1cycle} \frac{d'Q_e}{T_e} \geq 0 \qquad (4.33)$$

ここで，熱源の状態変化はサイクル（循環過程）ではないので，積分記号の○を外した．上式の被積分関数は，式（4.23）より，

$$\frac{d'Q_e}{T_e} = dS_e \qquad (4.34)$$

と書ける．なお，熱源は一定温度なので常に熱平衡状態にあるとみなせ，dS_e は熱源全体を1つの系と見たときの熱源のエントロピーの全微分である．よって式（4.33）は，次のように書ける．

$$\int_{1cycle} dS_e \geq 0 \qquad (4.35)$$

この式は，着目系があるサイクルを行うとき，そのサイクルが可逆サイクルであれば熱源全体のエントロピーが変化せず，不可逆サイクルであれば熱源全体のエントロピーが増大することを示している（着目系のエントロピーは，エントロピーが状態量であるから，サイクルが可逆であろうと不可逆であろうと，1サイクル経過後には必ずもとに戻り，増えも減りもしない）．すなわち，不可逆サイクルというのは，外界のエントロピーを増大させるサイクルのことなのである．ちなみに，ケルビンの原理にある「1つの熱源から熱を取り出しこれを仕事に変換するだけで，他には何の結果も残さないような過程」というのは，熱源から熱を取り出す時には Q_e/T_e が負となることからわかるように，式（4.35）の左辺を負にするようなサイクルのことを意味する．これはあり得ない，というのがケルビンの原理であり，これは式（4.35）に含まれていることがわかる．

しっかり議論 4.4 式（4.28）から，一般的に系が熱を受けとった時のエントロピーの増加は，熱に伴って入ってくるエントロピー $d'Q/T$ よりも大きいことがわかる．熱に伴ってエントロピーが系に入ってくることを「エントロピーの輸送」と呼ぶ．これ以外の部分のエントロピーの増加を「エントロピーの生成」と呼ぶ．

[まとめ]
・クラウジウスの不等式は，式（4.1）あるいは式（4.7）のように表される．分母の温度が熱源の温度であることに注意しよう．
・熱平衡状態にある系のエントロピーは式（4.17）で定義される．また，系全体は熱平衡状態にないが，局所熱平衡が成り立っているような系のエントロピーは，各部分系のエントロピーの和で定義される．
・関係式（4.24）は，（単純な閉じた系に対する）ギブズの関係式と呼ばれており，熱力学において非常に重要な関係式である．
・式（4.25），（4.26），（4.27）は，いずれも，エントロピーを使った熱力学第2法則の表現である．

演習問題

4.1 演習問題 3.1 における過程 A → B および過程 C → D での作業物質のエントロピー変化 $S(B)-S(A)$ および $S(D)-S(C)$ を計算せよ．

4.2 演習問題 3.1 において，1サイクルにおける外界のエントロピー変化 ΔS_e を計算せよ．

4.3 温度 T_H の高温熱源から熱 $Q_H(>0)$ をもらい，温度 T_L の低温熱源に熱 $Q_L^*(>0)$ を捨てる，2つの熱源間で働く任意の不可逆熱機関を考え，1サイクルにおける外界のエントロピー変化 ΔS_e が正になることを示せ．

4.4 質量 1 kg の気体があり，はじめ温度 300 K，圧力 500 kPa であった．この気体の状態を変化させ，温度 900 K，圧力 250 kPa とした．気体の状態変化が常に $PV/T=MR=0.286$ kJ/K に従い，また気体のエンタルピーの変化 dH と温度の変化 dT には $dH=C_P dT, C_P=1.0$ kJ/K の関係があるとし，状態変化による気体のエントロピー変化を計算せよ．

4.5 質量 1 kg の気体があり，はじめ温度 300 K，質量密度 1 kg/m³ であった．この気体の状態を変化させ，温度 600 K，質量密度 0.5 kg/m³ とした．気体の状態変化が常に $PV/T=MR=0.286$ kJ/K に従い，また気体の内部エネルギーの変化 dU と温度の変化 dT には $dU=C_V dT$, $C_V=0.724$ kJ/K の関係があるとし，状態変化による気体のエントロピー変化を計算せよ．

参考文献

プリゴジン，コンデプディ（妹尾 学，岩元和敏訳）『現代熱力学——熱機関から散逸構造へ』，§ 15.2，朝倉書店，2001．

Chapter 5

一般的な熱力学関係式

[目標・目的]　あらゆるマクロな物質（系）について成立する，状態変数間の関係式および状態変数の微係数間の関係式を考察する．多くの場合，式変形の基本方針は，測定不能な変数を測定可能な変数で表現することである．

5.1　状態変数を表す文字についての習慣

状態量には，系の大きさに依存しない示強性状態量と系を構成する物質の量に比例する示量性状態量がある．状態量を表す変数が**状態変数**（state variable）である．状態変数の中で，示強性状態量を表す変数が**示強変数**（intensive variable），示量性状態量を表す変数が**示量変数**（extensive variable）である．熱力学では，単位質量の物質について考察する場合も多く，その場合，示量性状態量については「示量変数の単位質量当たりの値」を考えることになる．通常，そのような量（変数）については，「比〜」と呼ぶ習慣になっている．例えば，単位質量当たりの内部エネルギーは「比内部エネルギー」，単位質量当たりの体積は「**比体積**（specific volume）」である．また，示量変数を表す文字は通常「大文字」であるが（例えば，内部エネルギー：U，体積：V），それらの単位質量当たりの値は通常「小文字」で表す（例えば，比内部エネルギー：u，比体積：v）．

5.2　状態方程式（熱的状態方程式），熱量的状態方程式

単純な閉じた系における自変状態変数の数は 2 である（これは経験的事実と理解してよい）．したがって，圧力 P，体積 V，温度 T の 3 変数を考えたとき，これらは勝手な値をとることは許されず，必ず何らかの関係を保ちながら変化する．つまり，これら 3 変数のうち，2 変数の値が指定されると，残りの 1 変数の値は自動的に決まる．この「残りの 1 変数の値の決まり方」は，一般に，物質ごとに異なっており，物質固有の性質である．物質固有の性質を議論するには，物

> **しっかり議論 5.1**　　圧力 P, 体積 V, 温度 T の 3 変数は測定可能な状態変数という意味で重要である.

質の量に依存しない形で行う方が望ましく,多くの場合,体積 V の代わりに比体積 v を使って議論する.比体積 v は,質量密度 ρ の逆数である ($v=1/\rho$).

物質固有の性質である「P, v, T 間の関係」は,一般的に次のように表され (後述の比ヘルムホルツ自由エネルギーと混同しないように要注意),

$$f(P, v, T) = 0 \tag{5.1}$$

この「P, v, T 間に成り立つ関係式」を **状態方程式** (equation of state) あるいは **熱的状態方程式** (thermal equation of state) と呼ぶ (状態式,特性式などと呼ばれることもある).

また,これも物質固有の性質であるが,「P, v, u 間の関係」あるいは,これと等価だが「T, v, u 間の関係」は,一般的に次のように書かれ,**熱量的状態方程式** (caloric equation of state) と呼ばれる (後述の比ギブズ自由エネルギーと混同しないように要注意).

$$g(P, v, u) = 0 \tag{5.2}$$

あるいは

$$g'(T, v, u) = 0 \tag{5.3}$$

5.3　熱容量,比熱

ある系のある準静的無限小過程において,$d'Q$ の熱が系に与えられた結果,系の温度が dT だけ上昇したとする.このとき,

$$C = \frac{d'Q}{dT} \tag{5.4}$$

を,その過程に対する系の **熱容量** (heat capacity) という.要するに,系の温度を静かに 1 単位だけ上昇させるのにどれだけの熱が必要か,という物性を表すパラメータである.また,単位質量当たりの熱容量を **比熱** (specific heat) といい,物質 1 mol 当たりの熱容量を **モル比熱** (molar specific heat) という.熱容量 C は過程によって変わってくる.このため,どのような過程に対する熱容量であるかを明確に示さねば意味がない.よく使われるのは,定積過程に対する **定積熱容量** (heat capacity under constant volume) C_V および **定積比熱** (specific heat under constant volume) c_V と,定圧過程に対する **定圧熱容量** (heat capacity under constant pressure) C_P および **定圧比熱** (specific heat under constant pressure) c_P である.

単純な閉じた系の準静的無限小過程を考え，系が単位質量当たり $d'q$ の熱を受け取り，系の温度が dT だけ上昇したとしよう．この過程に対する熱力学第1法則は，式 (2.3) を単位質量当たりについて表した，

$$du = d'q - Pdv \tag{5.5}$$

と書けるから，次のように書ける．

$$c = \frac{d'q}{dT} = \frac{du + Pdv}{dT} = \frac{du}{dT} + P\frac{dv}{dT} \tag{5.6}$$

今，u を T と v の関数と見ると，次のように書ける．

$$du = \left(\frac{\partial u}{\partial T}\right)_v dT + \left(\frac{\partial u}{\partial v}\right)_T dv \tag{5.7}$$

上式より

$$\frac{du}{dT} = \left(\frac{\partial u}{\partial T}\right)_v + \left(\frac{\partial u}{\partial v}\right)_T \frac{dv}{dT} \tag{5.8}$$

と書け，これを式 (5.6) に代入すれば，

$$c = \left(\frac{\partial u}{\partial T}\right)_v + \left(\frac{\partial u}{\partial v}\right)_T \frac{dv}{dT} + P\frac{dv}{dT} = \left(\frac{\partial u}{\partial T}\right)_v + \left[\left(\frac{\partial u}{\partial v}\right)_T + P\right]\frac{dv}{dT} \tag{5.9}$$

と書ける．同様に，比エンタルピー $h = u + Pv$ を使うと，式 (2.11) を使って，

$$c = \frac{d'q}{dT} = \frac{dh - vdP}{dT} = \frac{dh}{dT} - v\frac{dP}{dT} \tag{5.10}$$

なので，h を T と P の関数と見た

$$\frac{dh}{dT} = \left(\frac{\partial h}{\partial T}\right)_P + \left(\frac{\partial h}{\partial P}\right)_T \frac{dP}{dT} \tag{5.11}$$

を式 (5.10) に代入して，

$$c = \left(\frac{\partial h}{\partial T}\right)_P + \left(\frac{\partial h}{\partial P}\right)_T \frac{dP}{dT} - v\frac{dP}{dT} = \left(\frac{\partial h}{\partial T}\right)_P + \left[\left(\frac{\partial h}{\partial P}\right)_T - v\right]\frac{dP}{dT} \tag{5.12}$$

が得られる．

しっかり議論 5.2 系に含まれる物質の質量を M とすると，$C_V = Mc_V$，$C_P = Mc_P$ である．

しっかり議論 5.3 $(\partial u/\partial T)_v$ は T と v の関数である u を，v を定数とみなし，T のみの関数だと思って偏微分した時の偏微分係数である．一般に，$x_1, x_2, \cdots, x_n$ の関数である f を残りの変数を定数とみなし，x_1 のみの関数だと思って偏微分した時の偏微分係数を $(\partial f/\partial x_i)_{x_j \neq i}$ と表す．例えば，x, y, z の関数である f を残りの変数を定数とみなし，x のみの関数だと思って偏微分した時の偏微分係数は $(\partial f/\partial x)_{y,z}$ となる．

式 (5.9), (5.12) より, v あるいは P が変化しない時, 比熱は非常に簡単に表される. 比体積 v が変化しないときの比熱が定積比熱 c_V であり, 圧力 P が変化しない時の比熱が定圧比熱 c_P であって, これらは, 式 (5.9), (5.12) より, それぞれ dv/dT, dP/dT が 0 になるので, 次のように表すことができる.

$$c_V = \left(\frac{\partial u}{\partial T}\right)_v \tag{5.13}$$

$$c_P = \left(\frac{\partial h}{\partial T}\right)_P \tag{5.14}$$

式 (5.13), (5.14) からわかるように, 定積比熱 c_V および定圧比熱 c_P は, 状態量から計算できるので, それら自体が状態量であり, また, 特に測定可能な状態量であるという点で重要である.

なお,

$$\kappa \equiv \frac{c_P}{c_V} \tag{5.15}$$

は**比熱比**(specific-heat ratio)と呼ばれており, 熱力学ではよく現れるパラメータである. これも状態量の 1 つである.

5.4 ギブス自由エネルギー, ヘルムホルツ自由エネルギー

すでに述べたように, 単純な閉じた系では, 次式が成り立つ.

$$dU = TdS - PdV \tag{4.24 再}$$

一方, U を S と V の関数と見ると, U の微分 dU は

$$dU = \left(\frac{\partial U}{\partial S}\right)_V dS + \left(\frac{\partial U}{\partial V}\right)_S dV \tag{5.16}$$

と書けるから,

$$\left(\frac{\partial U}{\partial S}\right)_V = T \tag{5.17}$$

$$\left(\frac{\partial U}{\partial V}\right)_S = -P \tag{5.18}$$

が成り立つ. つまり, U を S と V の関数と見て $U=U(S,V)$ と書くとき, これを S で微分すれば T が得られ, V で微分して負号をつければ P が得られる, というように, 他の熱力学的性質のすべてが関数 $U(S,V)$ からわかる. 通常, $U(S,V)$ のような関数を**完全な熱力学関数**(thermodynamic potential)と呼んでおり, S, V を U の**自然な独立変数**(natural variables)と呼んでいる.

さて, 定積過程を考えるときは $dV=0$ であるから, 自然な独立変数の 1 つが

V である内部エネルギー U を考えることは，式 (4.24) より $dU = TdS$ となって式が簡単化されるので都合がよい．では，定圧過程を考えるときはどうすればよいであろうか．この場合 $dP = 0$ であるから，「自然な独立変数の 1 つが P である」熱力学関数を考えると都合がよさそうである．そのためには，式 (4.24) の dV を含む項が dP を含む項に代わってくれると都合がよい．そうするためには，$U + PV$ を新たな状態変数とすればよい．なぜなら，

$$d(U+PV) = dU + PdV + VdP = TdS - PdV + PdV + VdP = TdS + VdP \tag{5.19}$$

となるからである．このような経緯でエンタルピー H が

$$H = U + PV \tag{2.8 再}$$

で定義され，このとき，熱力学関係式

$$dH = TdS + VdP \tag{5.20}$$

が得られる．よって，H を表すときの自然な独立変数は S と P であることがわかる．S と P の関数としてのエンタルピー $H(S, P)$ も完全な熱力学関数である．また，上記のようにして，独立変数を変換することを**ルジャンドル変換** (Legendre transformation) という．

では，ルジャンドル変換によって式 (5.20) における独立変数 S を T に変換してみる．そのためには $H - TS$ を新たな状態変数とすればよい．そうすれば，次のように書ける．

$$d(H - TS) = dH - TdS - SdT = TdS + VdP - TdS - SdT = -SdT + VdP \tag{5.21}$$

このような経緯で，**ギブズ自由エネルギー** (Gibbs free energy) G が

$$G = H - TS \tag{5.22}$$

で定義され，次の熱力学関係式が得られる．

$$dG = -SdT + VdP \tag{5.23}$$

G を表すときの自然な独立変数は T と P である．T と P の関数としてのギブズ自由エネルギー $G(T, P)$ も完全な熱力学関数である．

今度は，ルジャンドル変換によって，式 (4.24) における独立変数 S を T に変換してみる．そのためには，$U - TS$ を新たな状態変数とすればよい．そうすれば，次のようになる．

$$d(U - TS) = dU - TdS - SdT = TdS - PdV - TdS - SdT = -SdT - PdV \tag{5.24}$$

このような経緯で，**ヘルムホルツ自由エネルギー** (Helmholtz free energy) F が

$$F = U - TS \tag{5.25}$$

で定義され,
$$dF = -SdT - PdV \tag{5.26}$$
という熱力学関係式が得られる.Fを表すときの自然な独立変数はTとVである.TとVの関数としてのヘルムホルツ自由エネルギー$F(T, V)$も完全な熱力学関数である.

5.5 完全微分

2つの独立変数x, yおよびそれらの関数$f(x, y)$について(比ヘルムホルツ自由エネルギーと混同しないように要注意),点(x, y)において$(\partial f/\partial x)_y$および$(\partial f/\partial y)_x$が連続であるとき,$(\partial f/\partial x)_y dx$および$(\partial f/\partial y)_x dy$を,各々,関数$f(x, y)$の$x$および$y$に関する偏微分という.それらの和を$df$と書いて関数$f(x, y)$の**完全微分**(exact differential)または**全微分**(total differential)といい,
$$df = \left(\frac{\partial f}{\partial x}\right)_y dx + \left(\frac{\partial f}{\partial y}\right)_x dy \tag{5.27}$$
と書く.完全微分は,独立変数x, yの微小変化dx, dyに対する関数$f(x, y)$の応答dfを表す.

さて,ある単純な閉じた系の,ある状態変数zは,独立な状態変数の数が2であるから,他の2つの状態変数x, yにより,
$$z = f(x, y) \tag{5.28}$$
と書け,その完全微分は,次のように書ける.なお,均一で単純な閉じた系では,偏導関数に特異性は現れないから,$(\partial f/\partial x)_y$および$(\partial f/\partial y)_x$は連続である.
$$dz = \left(\frac{\partial f}{\partial x}\right)_y dx + \left(\frac{\partial f}{\partial y}\right)_x dy \tag{5.29}$$
逆に,ある変数zについて,微小量dzが上式を満足するような関数$f(x, y)$を持つとき(つまり,式(5.29)の右辺が完全微分(5.27)のように書けるなら),zは状態変数で,$z = f(x, y)$と書ける.これは,次のように証明される.系に準静的な状態変化$A(x_A, y_A) \to B(x_B, y_B)$をもたらす任意の経路Cについて式

しっかり議論5.4 紙面の都合もあって説明を省略している部分がある.自然な独立変数についてもっと知りたい場合には,参考文献[田崎,2000,付録F],[遠藤,2011,第13章]などで勉強するとよい.「完全な独立変数」というのも,単純な閉じた系に対する場合である.もっと詳しく知りたい場合は,参考文献[田崎,2000,付録H]などで勉強するとよい.なお,ヘルムホルツ自由エネルギーはAと書かれることも多い.

(5.29) を積分すると，式 (5.29) の右辺が式 (5.27) の形に書けるから，

$$\int_C \mathrm{d}z = \int_C \left\{ \left(\frac{\partial f}{\partial x}\right)_y \mathrm{d}x + \left(\frac{\partial f}{\partial y}\right)_x \mathrm{d}y \right\} = \int_C \mathrm{d}f = f(x_B, y_B) - f(x_A, y_A) \quad (5.30)$$

と書け，$f(x_B, y_B) - f(x_A, y_A)$ は積分経路によらないから，z は状態変数である．

一般の微小量は，常に完全微分の形に書けるとは限らない．ある微小量 $\mathrm{d}w$ が

$$\mathrm{d}w = g(x, y)\mathrm{d}x + h(x, y)\mathrm{d}y \quad (5.31)$$

と書かれているとき（比ギブズ自由エネルギーや比エンタルピーと混同しないように要注意），$\mathrm{d}w$ が完全微分 (5.27) の形に書けるための必要十分条件は，次式が成り立つことである（証明は web に記載）．

$$\left(\frac{\partial g}{\partial y}\right)_x = \left(\frac{\partial h}{\partial x}\right)_y \quad (5.32)$$

つまり，「微小量 $\mathrm{d}w$ が式 (5.31) のように書かれて式 (5.32) が成り立つこと」は「微小量 $\mathrm{d}w$ が式 (5.27) の形に書けて $\mathrm{d}w = \mathrm{d}f$ と書けるような関数 $f(x, y)$ が存在すること」と等価であり，したがって「変数 w が x, y の関数，すなわち状態変数であること」とも等価である（演習問題 5.3 参照）．

5.6 マクスウェルの熱力学的関係

ある状態変数 z の微分を他の 2 つの状態変数 x, y の関数として

$$\mathrm{d}z = \left(\frac{\partial z}{\partial x}\right)_y \mathrm{d}x + \left(\frac{\partial z}{\partial y}\right)_x \mathrm{d}y \quad (5.33)$$

と書き，

$$M = \left(\frac{\partial z}{\partial x}\right)_y \quad (5.34)$$

$$N = \left(\frac{\partial z}{\partial y}\right)_x \quad (5.35)$$

とすると，式 (5.32) より，次のように書ける．

$$\left(\frac{\partial M}{\partial y}\right)_x = \left(\frac{\partial N}{\partial x}\right)_y \quad (5.36)$$

式 (5.32) と $\mathrm{d}U = T\mathrm{d}S - P\mathrm{d}V$ (4.24) より，次の関係式が得られる．

$$\left(\frac{\partial P}{\partial S}\right)_V = -\left(\frac{\partial T}{\partial V}\right)_S \quad (5.37)$$

式 (5.32) と $\mathrm{d}H = T\mathrm{d}S + V\mathrm{d}P$ (5.20) より，次の関係式が得られる．

$$\left(\frac{\partial V}{\partial S}\right)_P = \left(\frac{\partial T}{\partial P}\right)_S \quad (5.38)$$

式 (5.32) と d$F=-SdT-PdV$ (5.26) より，次の関係式が得られる．
$$\left(\frac{\partial S}{\partial V}\right)_T = \left(\frac{\partial P}{\partial T}\right)_V \tag{5.39}$$

式 (5.32) と d$G=-SdT+VdP$ (5.23) より，次の関係式が得られる．
$$\left(\frac{\partial S}{\partial P}\right)_T = -\left(\frac{\partial V}{\partial T}\right)_P \tag{5.40}$$

式 (5.37)〜(5.40) は，**マクスウェルの熱力学的関係** (Maxwell relations, Maxwell thermodynamic relations) と呼ばれている．なお，式 (5.37)〜(5.40) は，測定可能な量を右辺に書いた．通常，状態変数 P, T, V は測定可能であり，S を一定に保つには準静的な断熱過程を採用すればよく，P を一定に保つには準静的な定圧過程を採用すればよく，V を一定に保つには準静的な定積過程を採用すればよい．

5.7 体膨張係数，等温圧縮率，圧力係数

最初に，以下で使う数学的な恒等式を示しておく．3つの変数 x, y, z がある関係 $f(x, y, z)=0$ で結ばれているとき（比ヘルムホルツ自由エネルギーと混同しないように要注意），以下の関係式が常に成り立つ（証明は web に記載）．
$$\left(\frac{\partial x}{\partial y}\right)_z \left(\frac{\partial y}{\partial z}\right)_x \left(\frac{\partial z}{\partial x}\right)_y = -1 \tag{5.41}$$

さて，通常，単位質量のマクロな物質について，測定可能な状態量は，圧力 P，温度 T，体積 V の3つである．また，これらの間の偏微係数も測定可能であり，測定の際に一定に保ち得る状態量は，圧力 P（定圧変化），温度 T（等温変化），体積 V（定積変化），エントロピー S（準静的な断熱変化）である．

以上を踏まえ，よく知られている状態量間の偏微係数について紹介する．熱的状態方程式は $f(P, V, T)=0$ と書かれる．したがって，変数 P, V, T の間には，式 (5.41) より，次式が成り立つ．
$$\left(\frac{\partial P}{\partial V}\right)_T \left(\frac{\partial V}{\partial T}\right)_P \left(\frac{\partial T}{\partial P}\right)_V = -1 \tag{5.42}$$

これらの偏微係数 $(\partial P/\partial V)_T, (\partial V/\partial T)_P, (\partial T/\partial P)_V$ もまた状態量である．偏微係数 $(\partial P/\partial V)_T, (\partial V/\partial T)_P, (\partial T/\partial P)_V$ は，測定可能な状態量であるという点で重要な意味を持っており，次のような名前がついている．

体膨張係数（volumetric coefficient of thermal expansion）
$$\beta = \frac{1}{V}\left(\frac{\partial V}{\partial T}\right)_P \tag{5.43}$$

等温圧縮率（isothermal compressibility）

$$\alpha = -\frac{1}{V}\left(\frac{\partial V}{\partial P}\right)_T \tag{5.44}$$

（定積）圧力係数（thermal coefficient of the pressure at constant volume）

$$\chi = \left(\frac{\partial P}{\partial T}\right)_V \tag{5.45}$$

体膨張係数は，体膨張率，熱膨張係数，熱膨張率などとも呼ばれ，一定圧力の条件下で温度が1単位上がると体積がどれくらいの割合で膨張するか，という量である．他の量についても，偏微係数の意味を考えてみれば，その物理的意味は容易にわかるだろう．

5.8　ギブズの関係式からすぐに得られる一般関係式

式 (4.24)，(5.20)，(5.26)，(5.23) より，単位質量の物質について，

$$du = Tds - Pdv \tag{5.46}$$
$$dh = Tds + vdP \tag{5.47}$$
$$df = -sdT - Pdv \tag{5.48}$$
$$dg = -sdT + vdP \tag{5.49}$$

が成り立つ．ただし，u, h, f, g は，各々，比内部エネルギー，比エンタルピー，比ヘルムホルツ自由エネルギー，比ギブズ自由エネルギーである．これらより，直ちに，次のように書ける．

$$T = \left(\frac{\partial u}{\partial s}\right)_v = \left(\frac{\partial h}{\partial s}\right)_P \tag{5.50}$$

$$P = -\left(\frac{\partial u}{\partial v}\right)_s = -\left(\frac{\partial f}{\partial v}\right)_T \tag{5.51}$$

$$v = \left(\frac{\partial h}{\partial P}\right)_s = \left(\frac{\partial g}{\partial P}\right)_T \tag{5.52}$$

$$s = -\left(\frac{\partial f}{\partial T}\right)_v = -\left(\frac{\partial g}{\partial T}\right)_P \tag{5.53}$$

式 (5.41) より，

$$\left(\frac{\partial u}{\partial v}\right)_s \left(\frac{\partial s}{\partial u}\right)_v \left(\frac{\partial v}{\partial s}\right)_u = -1 \tag{5.54}$$

なので，式 (5.50)，(5.51) を用いれば次が得られる．

$$\left(\frac{\partial v}{\partial s}\right)_u = \frac{T}{P} \tag{5.55}$$

同様に,式 (5.41), (5.50), (5.52) より,次のように書ける.

$$\left(\frac{\partial h}{\partial P}\right)_s \left(\frac{\partial s}{\partial h}\right)_P \left(\frac{\partial P}{\partial s}\right)_h = -1 \tag{5.56}$$

$$\left(\frac{\partial P}{\partial s}\right)_h = -\frac{T}{v} \tag{5.57}$$

同様に,式 (5.41), (5.51), (5.53) より,次のように書ける.

$$\left(\frac{\partial f}{\partial v}\right)_T \left(\frac{\partial T}{\partial f}\right)_v \left(\frac{\partial v}{\partial T}\right)_f = -1 \tag{5.58}$$

$$\left(\frac{\partial v}{\partial T}\right)_f = -\frac{s}{P} \tag{5.59}$$

同様に,式 (5.41), (5.52), (5.53) より,次のように書ける.

$$\left(\frac{\partial g}{\partial P}\right)_T \left(\frac{\partial T}{\partial g}\right)_P \left(\frac{\partial P}{\partial T}\right)_g = -1 \tag{5.60}$$

$$\left(\frac{\partial P}{\partial T}\right)_g = \frac{s}{v} \tag{5.61}$$

5.9 比熱に関連した一般関係式

5.3 節で示したように,比熱は次のように書かれる.

$$c_V = \left(\frac{\partial u}{\partial T}\right)_v \tag{5.13 再}$$

$$c_P = \left(\frac{\partial h}{\partial T}\right)_P \tag{5.14 再}$$

今,式 (4.24) より,

$$(du)_v = T(ds)_v \tag{5.62}$$

となるので,

$$\left(\frac{\partial u}{\partial T}\right)_v = T\left(\frac{\partial s}{\partial T}\right)_v \tag{5.63}$$

であり,式 (5.13) を代入して整理すれば,次の関係が得られる.

$$\left(\frac{\partial s}{\partial T}\right)_v = \frac{c_V}{T} \tag{5.64}$$

また,式 $dh = Tds + vdP$ より,

$$(dh)_P = T(ds)_P \tag{5.65}$$

となるので,

$$\left(\frac{\partial h}{\partial T}\right)_P = T\left(\frac{\partial s}{\partial T}\right)_P \tag{5.66}$$

であり，式 (5.14) を代入して整理すれば，次の関係が得られる.

$$\left(\frac{\partial s}{\partial T}\right)_P = \frac{c_P}{T} \tag{5.67}$$

次のような関係式を導くこともできる（導出は web に記載）.

$$\left(\frac{\partial c_V}{\partial v}\right)_T = T\left(\frac{\partial^2 P}{\partial T^2}\right)_v \tag{5.68}$$

$$\left(\frac{\partial c_P}{\partial P}\right)_T = -T\left(\frac{\partial^2 v}{\partial T^2}\right)_P \tag{5.69}$$

$$c_P - c_V = -T\left[\left(\frac{\partial v}{\partial T}\right)_P\right]^2 \left(\frac{\partial P}{\partial v}\right)_T \; (\geq 0) \tag{5.70}$$

式 (5.70) は 5.7 節で導入した変数を用いれば

$$c_P - c_V = \frac{Tv\beta^2}{\alpha} \tag{5.71}$$

とも表される.

5.10　等エントロピー変化と等温変化

等エントロピー変化と等温変化に対しては，

$$\left(\frac{\partial P}{\partial v}\right)_s = \kappa\left(\frac{\partial P}{\partial v}\right)_T \tag{5.72}$$

が成り立つ（導出は web に記載）．特殊な場合（例えば純水では，1 気圧・4℃において $(\partial v/\partial T)_P=0$ となり，このとき $c_P-c_v=0$ となる）を除いて c_P-c_v は正，すなわち $\kappa>1$ であるから，等温変化の場合よりも等エントロピー変化（準静的断熱変化）の場合の方が，圧縮・膨張に対する圧力変化が大きい.

5.11　内部エネルギーなどに関連した一般関係式

比内部エネルギー u に関し，

$$\left(\frac{\partial u}{\partial v}\right)_T = T\left(\frac{\partial P}{\partial T}\right)_v - P = T^2\left[\frac{\partial (P/T)}{\partial T}\right]_v \tag{5.73}$$

が成り立つ（導出は web に記載）．この関係式は，**エネルギー方程式**（energy equation）あるいは**ヘルムホルツの式**（Helmholtz equation）と呼ばれている．また，比エンタルピー h に関しては，次式が成り立つ（導出は web に記載）.

$$\left(\frac{\partial h}{\partial P}\right)_T = -T\left(\frac{\partial v}{\partial T}\right)_P + v = -T^2\left[\frac{\partial (v/T)}{\partial T}\right]_P \tag{5.74}$$

このほか，比ヘルムホルツ自由エネルギー f，比ギブズ自由エネルギー g に関しては，次式が成り立つ（導出は web に記載）．

$$\left[\frac{\partial (f/T)}{\partial T}\right]_v = -\frac{u}{T^2} \tag{5.75}$$

$$\left[\frac{\partial (g/T)}{\partial T}\right]_P = -\frac{h}{T^2} \tag{5.76}$$

この関係式は，**ギブズ・ヘルムホルツの式**（Gibbs-Helmholtz equation）と呼ばれている．式 (5.75)，(5.76) は，u と f あるいは h と g を関連づける関係式として重要である．例えば，これは研究上よくあることなのだが，温度 T と比体積 v（あるいは質量密度 $\rho=1/v$）の関数として比内部エネルギー u が計算できたとしよう．ところが，T と v の関数としての比内部エネルギー $u(T,v)$ は完全な熱力学関数ではないから，$u(T,v)$ から系の熱力学的性質を求めていくことはできない．しかし，T と v が自然な独立変数である比ヘルムホルツ自由エネルギー $f(T,v)$ が計算できれば，$f(T,v)$ は完全な熱力学関数であるから，$f(T,v)$ から系の熱力学的性質を求めていくことができる．そのような場合，式 (5.75) を使って $u(T,v)$ から $f(T,v)$ が計算できれば，式 (5.51) から P を計算でき，式 (5.53) から s を計算でき，さらに他の状態変数も計算していくことができる．

[まとめ]
- 一般的な熱力学関係式の出発点は，多くの場合，ギブズの関係式 (5.46)〜(5.49) である．この 4 つの関係式は，それほど重要な関係式である．
- 一般的な熱力学関係式の多くは，測定できた状態変数あるいは計算できた状態変数から他の状態変数を計算する際に使われる．したがって，その有用性は，多くの場合，学習の場面よりも研究の場面で実感される．
- 実験や数値計算によって何らかの熱力学関係式の**経験式**（empirical equation）を構築する際には，一般的な熱力学関係式が満足されるようにしておかねばならない．この**熱力学的合理性**（thermodynamic consistency）が破られると，系は物理的にあり得ない性質を示すことになる．

演習問題

5.1 ある物質の熱的状態方程式が $Pv=RT$（R は考えている物質に固有の定数）と書かれる時，その物質の定容比熱 c_v および定圧比熱 c_P は温度のみの関数となることを示せ．また，この物質について c_P-c_v を計算せよ（得られる結果は**マイヤーの関係式**（Mayer's relation）と呼ばれている）．

5.2 ある物質の熱的状態方程式が $Pv=RT$（R は考えている物質に固有の定数）と書かれる時，その物質の比内部エネルギーおよび比エンタルピーは温度のみの関数であることを示せ．

5.3 ある物質の熱的状態方程式が $Pv=RT$（R は考えている物質に固有の定数）と書かれる時，その物質の定容比熱は温度のみの関数で $du=c_v(T)dT$ と書ける．このような物質から成る閉じた系の準静的無限小過程の場合，$du=d'q-Pdv$（熱力学第 1 法則）であるから，$d'q=c_v(T)dT+Pdv$ と書ける．この時，微小量 $d'q$ が完全微分でないことを示せ．また，微小量 $d'q/T$ は完全微分であることを示せ．

5.4 ある物質の熱的状態方程式が $Pv=RT$（R は考えている物質に固有の定数）であり，その物質の定容比熱および定圧比熱が一定である場合，比エントロピー $s(T,v)$ と $s(T,P)$ と $s(P,v)$，比ヘルムホルツ自由エネルギー $f(T,v)$，比ギブズ自由エネルギー $g(T,P)$ の具体的表式を，基準状態を添え字 0 で表して，求めよ．

参 考 文 献

遠藤琢磨『デトネーションの熱流体力学 2　関連事項編』，第 13 章，理工図書，2011．

田崎晴明：『熱力学——現代的な視点から』（新物理学シリーズ 32），付録 F，付録 H，§ 7-3，培風館，2000．

プリゴジン，コンデプディ（妹尾 学，岩元和敏訳）『現代熱力学——熱機関から散逸構造へ』，§ 5.2，朝倉書店，2001．

Chapter 6

落穂ひろい

[目標・目的] この章では，知っておくべきことだけれども省略してきた事柄を学ぶ．

6.1 P-V線図とT-S線図

　熱機関や冷凍サイクルの特徴を理解するためには，圧力，温度，体積，エントロピーなどの状態量の変化を線図として表記すると仕事や熱の授受の様子が理解しやすい．図6.1のように，縦軸に圧力P，横軸に体積V（あるいは比体積v）をとって，系の状態変化を表した線図を **P-V線図**（P-V diagram）という．例えば，ピストン内に密閉された気体が準静的過程で膨張し，ピストンを外側に押し，状態1から状態2に変化するときの仕事量は

$$W_{12} = \int_{V_1}^{V_2} P dV \tag{6.1}$$

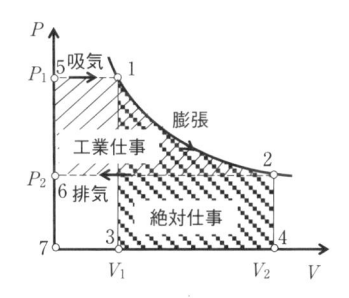

図6.1 P-V線図上の閉じた系と開いた系の仕事

であり，図中の面積1-2-4-3と等しくなる．仕事量が状態変化を表す曲線と横軸とで挟まれた領域の面積で表され，閉じた系の気体がする仕事，絶対仕事が求まる．この図から，状態1と状態2が同じ変化でも，状態変化の経路によって仕事量（面積）が変化するので，仕事が状態量ではないことがわかる．

　式（6.1）では閉じた系で気体が膨張する場合に系がする仕事を考えたが，開いた系では，この仕事にピストンが外部から気体をシリンダー内に吸い込む吸気過程で受け取る仕事5-1-3-7と，それを排出する排気過程でしなくてはならない仕事2-4-7-6が加わる．この場合の仕事量は，図6.1を見れば

$$W_t = P_1 V_1 + \int_{V_1}^{V_2} P dV - P_2 V_2 = -\int_{P_1}^{P_2} V dP \tag{6.2}$$

(a) 状態変化と熱量　　　(b) カルノーサイクル

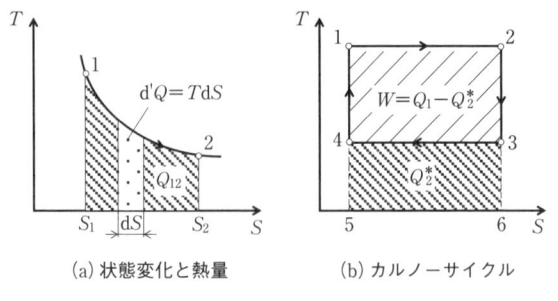

図 6.2 T-S 線図

となる．仕事量が状態変化を表す曲線と縦軸との間の面積で表され，開いた系の気体がする仕事，工業仕事が求まる．このように P-V 線図を使うと仕事量が図示できる．

縦軸に温度 T，横軸にエントロピー S（あるいは比エントロピー s）をとって，物体の状態変化を表した線図を **T-S 線図**（T-S diagram）という．可逆過程では $d'Q=TdS$ と書けるから，図 6.2（a）のように状態 1 から状態 2 への準静的変化を描くと，

$$Q_{12}=\int_{S_1}^{S_2} TdS \tag{6.3}$$

となる．この線図上の面積は熱量を表す．T-S 線図上にカルノーサイクルを描くと，図 6.2（b）のように，等温変化は水平線，断熱変化は $dS=0$ で等エントロピー変化となって垂直な線となるので長方形になる．面積 1265 は高温熱源からの受熱量 Q_1，面積 4365 は低温熱源への放熱量 Q_2^*，面積 1234 は 1 サイクルの仕事量 $Q_1-Q_2^*$ を表す．T-S 線図を使うと熱の授受が図示できる．

一般の可逆サイクルは P-V 線図上では，図 6.3 のように閉曲線で表される．このサイクルを右回りに変化させると，1 → 3 → 2 の変化で，仕事 W_1 を行い，2 → 4 → 1 で仕事 W_2 を受け取るので，正味の仕事は $W=W_1-W_2$ となり，閉曲線の囲む面積で表される．右回りのサイクルは熱機関である．このサイクルを 1 → 4 → 2 → 3 → 1 と左回りに回ると，仕事は負になり，外部から仕事をもらって熱の移動を行う冷凍機サイクルになる．これは T-S 線図についても同様で，T-S 線図上でも右回りのサイクルは熱機関，

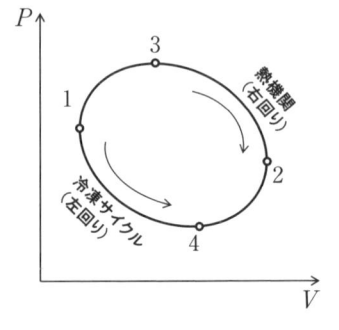

図 6.3 一般のサイクル

左回りのサイクルは冷凍サイクル，正味の仕事は閉曲線の囲む面積となる．

6.2 単位について

本書では**国際単位系**（the International System of Units, SI）を用いている．SI単位は付録2に示す7個の基本単位と接頭語から成り，これらを用いて種々の物理量の単位が誘導できる．実用上では，質量ではなく重量［kgf］を用いる工学単位系が使用されている場合もある．この場合には，同一名称でも値が変わることがあるので注意が必要である．

力の単位は N（ニュートン）である．質量×加速度であるから $1\,\text{N}=1\,\text{kg m/s}^2$ である．工学単位系の力では，重力加速度が考慮される．

$$1\,\text{kgf}=1\,\text{kg}\times 9.80665\,\text{m/s}^2=9.80665\,\text{N} \tag{6.4}$$

圧力の単位は Pa（パスカル）である．圧力は力/面積であり，面に垂直に作用する単位面積当たりの力である．圧力は Pa 以外にも多くの単位が使用されている．それらの換算を付録3に示す．

1 atm は標準気圧と呼ばれ，重力加速度が $9.80665\,\text{m/s}^2$ である場所で，密度が $13.5951\times 10^3\,\text{kg/m}^3$ の 0℃ の水銀柱が 760 mm を示す圧力（760 mmHg と書く）である．工学単位系では 1 kgf の力が $1\,\text{cm}^2$ に働く時，$1\,\text{kgf/cm}^2$ を 1 at と表記している．また，絶対圧力として ata，大気圧を基準とするゲージ圧は atg の記号が用いられる．

1 bar は 10^5 Pa で，1 bar の 1/1000 が 1 mbar である．大気圧は 1013 mbar＝1013 hPa である．1 mmHg を 1 Torr（トル）ともいい，減圧プロセスなどで用いられている．アメリカやイギリスなどのヤード・ポンド系の単位を採用している国では，psi（プサイ，pound per square inch）が圧力の単位に用いられている．長さに in（インチ），重量に lbf（ポンド）を用いた圧力の単位であり，$\text{psi}=\text{lbf/in}^2$ である．

仕事と熱量の単位は J（ジュール）である．仕事は力×距離であるから 1 N の力を作用させて 1 m 動かす時の仕事に相当する熱量が 1 J である．実用上，熱量の単位に cal（カロリー）が使われることがある．1 g の純水を 1℃ 上昇

しっかり議論 6.1 サイクルの正味の仕事が閉曲線の囲む面積となることを，絶対仕事を得るサイクルについて述べたが，工業仕事の場合でも同じ結果となる．工業仕事の場合には，3→2→4 の変化で仕事を行い，4→1→3 の変化で仕事を受け取る．正味の仕事はやはり閉曲線の囲む面積で表される．

(14.5〜15.5℃) させるのに必要な熱量が 1 cal である．カロリーとジュールには 1 cal＝4.1855 J の関係がある．1 lb（ポンド）の純水を 1 °F（39〜40 °F）上昇させるために必要な熱量として Btu（British thermal unit）がある．1 Btu＝1.0549 kJ の関係がある．換算表を付録 3 に示す．

単位時間当たりの仕事量は仕事率といい，単位は W（ワット）である．1 W は 1 J/s，逆に 1 J は 1 Ws，そして 1 kWh は 3.6 MJ で約 860 kcal である．

6.3 温度目盛

温度計は「熱い」とか「冷たい」という人間の感覚を客観的な尺度で数値化したものである．正確な温度目盛を刻んだ温度計を作るためには，温度計の物質によらない温度を定義する必要がある．できる限り普遍的な 2 つの定点を決め，その定点間を等分割しなければいけない．水という最も身近でありふれた物質を例にとって，温度を定義してみる．氷の融点を 0 ℃，水の沸点を 100 ℃とすれば，圧力が一定の環境下では，氷が溶ける温度と水が沸騰する温度は変わらない．あとはその間を等分割に分割すれば，温度を定義できる．℃を単位とする温度目盛はセルシウス（摂氏）目盛という．水銀，アルコール，灯油などの体積が温度によって変化する物質を使えば，温度計を作ることができる．「温度計」を利用した温度測定では，実際に読み取るのは「温度計」の温度なので，測定される物の温度と「温度計」の温度が熱平衡になっていることが測定の前提である．

イギリスやアメリカで日常的に使われる温度目盛は，水の融点を 32 度，沸点を 212 度とし，その間を 180 等分した華氏目盛である．単位は °F（Fahrenheit）であり，摂氏度 t_C [℃] と華氏度 t_F [°F] の間には

$$t_C = \frac{5}{9}(t_F - 32) \tag{6.5}$$

という関係がある．

摂氏や華氏温度のように 2 定点の間を等間隔で刻んで温度目盛を作り，物質の膨張割合で温度を読み取っても，その物質が温度目盛に対して厳密に比例して膨張しない限り誤差は残る．そこで，物質に理想気体を想定した温度目盛とカルノーサイクルを用いた熱力学的温度目盛りが導入された．

しっかり議論 6.2　1 Pa＝1 N/m^2＝1 J/m^3 であり，単位体積当たりのエネルギーを圧力として扱うこともある．例えば，流体の単位体積当たりの運動エネルギーは動圧と呼ばれる．

6.3 温度目盛

理想気体温度目盛りでは，シャルルの法則から，図6.4に示すように，圧力一定の条件下では，理想気体は温度が下がるにつれて直線的に体積が減少し，最終的に-273.15℃で体積が0となる．これを温度の下限値として「絶対零度」として温度を定め，この法則に従う気体を理想気体とし，温度目盛を定義した．

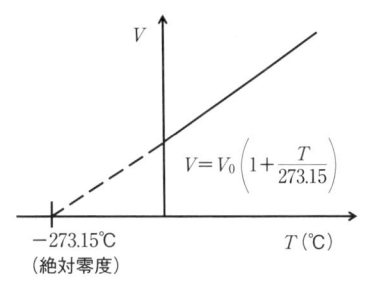

図6.4 シャルルの法則と絶対零度

一方，熱力学的温度目盛りでは，図6.5の2つの断熱線と2つの等温線で囲まれるカルノーサイクル（例えばacc'a'）で，T_0とT_2の温度定点を決め，サイクルabb'a'とbcc'b'の面積が等しくなるように等温線T_1を引いて，温度T_0とT_2の中間温度T_1を定める．このように2つの温度定点と断熱変化で作られるカルノーサイクルの面積を等分割して，温度目盛を作っていく．熱機関の熱効率の定義から，効率が100%を超えることはないので，低熱源側の温度を最も低い絶対零度にする．

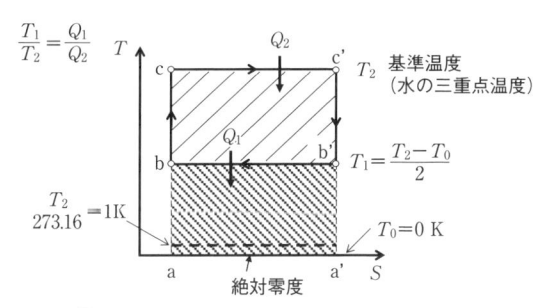

$$\frac{T_1}{T_2} = \frac{Q_1}{Q_2}$$

T_2 基準温度（水の三重点温度）

$T_1 = \frac{T_2 - T_0}{2}$

$\frac{T_2}{273.16} = 1\text{K}$

$T_0 = 0\text{ K}$

絶対零度

$\eta = 1 - \frac{T_2}{T_1}$ 効率は1を超えてはいけない．絶対零度を最低温度に設定

図6.5 カルノーサイクルと熱力学的温度目盛

コラム6.1 液体温度計や体温計はよく知られているが，他にも様々な原理を利用した温度計がある．異種の金属からなる2本の細線を両端で接続し閉ループにすると，両接点の温度が異なる場合，この回路に起電力が生じる（ゼーベック効果という）．片方の接点を開放し電位差を測定し，これを温度に換算する．この温度計を熱電対温度計という．他にも，金属の電気抵抗が温度に強く依存する性質を利用した抵抗温度計，物体から放射される放射エネルギーやスペクトルが温度に強く依存する性質を利用した放射温度計などがある．特に，物体から放射される赤外線を画像として表示するサーモグラフィーは非接触で瞬時に温度分布を知ることができる．

コラム6.2 理想気体は実在しない物質であり，物質の体積が0となる絶対零度の値は，多くの研究者の実験と考察によって，小数点以下2桁までが得られており，この値を絶対零度と定義している．一方，水の三重点温度は0.01℃であるため，1Kはこの温度の1/273.16倍と決められた．素直に氷の融点を基準にすれば，絶対零度が−273.15℃なので，1Kが1/273.15倍で理解しやすいと思うかもしれない．氷点0℃，沸点100℃とする2つの定点を100等分した熱力学的温度目盛が用いられたこともあったが，水の三重点温度は測定誤差が小さく，安定性に優れていることから，これを温度定点として用いる熱力学的絶対温度（ケルビン度）が導入された．同時に従来の百分割目盛はセルシウス度と決められた．現在，ケルビン度はケルビン（K）として，セルシウス度は従来通りセルシウス度（℃）として単位化されている．

しっかり議論6.3 本文では詳しく述べていないが，1つの温度定点が一致しても，0Kが一致するか，その間の目盛間隔が一致するかは保証されない．この一致は，基準温度の熱源と，理想気体の体積を任意の割合だけ変化させる温度の熱源を使ったカルノーサイクルで，取り出される熱量が同じ割合だけ変化することを，次章以降に述べる理想気体の特徴を用いて示す必要がある．

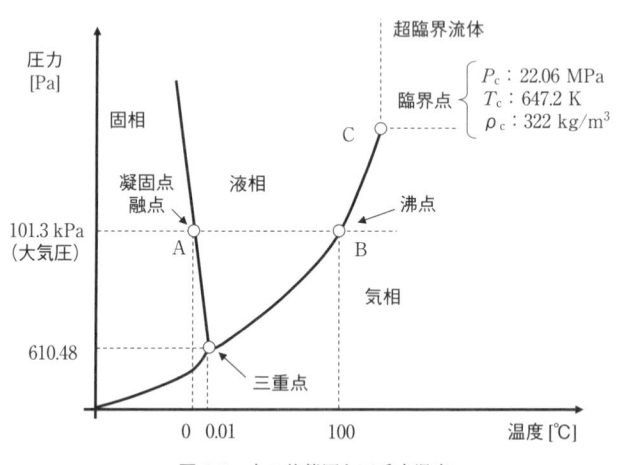

図6.6 水の状態図と三重点温度

熱力学的温度目盛を理想気体の温度目盛と関連づけるため，1つの温度定点に水の三重点温度を採用した．図6.6に示すように，温度0.01℃，圧力610 Paのとき，固相，液相，気相の三点が共存する．この温度の273.16分の1を1K（ケルビン）とし，絶対零度を基準に等温線を描くと，目盛の刻み幅1Kが1℃と等しくなり，この熱力学的温度目盛が理想気体温度目盛と一致する．摂氏度 t_c

[℃]とこの温度 T [K] には以下の関係がある.

$$T = t_c + 273.15 \tag{6.6}$$

熱力学的温度はガスや温度計の種類,構造にはまったく無関係に定義された温度であり,一般的にケルビンの絶対温度[K]とは,熱力学的温度のことである.

絶対温度を華氏目盛で表す時,その温度目盛をランキン目盛と言い,単位は°R である.ランキン目盛の絶対温度 T_R は,$T = 0$ K が $t_F = -459.67$ °F であるので,次のようになる.

$$T_R = t_F + 459.67 \tag{6.7}$$

6.4 状態量と完全微分

状態量は熱力学ではじめて意識する概念である.圧力,体積,温度,内部エネルギーなどの状態量では,その微小量 dP, dV, dT, dU を状態1から状態2まで積分すれば,必ず一定の値 $P_2 - P_1$, $V_2 - V_1$, $T_2 - T_1$, $U_2 - U_1$ が得られる.しかしながら,先に学んだように,熱量 Q や仕事 W は状態量ではないので,$d'Q$, $d'W$ の形が与えられない限り,最初の状態と最後の状態がわかっても Q または W を得ることはできない.熱力学では扱っている変数が状態量であるかどうかを意識しておく必要がある.

$dy = f(x) dx$
AB を結ぶ線は1つ

$dz = M(x, y) dx + N(x, y) dy$
dz の積分を考える.
A と B を結ぶ道はいろいろある

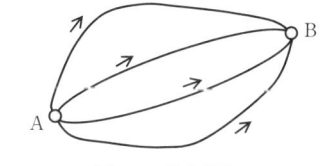

図 6.7 積分経路

例えば,今,3つの状態量 (x, y, z) があって,それらの微小量の関係が以下の形で表されているとする.例えば,系の温度と圧力が dx, dy だけ変わった時,内部エネルギーの変化や入ってくる熱量が dz であったと考えればよい.

$$dz = \left(\frac{\partial z}{\partial x}\right)_y dx + \left(\frac{\partial z}{\partial y}\right)_x dy = M(x, y) dx + N(x, y) dy \tag{6.8}$$

ある状態 A から別の状態 B に変化した時の dz の積分は経路に沿って計算されるが,図 6.7 のように,状態 A と状態 B を結ぶ道はいろいろあるので,一般的には,その計算値も1つには定まらない.しかし,もしも z が状態量であれば,変化の結果としてもとの状態に戻った時には,z の値ももとの値に戻る必要があるので,dz の積分値は 0 でなくてはならない.数学的には,式 (6.8) のもとに

戻る任意の経路の周積分が0でなければならない．グリーンの定理を用いると，

$$\oint dz = \int_C (Mdx + Ndy) = \iint_S \left(\frac{\partial N}{\partial x} - \frac{\partial M}{\partial y}\right) dxdy = 0 \tag{6.9}$$

と書ける．この式が成立するには，式 (6.9) の右辺の括弧内が0でなければならないので，

$$\left(\frac{\partial N}{\partial x}\right)_y = \left(\frac{\partial M}{\partial y}\right)_x \tag{6.10}$$

となる．逆に，式 (6.10) を満足できれば，z は経路によらず，x と y の値のみで決まるため，$z = f(x, y)$ と書くことができ，z は x，y を変数とする状態量となる．z が状態量であるとき，式 (6.8) の微分形式を**完全微分**（exact differential）と呼び，そうでない時**不完全微分**（inexact differential）と呼ぶ．

[**例題 6.1**]　$dz = y^2 dx + 2yx dy$ は完全微分かどうか？　完全微分なら，z の形を求めよ．

解）

$$\left(\frac{\partial M}{\partial y}\right)_x = \left(\frac{\partial (y^2)}{\partial y}\right)_x = 2y, \quad \left(\frac{\partial N}{\partial x}\right)_y = \left(\frac{\partial (2yx)}{\partial x}\right)_y = 2y$$

よって，完全微分である．

$\left(\frac{\partial z}{\partial x}\right)_y = y^2$，$\left(\frac{\partial z}{\partial y}\right)_x = 2yx$ であり，これらを積分すれば，$z = y^2 x + C$ を得る．

6.5　定常流れを伴うエネルギー式

2.3節で簡単に議論した開いた系のエネルギー収支について詳しく確認しておく．流体が境界を通じて出入りする開いた系のエネルギー保存について考える．図 6.8 に示すように質量流量 $\dot{M}$ [kg/s] の流体が断面1（入口）から系に入り，熱 $\dot{Q}$ [W] をもらって外部に仕事 $\dot{W_t}$ [W] をし，断面2（出口）から出ていく．系の任意の断面での値を，断面積 A [m²]，流速 C [m/s]，比体積 v [m³/kg] とすると，

$$\dot{M} = \frac{AC}{v} = \frac{A_1 C_1}{v_1} = \frac{A_2 C_2}{v_2} = \dot{M}_1 = \dot{M}_2 = 一定 \tag{6.11}$$

> **しっかり議論 6.4**　熱量 Q や仕事 W は状態量ではないので，dQ や dW を使って全微分形で表記することは厳密ではない．そのため，本書では $d'Q$ の記号を使って，微分と区別して表記している．しかし，熱量を温度で割ったエントロピー，$d'Q/T$ は状態量となり，dS と表記することが可能である．このように状態量でないものを状態量に変える変数のことを積分因子という．この場合は温度 T がそれにあたる．

6.5 定常流れを伴うエネルギー式

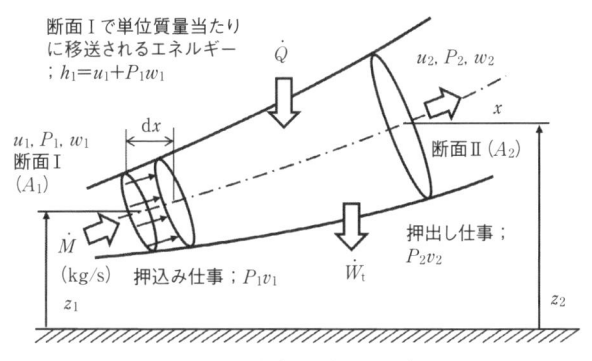

図6.8 流動系のエネルギー式

となる．上式は定常流の連続の式と呼ばれる．また，入口での単位時間当たりの流体の押し込み仕事は，$\dot{M}_1 P_1 v_1$，出口2での流体の押し出し仕事は$\dot{M}_2 P_2 v_2$である．流体が体系に持ち込む単位時間当たりのエネルギーは，内部エネルギー，運動エネルギー，位置エネルギー，押し込み仕事の総和であり，

$$E_1 = \dot{M}_1 \times \left(u_1 + \frac{1}{2}C_1^2 + gz_1 + P_1 v_1 \right) \quad [\text{J/s}] \tag{6.12}$$

系に入る熱量は$\dot{Q}$，系が外部にする仕事は$\dot{W}_t$であり，流体が系から持ち出す単位時間当たりのエネルギーも式 (6.12) に準じて表せば，

$$\dot{Q} + \dot{M}\left(u_1 + \frac{1}{2}C_1^2 + gz_1 + P_1 v_1 \right) = \dot{W}_t + \dot{M}\left(u_2 + \frac{1}{2}C_2^2 + gz_2 + P_2 v_2 \right) \tag{6.13}$$

となる．流体1 kg 当たりでは，$h = u + Pv$ であることに注意して，

$$h_1 + \frac{C_1^2}{2} + gz_1 + q - w_t = h_2 + \frac{C_2^2}{2} + gz_2 \quad [\text{J/(kg s)}] \tag{6.14}$$

となる．これを定常流動のエネルギー式という．

外部との熱の授受がなく，仕事と位置エネルギーが無視できる場合は，

$$h_2 - h_1 = \frac{1}{2}(C_2^2 - C_1^2) \tag{6.15}$$

しっかり議論6.5 　連続の式とは，流体力学で登場する流体の質量保存則のことである．数学的には発散という概念で記述され，流体が勝手に湧き出たり消えたりしないことをいう．流体では質量ではなく，流量という概念を使い，それには質量流量と体積流量がある．断面積 A (m^2) を流速 C (m/s) の流体が通過するとき，単位時間当たり，この断面積を通過する流量は AC で表され，これを体積流量 (m^3/s) という．これに密度 ρ (kg/m^3) をかけると質量流量 (kg/s) となる．

となる．式 (6.15) はエンタルピーの差が運動エネルギーに変換されたことを意味することから，**熱落差**（heat drop）と呼ばれている．

式 (6.14) を流れ方向の微小距離について微分形で表すと

$$dq = du + d\left(\frac{C^2}{2}\right) + (Pdv + vdP) + gdz + dw_t \qquad (6.16)$$

あるいは

$$dq = dh + d\left(\frac{C^2}{2}\right) + gdz + dw_t \qquad (6.17)$$

となる．

6.6 冷凍機の成績係数

一般に，入力に対する出力の割合を**効率**（efficiency）という．図 6.3 の右回りのサイクルの熱機関では，高温の熱源 H から熱 Q_H をもらい，低温の熱源に熱 Q_L^* を捨てることで，仕事 W を取り出している．熱機関の熱効率は次式で定義される．

$$\eta = \frac{W}{Q_H} = \frac{Q_H - Q_L^*}{Q_H} = 1 - \frac{Q_L^*}{Q_H} \qquad (6.18)$$

これとは逆に，外から仕事を与えて低温の熱源から熱を奪って高温熱源に熱を与える左回りの冷凍サイクルでは，入力は外部からもらう仕事であるため，これを熱効率で評価するのは適当ではない．冷凍機は低温熱源から熱を吸収することを目的としており，出力は低温の熱源 L から奪い取る熱 Q_L であるから，次式で定義される**成績係数**（coefficient of performance）で性能を評価する．冷凍機の成績係数は次式で定義される．

$$\varepsilon_R = \frac{Q_L}{W^*} = \frac{Q_L}{Q_H^* - Q_L} \qquad (6.19)$$

また，ヒートポンプとは，高温側に熱を与えることを目的としており，出力が高温の熱源 H に与える Q_H^* である．この場合，次式で定義される成績係数で性能を評価する．

$$\varepsilon_H = \frac{Q_H^*}{W^*} = \frac{Q_H^*}{Q_H^* - Q_L} = 1 + \varepsilon_R \qquad (6.20)$$

ヒートポンプとは冷凍機とまったく同一の装置であり，使用目的が違うだけである．

[例題 6.1] ヒートポンプが逆カルノーサイクルで動作するとき成績係数を求めよ．ただし，低温熱源を 0 ℃，高温熱源を 25 ℃ とする．

解) 逆カルノーサイクルなので
$$Q_H^* = T_H(S_1 - S_2), \quad Q_L = T_L(S_1 - S_2)$$
$$\therefore \varepsilon_H = \frac{T_H}{T_H - T_L} = \frac{298.15}{298.15 - 273.15} \approx 11.93$$

[まとめ]
- P-V 線図，T-S 線図上で絶対仕事，工業仕事，熱，サイクルで得られる正味の仕事などを表すことができる．
- 国際単位系（SI）では，力は N，圧力は Pa，仕事および熱量は J，仕事率は W で表される．
- 絶対温度 [K] とは熱力学的温度から定義された温度目盛であり，水の三重点温度 0.01 ℃の絶対温度の 1/273.16 倍が 1 K である．
- 扱っている変数が状態量であるためには，式（6.10）を満足する必要がある．

演習問題

6.1 摂氏 60 ℃ を，ケルビン温度，華氏温度，ランキン温度で表すと，それぞれいくらになるか．単位をつけて書け．

6.2 圧力 0.5 MPa を，単位 kgf/cm^2，mmHg，bar，atm，psi で表すと，それぞれいくらになるか．

6.3 $dv = (R/p)dT - (RT/p^2)dp$ は，完全微分か否か，調べよ．完全微分なら v の式の形を求めよ．

6.4 入口より 50 m の高所に流速 20 m/s，吐き出し圧力 10.5 atg で，0.4 m^3/min の水を吐き出すポンプがある．入口では，流速 10 m/s，吸い込み圧力 −0.7 atg であるとき，ポンプの効率を 80% として駆動動力を求めよ．ただし，水の内部エネルギーの変化は無視してよい．

6.5 低温，高温熱源の温度が，それぞれ一定温度 10 ℃，200 ℃ である．この熱源を用いた熱機関のとり得る最高熱効率，冷凍機とヒートポンプの成績係数を求めよ．

参考文献

一色尚次，北山直方『わかりやすい熱力学』森北出版，2000．
斉藤 孟，『工業熱力学の基礎』，pp.135-153，サイエンス社，2001．
谷下市松，北山直方『図解 熱力学の学び方（第 2 版）』，オーム社，1994．

Chapter 7

理 想 気 体

[目標・目的] この章では，理想気体の状態方程式，状態量，物理量および可逆変化について学ぶ．

7.1 理想気体とは

理想気体（ideal gas）とは，等温の下で経験的に導かれた**ボイルの法則**（Boyle's law）と定圧の下で経験的に導かれた**シャルルの法則**（Charles's law）に完全に従う気体のことである．理想気体は仮想の気体であるが，多くの気体のよい近似となるため，理想気体の特徴を用いて気体を用いた熱機関や冷凍サイクルの熱や仕事の出入りの計算が行われることが多い．また，後述するように理想気体でも比熱は温度とともに変化しうるが，これを定数とした近似もよく用いられる．この章では比熱を定数とした場合の式を[▓]*に入れて示す．工学でよく取り扱う気体のうち，空気，水素，窒素，酸素，燃焼ガス，希ガスなどは理想気体とみなせるが，水蒸気，アンモニア蒸気，二酸化炭素は低温において理想気体の挙動からかなり外れる．しかし，どのような気体でも，温度が高く，また低圧になるにつれて，理想気体の性質に近づいてくる．実際の気体では，高圧，低温で理想気体の挙動からずれてくる．このような実際の挙動を考慮した気体を**実在気体**（real gas）という．

7.2 理想気体の法則

ボイルの法則およびシャルルの法則から，理想気体の体積 V は圧力 P に反比例し，温度 T に比例する．また，体積 V は示量変数であり，気体の物質量 n に比例する．したがって，

$$V = R_0 n \frac{T}{P} \tag{7.1}$$

> **しっかり議論 7.1**　分子運動論で議論すると，実際の気体では，気体を構成している分子に分子間力が作用し，分子一つ一つがわずかではあるが体積を占有している．このような気体が実在気体である．これに対し，気体を構成する分子に分子間力が作用せず，分子は体積を占有せず，衝突は完全弾性反射すると仮定した気体が理想気体に相当する．

が成立する．ここで，R_0 は，**一般ガス定数**（universal gas constant，普遍気体定数，一般気体定数とも）と呼ばれる比例定数であり，気体の種類に関係なく 8.314 J/(mol K) の値をとる．整理すると

$$PV = nR_0T \tag{7.2}$$

となる．式 (7.2) を**理想気体の状態方程式**（ideal gas law）と呼ぶ．気体の物質量 n [mol] は，質量 M [kg] とモル質量 M_m [kg/mol] を用いて表すと，

$$n = \frac{M}{M_\mathrm{m}} \tag{7.3}$$

となる．式 (7.3) を式 (7.2) に代入すると，

$$PV = \frac{M}{M_\mathrm{m}}R_0T \tag{7.4}$$

となり，整理すると

$$P\frac{V}{M} = \frac{R_0}{M_\mathrm{m}}T \tag{7.5}$$

が得られる．ここで，**ガス定数**（gas constant）

$$R = R_0/M_\mathrm{m} \quad [\mathrm{J/(kg\ K)}] \tag{7.6}$$

を導入すると，

$$PV = MRT \tag{7.7}$$

となる．ガス定数は，分子の種類ごとに違う値をとる．本テキストでは，特に断りがない限り，理想気体の状態方程式は式 (7.7) を用いることにする．なお，式 (7.7) の両辺を質量で割ると，比体積を用いた状態方程式

$$Pv = RT \tag{7.8}$$

が得られる．

7.3　内部エネルギー，エンタルピー，比熱，エントロピー

2つの状態量が決まれば他の状態量は定まるので，内部エネルギー U を温度 T と体積 V の関数として表すと，

7. 理想気体

> **しっかり議論 7.2**　高校で学んだ分子量は，炭素12との質量比で定義された無次元の量であり，モル質量は1 mol 当たりの質量である．例えば，水素分子の分子量は2.016で，水素分子のモル質量は2.016 g/mol＝0.002016 kg/mol である．

$$U = U(V, T) \tag{7.9}$$

となる．式を全微分して式 (5.13) と式 (4.24) の $dU = TdS - PdV$ を考慮すれば

$$\begin{aligned}
dU &= \left(\frac{\partial U}{\partial T}\right)_V dT + \left(\frac{\partial U}{\partial V}\right)_T dV \\
&= Mc_V dT + \left(T\frac{\partial S}{\partial V} - P\frac{\partial V}{\partial V}\right)_T dV = Mc_V dT + \left\{T\left(\frac{\partial S}{\partial V}\right)_T - P\right\} dV
\end{aligned} \tag{7.10}$$

となる．さらに，式 (5.39) の $\left(\dfrac{\partial S}{\partial V}\right)_T = \left(\dfrac{\partial P}{\partial T}\right)_V$ を用いて

$$\begin{aligned}
dU &= Mc_V dT + \left\{T\left(\frac{\partial P}{\partial T}\right)_V - P\right\} dV = Mc_V dT + \left\{T\left(\frac{\partial}{\partial T}\frac{MRT}{V}\right)_V - P\right\} dV \\
&= Mc_V dT + \left(\frac{MRT}{V} - P\right) dV = Mc_V dT + (P - P) dV = Mc_V dT
\end{aligned} \tag{7.11}$$

が得られる．このことから，理想気体の内部エネルギーは温度のみの関数であることがわかる．

また，同様にエンタルピー H は，

$$H = H(T, P) \tag{7.12}$$

の両辺を全微分して，式 (5.14)，(5.47)，(5.40) を用いれば，

$$\begin{aligned}
dH &= \left(\frac{\partial H}{\partial T}\right)_P dT + \left(\frac{\partial H}{\partial P}\right)_T dP \\
&= Mc_P dT + \left(T\frac{\partial S}{\partial P} + V\frac{\partial P}{\partial P}\right)_T dP = Mc_P dT + \left\{T\left(\frac{\partial S}{\partial P}\right)_T + V\right\} dP \\
&= Mc_P dT + \left\{-T\left(\frac{\partial V}{\partial T}\right)_P + V\right\} dP = Mc_P dT + \left\{-T\left(\frac{\partial}{\partial T}\frac{MRT}{P}\right)_P + V\right\} dP \\
&= Mc_P dT + \left\{-\frac{MRT}{P} + V\right\} dP = Mc_P dT + \{-V + V\} dP = Mc_P dT
\end{aligned} \tag{7.13}$$

となり，理想気体ではエンタルピーも温度のみの関数で表されることがわかる．ここで，

$$H = U + PV \tag{7.14}$$

に式 (7.7) の理想気体の状態方程式を代入すると，

$$H = U + MRT \tag{7.15}$$

が得られ，この両辺を全微分すると，

$$dH = dU + MRdT = Mc_V dT + MRdT = M(c_V + R)dT \tag{7.16}$$

この式と式 (7.13) を比較して理想気体では

$$c_P - c_V = R \tag{7.17}$$

が成立することがわかる．これは式 (5.71) を理想気体について書いた結果でもあるが，**マイヤーの関係** (Mayer's relation) という．また，比熱比は

$$\kappa \equiv c_P/c_V \tag{5.15 再}$$

であり，これらの式を用いると R と κ を用いて定積比熱，定圧比熱を表すことができる．なお，R は定数だが，κ は温度のみの関数である．付録表 A4.1 に 0℃，101.3 kPa における代表的な気体のモル質量，ガス定数，密度および比熱を示した．

最後に，理想気体のエントロピーは，

$$dS = \frac{d'Q}{T} = \frac{dU + PdV}{T} = \frac{Mc_V dT + PdV}{T} = \frac{Mc_V}{T}dT + \frac{P}{T}dV = \frac{Mc_V}{T}dT + \frac{MR}{V}dV \tag{7.18}$$

より，基準状態を下付文字 0 で表せば，

$$S - S_0 = \int_{T_0}^{T} \frac{Mc_V}{T}dT + \int_{V_0}^{V} \frac{MR}{V}dV = M\int_{T_0}^{T}\frac{c_V}{T}dT + MR\ln\frac{V}{V_0}$$

$$\left[= Mc_V \ln\frac{T}{T_0} + MR\ln\frac{V}{V_0} = Mc_V \ln\frac{T}{T_0} + Mc_V(\kappa-1)\ln\frac{V}{V_0} = Mc_V \ln\frac{TV^{\kappa-1}}{T_0 V_0^{\kappa-1}} \right]^* \tag{7.19}$$

となる．この式と理想気体の状態方程式 (7.7) があれば，理想気体の状態を与える2つの熱力学量から，他の変数を求めることができる．

7.4 理想気体の状態変化

理想気体では，変化が可逆であれば，状態方程式を用いて各種変化に伴う熱，絶対仕事，工業仕事の出入りや，内部エネルギー，エントロピーの変化を容易に計算することができる．無論，変化の種類を指定する必要があるが，ここでは，熱機関や熱機器のサイクルを解析するための基本となる理想気体の状態変化，すなわち，**定温変化** (isothermal change，等温変化とも)，**定圧変化** (isobaric change，等圧変化とも)，**定積変化** (isochoric change，等積変化，定容変化とも)，**断熱変化** (adiabatic change)，**ポリトロープ変化** (polytropic change) について議論しよう．以下，それぞれの状態変化によって状態1から状態2に可逆的に変化した場合の，1) P，V，T の関係式，2) 絶対仕事，3) 工業仕事，4) 内

部エネルギー,5) 受熱量,6) エントロピー変化量の算出方法について述べる.

7.4.1 定温変化

温度 T 一定の条件で状態1から状態2に変化した場合,理想気体では

$$MRT = PV = P_1V_1 = P_2V_2 \tag{7.20}$$

が一定となる.つまり,圧力 P と体積 V は反比例し,P-V 線図上では双曲線となる.絶対仕事は,式 (1.3) に式 (7.20) を代入して積分すると,

$$W_a = \int_1^2 P\mathrm{d}V = P_1V_1\int_1^2 \frac{1}{V}\mathrm{d}V = P_1V_1\ln\frac{V_2}{V_1} \tag{7.21}$$

となる.

工業仕事は,式 (1.4) に式 (7.20) を代入して積分すると,

$$W_t = -\int_1^2 V\mathrm{d}P = -P_1V_1\int_1^2\frac{1}{P}\mathrm{d}P = -P_1V_1\ln\frac{P_2}{P_1} = P_1V_1\ln\frac{V_2}{V_1} \tag{7.22}$$

となり,定温変化では,

$$W_t = W_a \tag{7.23}$$

となる.

内部エネルギー変化量は式 (7.11) を積分し,$T_1 = T_2$ を使えば,

$$\Delta U = \int_1^2 \mathrm{d}U = \int_1^2 Mc_V\mathrm{d}T = \int_{T_1}^{T_1} Mc_V\mathrm{d}T = 0 \tag{7.24}$$

となる.

受熱量は,式 (2.1) の熱力学第1法則より,

$$Q = \Delta U + W_a = 0 + W_a = P_1V_1\ln\frac{V_2}{V_1} \tag{7.25}$$

となる.

エントロピー変化量は,$T_1 = T_2$ を使って

$$\Delta S = \int_1^2 \frac{\mathrm{d}'Q}{T} = \int_1^2 \frac{Mc_V\mathrm{d}T + P\mathrm{d}V}{T} = \int_{T_1}^{T_1} Mc_V\mathrm{d}T + \int_{V_1}^{V_2} \frac{MR\mathrm{d}V}{V} = 0 + MR\ln\frac{V_2}{V_1}$$

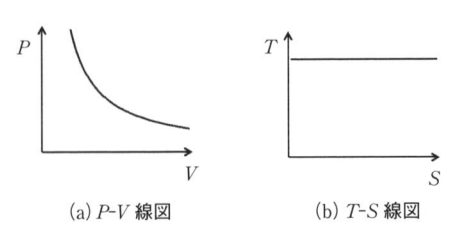

$$= MR\ln\frac{V_2}{V_1} \tag{7.26}$$

(a) P-V 線図　　(b) T-S 線図

図 7.1 定温変化の P-V 線図および T-S 線図

7.4 理想気体の状態変化

7.4.2 定圧変化

圧力 P 一定の条件で状態 1 から状態 2 に変化した場合，理想気体では

$$\frac{MR}{P} = \frac{V}{T} = \frac{V_1}{T_1} = \frac{V_2}{T_2} \tag{7.27}$$

が一定となる．つまり，体積 V と温度 T は比例し，P-V 線図上では V 軸に平行な直線となる．絶対仕事は，式 (1.3) を P 一定として積分すると，

$$W_a = \int_1^2 P dV = P_1(V_2 - V_1) = MR(T_2 - T_1) \tag{7.28}$$

となる．

工業仕事は，P 一定なので

$$W_t = -\int_1^2 V dP = 0 \tag{7.29}$$

である．

内部エネルギー変化量は，式 (7.11) を積分し，

$$\Delta U = \int_1^2 dU = M \int_1^2 c_V dT \, [= Mc_V(T_2 - T_1)]^* \tag{7.30}$$

となる．

受熱量は，式 (2.1) の熱力学第 1 法則より，

$$Q = \Delta U + W_a = M \int_1^2 c_V dT + MR(T_2 - T_1) = M \int_1^2 (c_V + R) dT = M \int_1^2 c_P dT$$
$$[= Mc_P(T_2 - T_1)]^* \tag{7.31}$$

となる．

エントロピー変化量は，

$$\Delta S = \int_1^2 \frac{d'Q}{T} = \int_1^2 \frac{Mc_P dT}{T} = M \int_{T_1}^{T_2} \frac{c_P}{T} dT \left[= Mc_P \int_{T_1}^{T_2} \frac{dT}{T} = Mc_P \ln \frac{T_2}{T_1} \right]^* \tag{7.32}$$

となる．図 7.2 に P-V 線図および c_V 一定（従って c_P 一定）の T-S 線図上の可逆等圧変化を示す．

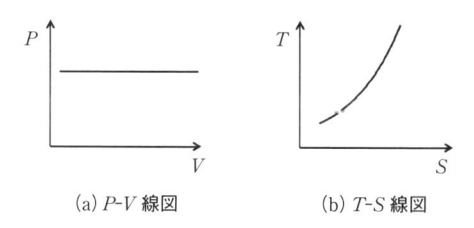

(a) P-V 線図　　(b) T-S 線図

図 7.2 定圧変化の P-V 線図および c_V 一定の T-S 線図

しっかり議論 7.3　分子運動論で議論すると，気体の体積が等温膨張する時 ($dV>0$)，内部エネルギーが増加する ($dU>0$) のは分子間に引力がある場合に相当する．分子間の相互作用が何もなければ内部エネルギーは分子間距離に関係しないので，気体が占める体積にも依存しない．よって，理想気体の場合は，$(\partial U/\partial V)_T=0$ となるので，式 (7.10) より

$$dU = \left(\frac{\partial U}{\partial T}\right)_V dT$$

となり，内部エネルギーは温度のみの関数で表されることがわかる．

7.4.3 定積変化

容積 V 一定の条件で状態 1 から状態 2 に変化した場合，理想気体では

$$\frac{MR}{V} = \frac{P}{T} = \frac{P_1}{T_1} = \frac{P_2}{T_2} \tag{7.33}$$

が一定となる．つまり，体積 P と温度 T は比例し，P-V 線図上では P 軸に平行な直線となる．

絶対仕事は，体積変化がないので

$$W_a = \int_1^2 P dV = 0 \tag{7.34}$$

となる．

工業仕事は，V 一定なので

$$W_t = -\int_1^2 V dP = -V(P_2 - P_1) = -MR(T_2 - T_1) \tag{7.35}$$

である．

内部エネルギー変化量は，式 (7.10) を積分し，

$$\Delta U = \int_1^2 dU = M\int_1^2 c_V dT \;[= Mc_V(T_2 - T_1)]^* \tag{7.36}$$

となる．

受熱量は，式 (2.1) の熱力学第 1 法則より，

$$Q = \Delta U + W_a = M\int_1^2 c_V dT + 0 = M\int_1^2 c_V dT \;[= Mc_V(T_2 - T_1)]^* \tag{7.37}$$

となる．

エントロピー変化量は，

$$\Delta S = \int_1^2 \frac{d'Q}{T} = \int_1^2 \frac{Mc_V dT}{T} = M\int_{T_1}^{T_2} \frac{c_V}{T} dT \left[= Mc_V \int_{T_1}^{T_2} \frac{dT}{T} = Mc_V \ln\frac{T_2}{T_1}\right]^* \tag{7.38}$$

となる．図 7.3 に P-V 線図および c_V 一定の T-S 線図上の可逆等積変化を示す．

(a) P-V 線図　　　(b) T-S 線図

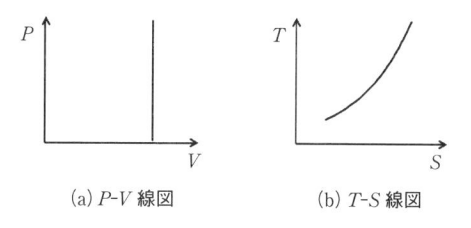

図 7.3　定積変化の P-V 線図および c_V 一定の T-S 線図

7.4.4 断 熱 変 化

系外との熱の授受を行わない状態変化なので，$d'Q=0$ である．
熱力学第 1 法則より，

$$d'Q = dU + d'W_a = Mc_V dT + PdV = 0 \tag{7.39}$$

式 (7.6) の理想気体の状態方程式を全微分すると，

$$PdV + VdP = MRdT \tag{7.40}$$

式 (7.39) と式 (7.40) から，dT を消去して整理すると

$$\kappa \frac{dV}{V} + \frac{dP}{P} = 0 \tag{7.41}$$

が得られる．これより，c_V 一定（従って κ 一定）の断熱変化では

$$[PV^\kappa = P_1 V_1^\kappa = P_2 V_2^\kappa]^* \tag{7.42}$$

が一定となる．

内部エネルギー変化量は，

$$\Delta U = \int_1^2 dU = M \int_1^2 c_V dT \, [= Mc_V(T_2 - T_1)]^* \tag{7.43}$$

となる．

受熱量は，

$$Q = \int_1^2 d'Q = 0 \tag{7.44}$$

となる．

絶対仕事は，熱力学第 1 法則から

$$W_a = Q - \Delta U = 0 - M\int_1^2 c_V dT = -M\int_1^2 c_V dT \, [= Mc_V(T_1 - T_2)]^* \tag{7.45}$$

となる．

工業仕事は式 (2.11) を積分して得られるエンタルピーで表した熱力学第 1 法則から

$$W_t = Q - \Delta H = 0 - M\int_1^2 c_P dT = -M\int_1^2 c_P dT \, [= Mc_P(T_1 - T_2)]^* \tag{7.46}$$

(a) P-V 線図　　(b) T-S 線図

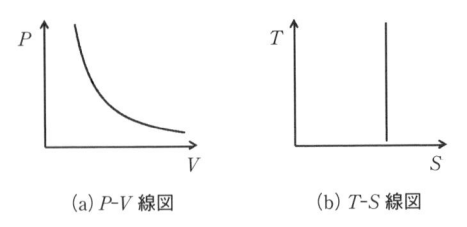

図 7.4 断熱変化の P-V 線図および T-S 線図

となる．

エントロピー変化量は，

$$\Delta S = \int_1^2 \frac{d'Q}{T} = 0 \tag{7.47}$$

となる．可逆断熱変化は**等エントロピー変化**（isentropic change）であることがわかる．

図 7.4 に P-V 線図および T-S 線図上の可逆断熱変化を示す．

7.4.5　ポリトロープ変化

内燃機関や圧縮機などの実際の機械で生じる気体の状態変化では，上記のような理想的な変化は起きない．そこで，

$$PV^{n_p} = P_1 V_1^{n_p} = P_2 V_2^{n_p} \tag{7.48}$$

が一定である変化を考え，n_p の値を適切にとることにより，実際の状態変化を近似的に表す．この変化をポリトロープ変化と呼び，n_p を**ポリトロープ指数**（polytropic index）と呼ぶ．n_p を変化させると，表 7.1 の結果となり，これまで述べてきたすべての状態変化を表すことが可能である．

絶対仕事は，

$$W_a = \begin{cases} P_1 V_1 \ln \dfrac{V_2}{V_1} & (n_p = 1) \\ \dfrac{1}{1-n_p}(P_2 V_2 - P_1 V_1) = \dfrac{MR}{1-n_p}(T_2 - T_1) & (n_p \neq 1) \end{cases} \tag{7.49}$$

となる．

工業仕事は，

$$W_t = \begin{cases} -P_1 V_1 \ln \dfrac{P_2}{P_1} = P_1 V_1 \ln \dfrac{V_2}{V_1} & (n_p = 1) \\ \dfrac{n_p}{1-n_p}(P_2 V_2 - P_1 V_1) = \dfrac{n_p MR}{1-n_p}(T_2 - T_1) = n_p W_a & (n_p \neq 1) \end{cases} \tag{7.50}$$

となる．

7.4 理想気体の状態変化

表7.1 ポリトロープ指数の変化に伴う状態変化

n の値	一定となる値	状態変化の種類
0	$PV^0=P=$一定	定圧変化
1	$PV^1=PV=MRT=$一定	定温変化
κ	$PV^\kappa=$一定	断熱変化
∞	式の両辺を $1/n_p$ 乗すると，$P^{\frac{1}{n_p}}V=$一定 $n_p \to \infty$ の時，$\frac{1}{n_p} \to 0$ よって，$V=$一定	定積変化

内部エネルギー変化量は，

$$\Delta U = \int_1^2 dU = M\int_1^2 c_V dT \,[= Mc_V(T_2-T_1)]^* \tag{7.51}$$

となる．

受熱量は，式 (2.1) の熱力学第1法則より，

$Q=\Delta U+W_a$

$$=\begin{cases} M\int_1^2 c_V dT+P_1V_1\ln\dfrac{V_2}{V_1}=P_1V_1\ln\dfrac{V_2}{V_1} & (n_p=1) \\ M\int_1^2 c_V dT+\dfrac{1}{1-n_p}(P_2V_2-P_1V_1)=M\int_1^2 c_V dT+\dfrac{MR}{1-n_p}(T_2-T_1) \\ \left[=Mc_V(T_2-T_1)+\dfrac{MR}{1-n_p}(T_2-T_1)=M\dfrac{c_P-n_pc_V}{1-n_p}(T_2-T_1)\right]^* & (n_p \neq 1) \end{cases}$$
$$\tag{7.52}$$

となる．$n_p=1$ の場合は定温変化であることを使っている．

$n_p \neq 1$ の場合，エントロピー変化量は，式 (7.52) より

$$d'Q = dU+dW_a = Mc_V dT+\frac{MR}{1-n_p}dT = M\left(c_V+\frac{R}{1-n_p}\right)dT = M\frac{c_P-n_pc_V}{1-n_p}dT \tag{7.53}$$

なので

$$\Delta S = \int_1^2 \frac{d'Q}{T} = \int_1^2 M\frac{c_P-n_pc_V}{1-n_p}\frac{dT}{T} = M\int_{T_1}^{T_2}\frac{c_P-n_pc_V}{1-n_p}\frac{dT}{T}$$
$$\left[= M\frac{c_P-n_pc_V}{1-n_p}\int_{T_1}^{T_2}\frac{dT}{T} = M\frac{c_P-n_pc_V}{1-n_p}\ln\frac{T_2}{T_1}\right]^* \tag{7.54}$$

となる．$n_p=1$ の場合には等温過程なので式 (7.26) となる．

7. 理想気体

[まとめ]

- 理想気体とは，理想気体の法則（$PV=MRT$）が成り立つ気体である．水蒸気，アンモニア蒸気，二酸化炭素は低温において，理想気体とはいえないが，いずれの気体も高温・低圧では，理想気体として振る舞う．

- 理想気体の場合，内部エネルギーは絶対温度のみに依存し，$dU=\left(\dfrac{dU}{dT}\right)_V dT$ となる．

- 理想気体の定積比熱および定圧比熱はそれぞれ，$c_V=\dfrac{1}{M}\dfrac{dU}{dT}$，$c_P=\dfrac{1}{M}\dfrac{dH}{dT}$ となる．

- 熱機関や熱機器のサイクルを解析するための状態変化は，ポリトロープ変化（$PV^{n_p}=P_1V_1^{n_p}=P_2V_2^{n_p}=C$（定数））を用いて近似できる．ここで，$n_p$はポリトロープ指数であり，$n_p=0$ の時に定圧変化，$n_p=1$ の時に定温変化，c_V が一定（従って κ が一定）で $n_p=\kappa$ の時に断熱変化，$n_p=\infty$ の時に定積変化を表す．

演習問題

7.1 体積 $0.1\,\mathrm{m}^3$ のシリンダ内に充填されている質量 $0.7\,\mathrm{kg}$ の気体が圧力 $1\,\mathrm{MPa}$ から圧力 $50\,\mathrm{kPa}$ まで等温の下で膨張した．以下の値を求めよ．ただし，この気体のガス定数を $0.2872\,\mathrm{kJ/(kg\,K)}$ とする．
　(a) 膨張後の体積 V_2　(b) 初めの温度 T_1　(c) 外部にした絶対仕事 W_a　(d) 熱量 Q
　(e) エントロピー変化量 ΔS

7.2 温度 $15\,\mathrm{℃}$，圧力 $0.3\,\mathrm{MPa}$，体積 $0.5\,\mathrm{m}^3$ の気体に定圧条件下で $20\,\mathrm{kJ}$ の仕事をさせた．気体の定容比熱および定圧比熱をそれぞれ $0.717\,\mathrm{kJ/(kg\,K)}$，$1.005\,\mathrm{kJ/(kg\,K)}$ としたとき，以下の値を求めよ．
　(a) 変化後の温度 T_2　(b) 熱量 Q　(c) エンタルピー変化量 ΔH　(d) エントロピー変化量 ΔS

7.3 c_V が一定（従って κ が一定）の時の断熱変化における関係式（$PV^\kappa=P_1V_1^\kappa=P_2V_2^\kappa=C$（定数））を導出せよ．ただし，$P$：圧力 [Pa]，$V$：体積 [m^3]，$\kappa$：比熱比 [-] とする．

7.4 質量 $3\,\mathrm{kg}$ の気体が，初期状態（圧力 $80\,\mathrm{kPa}$，温度 $20\,\mathrm{℃}$）から終わりの状態（圧力 $0.5\,\mathrm{MPa}$，温度 $150\,\mathrm{℃}$）まで変化するときのポリトロープ指数はいくらになるか？

Chapter 8

ガスサイクル

[目標・目的] この章では，熱力学を応用して仕事の出し入れをすることができる各種熱機関や圧縮機の熱サイクルを知り，熱サイクルで取り出せる最大仕事やエクセルギーの考え方を理解する．

8.1 熱機関のガスサイクル

8.1.1 熱機関の種類と動作

熱を使って仕事を得るエネルギー変換機械を熱機関という．熱機関は，作動原理によって表 8.1 のように分類される．**内燃機関**（internal combustion engine）では，作動流体の中で発熱（燃焼）が行われるのに対して，**外燃機関**（external combustion engine）では機関の外部で生じた熱で作動流体を加熱する．そのため，外燃機関では熱の授受に**伝熱**（heat transfer）現象が介在することになり，一般的に熱の利用効率（**熱効率**（thermal efficiency））が低い．また，仕事の取り出し方によって内燃機関にも外燃機関にも，**往復動式機関**（reciprocating engine）と**タービン式機関**（turbine engine）がある．往復動式機関ではピストンの往復運動で，タービン式機関ではタービンの回転運動で仕事を取り出す．

これらの熱機関の作動原理は熱サイクルを使って理解できる．6.1 節で述べた通り，熱機関の熱サイクルは一般的に図 8.1（a）に示すように，P-V 線図上で時計回りの線になる．圧縮行程の圧力に比べて，膨張行程の圧力が高いため，圧

表 8.1 熱機関の分類

作動方式	内燃機関	外燃機関
往復動式	ガソリンエンジン ディーゼルエンジン ガスエンジン	スターリングエンジン 蒸気機関
タービン式	ガスタービンエンジン ジェットエンジン	蒸気タービン 密閉式ガスタービン

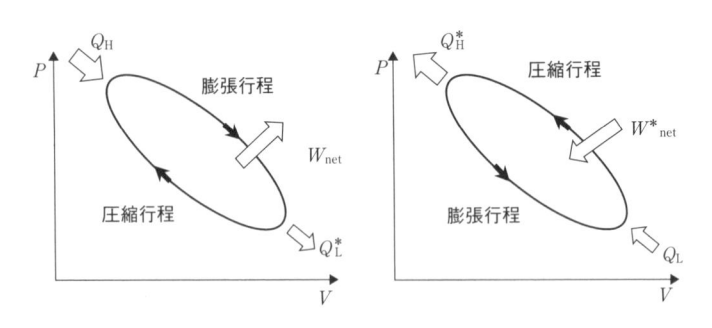

(a) 熱機関のサイクル (b) ガス逆サイクル

図 8.1 熱機関とガス逆サイクルの比較

縮行程で加える仕事より膨張行程で得られる仕事の方が大きくなり，その差を仕事 W_{net} として外部に取り出せる．圧縮行程より膨張行程で圧力が高くなるようにするため，圧縮行程から膨張行程にかけて熱 Q_H を加え，膨張行程から圧縮行程の間で残った熱 Q_L^* を捨てる（系外に排出する）．

図 8.1（b）に示す**ガス逆サイクル**（gas reverse cycle）は P-V 線図上で反時計回りの線で表され，仕事 W_{net}^* を加えて気体の圧縮や熱移動を行うことができる．移動される熱 Q_H^* はヒートポンプとして，熱 Q_L は冷凍に利用される．

本節では気体を作動流体とする代表的な熱機関のサイクルすなわち**ガスサイクル**（gas cycle）について説明し，ガス逆サイクルについては，8.2 節で説明する．なお，本章での計算は定圧比熱一定の理想気体を仮定して行う．

8.1.2 オットーサイクル

オットーサイクル（Otto cycle）は，**ガソリンエンジン**（gasoline engine, petrol engine）を近似するのに用いられる図 8.2 に示すサイクルである．断熱圧縮，定積加熱，断熱膨張，定積冷却の 4 つの行程から成る．図中，$2 \to 3$ の定積加熱行程でエネルギー Q_H を加え，$4 \to 1$ の定積冷却行程でエネルギー Q_L^* を捨てる．その差 $W_{net} = Q_H - Q_L^*$ が仕事に変換される．それぞれの行程を理解する上で必要な熱力学的関係は

$1 \to 2$；断熱圧縮　　　$T_1/T_2 = (V_2/V_1)^{\kappa-1}$ 　　　　　　　　　　(8.1)

$2 \to 3$；定積加熱　　　$Q_H = Mc_V(T_3 - T_2)$ 　　　　　　　　　　(8.2)

$3 \to 4$；断熱膨張　　　$T_4/T_3 = (V_3/V_4)^{\kappa-1} = (V_2/V_1)^{\kappa-1}$ 　　　(8.3)

$4 \to 1$；定積冷却　　　$Q_L^* = Mc_V(T_4 - T_1)$ 　　　　　　　　　　(8.4)

8.1 熱機関のガスサイクル

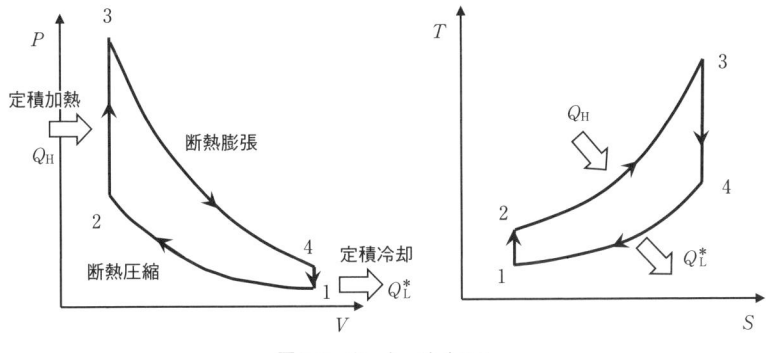

図 8.2 オットーサイクル

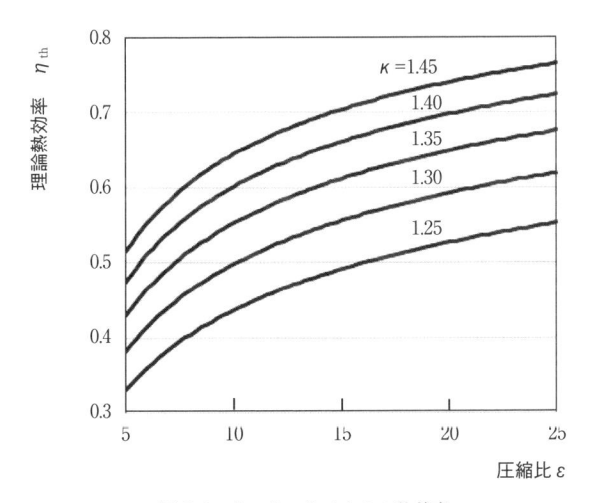

図 8.3 オットーサイクルの熱効率

である．加えた（熱）エネルギー Q_H のうち仕事に変換されたエネルギー（$W_{net} = Q_H - Q_L^*$）の比率が熱効率 η_{th} であり，熱機関の重要な性能指標である．オットーサイクルの熱効率は，上記の関係を使って下記のように求められる．

$$\eta_{th} = \frac{Q_H - Q_L^*}{Q_H} = 1 - \frac{Q_L^*}{Q_H} = 1 - \frac{(T_3 - T_2)(V_2/V_1)^{\kappa-1}}{T_3 - T_2} = 1 - \left(\frac{V_2}{V_1}\right)^{\kappa-1} = 1 - \frac{1}{\varepsilon^{\kappa-1}} \tag{8.5}$$

ここで，

$$\varepsilon = V_1/V_2 \tag{8.6}$$

は膨張時の最大容積を圧縮時の最小容積で除したもので，**圧縮比**（compression ratio）と呼ばれる．

> **しっかり議論 8.1** この章で議論するサイクルは，定温，定圧，定積，断熱の可逆変化を組み合わせて，実際の変化に近いように表したものである．

図 8.3 は式（8.5）を圧縮比 ε と比熱比 κ をパラメータにして表したもので，ε と κ が大である程，熱効率が高くなることがわかる．

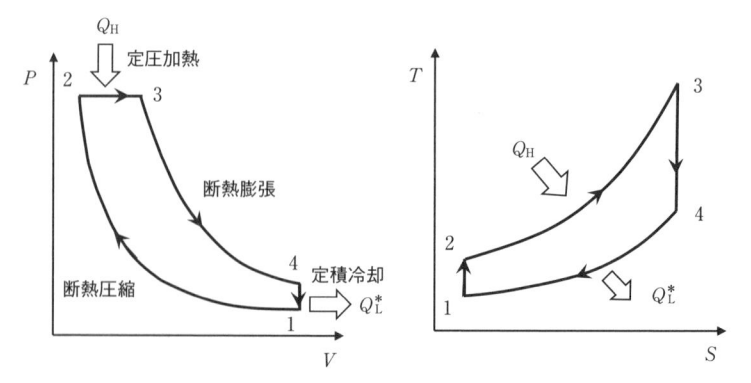

8.1.3 ディーゼルサイクル

ディーゼルサイクル（Diesel cycle）は，ディーゼルエンジン（diesel engine）を近似するのに用いられる図 8.4 に示すサイクルである．断熱圧縮，定圧加熱，断熱膨張，定積冷却の 4 つの行程から成る．図中，$2 \rightarrow 3$ の定圧加熱行程でエネルギー Q_H を加え，$4 \rightarrow 1$ の定積冷却行程でエネルギー Q_L^* を捨てる．それぞれの行程における熱力学的関係式は

$1 \rightarrow 2$；断熱圧縮　　$T_1/T_2 = (V_2/V_1)^{\kappa-1} = (1/\varepsilon)^{\kappa-1}$ 　　　　　　　　(8.7)

$2 \rightarrow 3$；定圧加熱　　$Q_H = Mc_P(T_3 - T_2) = M\kappa c_V(T_3 - T_2)$ 　　　　　(8.8)

$3 \rightarrow 4$；断熱膨張　　$T_4/T_3 = (V_3/V_4)^{\kappa-1} = (\sigma V_2/V_1)^{\kappa-1} = (\sigma/\varepsilon)^{\kappa-1}$　(8.9)

$4 \rightarrow 1$；定積冷却　　$Q_L^* = Mc_V(T_4 - T_1)$ 　　　　　　　　　　　　(8.10)

である．ここで σ は**締切比**（cut-off ratio）と呼ばれるもので，

$$\sigma = T_3/T_2 = V_3/V_2 \tag{8.11}$$

である．上記の関係を用いれば熱効率 η_{th} は式(8.10)のように書き表される．

$$\eta_{th} = 1 - \frac{Q_L^*}{Q_H} = 1 - \frac{(T_4 - T_1)}{\kappa(T_3 - T_2)} = 1 - \frac{\dfrac{T_4}{T_3}\dfrac{T_3}{T_2}\dfrac{T_2}{T_1} - \dfrac{T_1}{T_1}}{\kappa\left(\dfrac{T_3}{T_2}\dfrac{T_2}{T_1} - \dfrac{T_2}{T_1}\right)} = 1 - \frac{\sigma^\kappa - 1}{\varepsilon^{\kappa-1}\kappa(\sigma - 1)}$$

(8.12)

図 8.4 ディーゼルサイクル

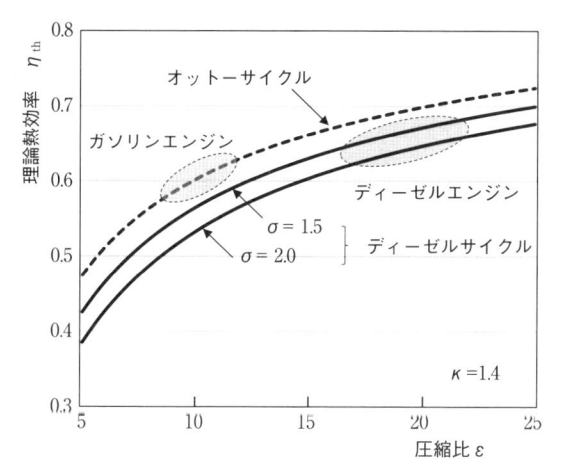

図 8.5 ディーゼルサイクルの熱効率

図 8.5 は式（8.12）を図にしたもので，η_{th} は ε が大きい程，また σ が小さい程大きくなる．また，$(\sigma^\kappa-1)/\kappa(\sigma-1)$ は 1 より大きいため，同じ圧縮比の場合にはガソリンエンジンの方が，ディーゼルエンジンより熱効率が高いことになる．しかし，実際のガソリンエンジンではノッキングによる制約のために圧縮比が高くとれず，圧縮比を高くできるディーゼルエンジンの方が熱効率は高い．

8.1.4 サバテサイクル

実際のガソリンエンジンでは，加熱に有限な時間がかかるために厳密にはオットーサイクルのような定積加熱とはならない．また，ディーゼルエンジンでも，ディーゼルサイクルのように定圧状態のみで加熱が行われる訳ではなく，定積加熱に近い部分もある．そのため，定積加熱行程と定圧加熱行程を併せ持ったサイクルとして図 8.6 に示す**サバテサイクル**（Sabathe cycle）が提案された．それぞれの行程と熱力学的関係式は下記である．

$1 \to 2$; 断熱圧縮　　$T_1/T_2 = (V_2/V_1)^{\kappa-1} = (1/\varepsilon)^{\kappa-1}$ 　　　(8.13)

$2 \to 2'$; 定積加熱　　$Q_V = Mc_V(T_{2'} - T_2)$ 　　　(8.14)

$2' \to 3$; 定圧加熱　　$Q_P = Mc_P(T_3 - T_{2'})$ 　　　(8.15)

$3 \to 4$; 断熱膨張　　$T_4/T_3 = (V_3/V_4)^{\kappa-1} = (V_3/V_1)^{\kappa-1}$ 　　　(8.16)

$4 \to 1$; 定積冷却　　$Q_L^* = Mc_V(T_4 - T_1)$ 　　　(8.17)

$\varepsilon = V_1/V_2$ 　　　(8.6 再)

$\sigma = T_3/T_{2'} = V_3/V_{2'} = V_3/V_2$ 　　　(8.18)

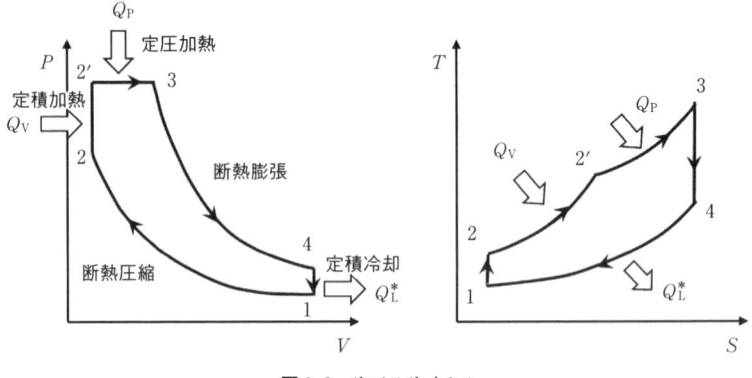

図 8.6 サバテサイクル

を用い，新たに**圧力比**（pressure ratio）
$$\zeta = P_{2'}/P_2 = T_{2'}/T_2 \tag{8.19}$$
を導入して整理すると，熱効率は式(8.20)のように求められる．

$$\eta_{th} = 1 - \frac{Q_L^*}{Q_V + Q_P} = 1 - \frac{c_V(T_4 - T_1)}{c_V(T_{2'} - T_2) + c_P(T_3 - T_{2'})} = 1 - \frac{c_V T_2 \left\{ \left(\frac{V_2}{V_1}\right)^{\kappa-1} \right\} \left\{ \left(\frac{V_1}{V_2}\right)^{\kappa-1} \frac{T_4}{T_2} - 1 \right\}}{c_V T_2 \left\{ \left(\frac{T_{2'}}{T_2} - 1\right) + \kappa \left(\frac{T_3}{T_2} - \frac{T_{2'}}{T_2}\right) \right\}}$$

$$= 1 - \frac{\left\{ \left(\frac{V_1}{V_2}\right)^{\kappa-1} \frac{T_{2'}}{T_2} \frac{V_3}{V_2} \left(\frac{V_3}{V_1}\right)^{\kappa-1} - 1 \right\}}{\varepsilon^{\kappa-1} \left\{ (\zeta - 1) + \kappa \zeta \left(\frac{T_3}{T_2} \frac{T_2}{T_{2'}} - 1\right) \right\}} = 1 - \frac{\zeta \sigma^{\kappa} - 1}{\varepsilon^{\kappa-1} \{(\zeta - 1) + \kappa \zeta (\sigma - 1)\}} \tag{8.20}$$

式 (8.20) は，$\sigma = 1$ とすればオットーサイクル，$\zeta = 1$ とすればディーゼルサイクルの効率となり，両方のサイクルを包含していることがわかる．

8.1.5 往復動式内燃機関の熱解析

熱力学の第1法則を表すエネルギー保存式 (1.5) は，理想気体に対して式 (8.21) のように変形できる．

$$d'Q = \frac{1}{\kappa - 1} d(PV) + P dV = \frac{V(\theta)}{\kappa - 1} dP(\theta) + \frac{\kappa P(\theta)}{\kappa - 1} dV(\theta) \tag{8.21}$$

ここで，P と V は時間の関数なので，時間をエンジンの回転角 θ で置き換えることができる．$V(\theta)$ はエンジンの構造によって与えられ，$P(\theta)$ は燃焼室内の圧力で圧力計を用いて測定することができる．$P(\theta)$ が得られると，式(8.21) より $dQ(\theta)/d\theta$ を求めることができる．$dQ(\theta)/d\theta$ は**熱発生率**（heat release rate）と呼ばれ，燃焼状態を把握する上で重要な指標であり，エンジン開発の最前線で

8.1.6 スターリングサイクル

スターリングサイクル（Stirling cycle）は図 8.7 に示すサイクルで，小規模高効率外燃機関としての利用が考えられている．図 8.8 に作動原理を模式的に示す．このスターリングエンジンでは膨張ピストンと圧縮ピストンが $90°$ の位相差で作動し，作動ガスは圧縮空間と膨張空間の間で行き来する．その過程でエンジンの排気熱（Q_{34}^*）をいったん再生器に蓄えて，その熱で圧縮器から戻ってくる作動ガスを加熱（Q_{12}）する（再生）．それぞれの行程と熱力学的関係式は下記である．

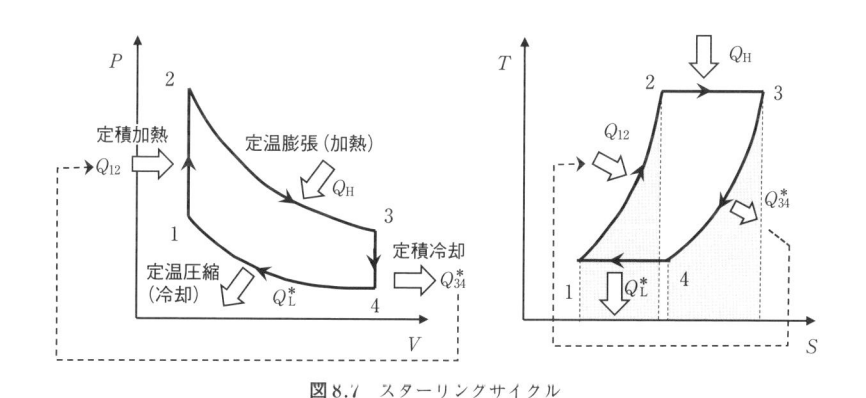

図 8.7 スターリングサイクル

図 8.8 スターリングエンジン［日本機械学会，2002］［森・一色・塩田，1974］

1→2；定積加熱　　$Q_{12}=Mc_V(T_2-T_1)$　　　　　　　　　　　　(8.22)
2→3；定温膨張　　$Q_H=MRT_2\ln(V_3/V_2)$　　　　　　　　　　(8.23)
3→4；定積冷却　　$Q_{34}^*=Mc_V(T_3-T_4)=Q_{12}$　　　　　　　　(8.24)
4→1；定温圧縮　　$Q_L^*=MRT_1\ln(V_4/V_1)=MRT_1\ln(V_3/V_2)$　(8.25)

スターリングサイクルの熱効率は，上記の関係を使って下記のように求められる．

$$\eta_{th}=\frac{Q_H-Q_L^*}{Q_H}=1-\frac{T_1}{T_2} \quad (8.26)$$

スターリングサイクルの熱効率は，カルノーサイクルの熱効率と同じ形になっているが，外燃機関であるために T_2 が高くならず，熱効率はあまり高くない．

8.1.7 ブレイトンサイクル

ブレイトンサイクル（Brayton cycle）は，図 8.9 に示すガスタービンエンジンやジェットエンジンを近似するのに用いられる．図 8.10 に示す開いた系のサイクルである．それぞれの行程と熱力学的関係式は下記である．

1→2；断熱圧縮　　$T_1/T_2=(P_1/P_2)^{(\kappa-1)/\kappa}$　　　　　　　　　　(8.27)
2→3；定圧加熱　　$Q_H=Mc_P(T_3-T_2)$　　　　　　　　　　　　(8.28)
3→4；断熱膨張　　$T_4/T_3=(P_4/P_3)^{(\kappa-1)/\kappa}=(P_1/P_2)^{(\kappa-1)/\kappa}$　(8.29)
4→1；定圧冷却　　$Q_L^*=Mc_P(T_4-T_1)$　　　　　　　　　　　　(8.30)

ブレイトンサイクルの熱効率は，上記の関係を使って下記のように求められる．

$$\eta_{th}=\frac{Q_H-Q_L^*}{Q_H}=1-\frac{T_4-T_1}{T_3-T_2}=1-\frac{1}{\gamma^{\frac{\kappa-1}{\kappa}}} \quad (8.31)$$

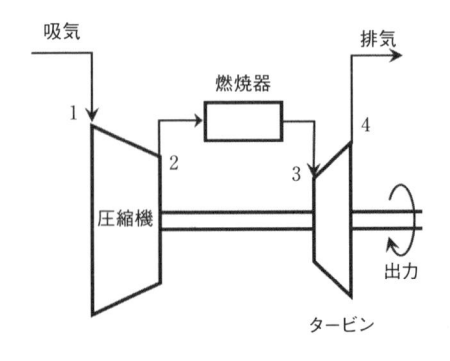

図 8.9　ガスタービンエンジン

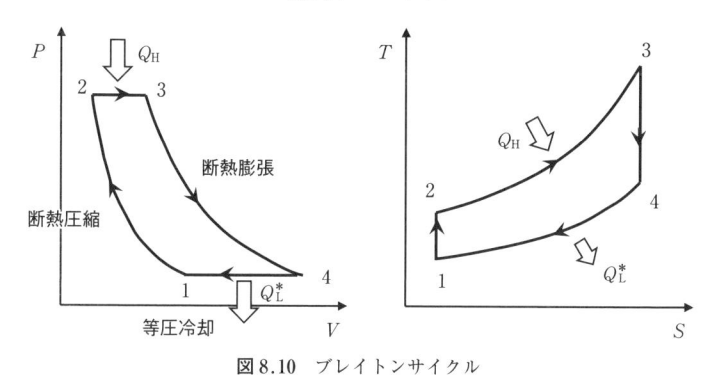

8.1 熱機関のガスサイクル

図 8.10 ブレイトンサイクル

ここに，
$$\gamma \equiv P_2/P_1 \tag{8.32}$$
であり，**圧力比**（pressure ratio）と呼ばれる．

8.1.8 ジェットエンジンのサイクル

同じブレイトンサイクルではあるが，ガスタービンエンジンではサイクルが発生する仕事はすべて機械仕事として取り出すのに対して，**ジェットエンジン**（jet engine）では，一部を機械仕事で取り出して圧縮機を駆動した後，残りのエネルギーを使って噴流を発生して推進力として使う．よって，そのサイクルは P-V 線図で図 8.11 のようになる．コンプレッサーによって圧縮仕事 W_{12} を加え，さらに燃焼器で Q を加え，タービンにより膨張時の仕事 W_{34} を 4 までで取り出すとすると，エネルギー保存式は下記となる．

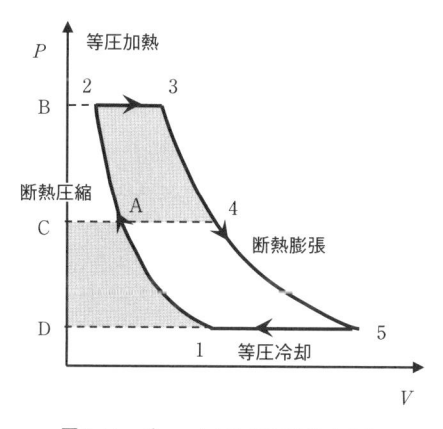

図 8.11 ジェットエンジンのサイクル

$$H_1 + \frac{MC_1^2}{2} + W_{12} + Q = H_4 + \frac{MC_4^2}{2} + W_{34} \tag{8.33}$$

よって,

$$\frac{M(C_4^2 - C_1^2)}{2} = H_1 - H_4 + Q + W_{12} - W_{34} = H_1 - H_4 + Q + \int_1^2 V\mathrm{d}P + \int_3^4 V\mathrm{d}P \tag{8.34}$$

である．タービンで取り出した仕事 (3-4-C-B) は，圧縮のための仕事 (1-2-B-D) に使われるから，近似的に $\int_1^2 V\mathrm{d}P + \int_3^4 V\mathrm{d}P \cong 0$ である．その結果，通常の仕事 1-A-2-3-4-5 は推力として使われることになり，4 の状態が推力のもととなる．

よって，ジェットエンジンから噴出する噴流の速度 C_5 は，エネルギー保存式

$$H_4 + M\frac{C_4^2}{2} = H_5 + M\frac{C_5^2}{2} \tag{8.35}$$

に，断熱の関係式（7.42）を適用して，

$$C_5 = \sqrt{2\frac{\kappa R}{\kappa - 1} T_4 \left[1 - \left(\frac{P_5}{P_4}\right)^{\frac{\kappa-1}{\kappa}}\right] + C_4^2} \tag{8.36}$$

で与えられる．

8.2 ガス逆サイクル

熱機関では熱から仕事を取り出すことができるが，図 8.1（b）に示すように P-V 線図上で反時計回りの線を描くガス逆サイクルでは，機械仕事を使ってガスの圧縮を行える．また，それを応用すれば，ヒートポンプや冷凍機のサイクルになり，低温側から熱を奪い，高温側へ熱を移動させることが可能となる．

8.2.1 開いた系の圧縮仕事

ターボコンプレッサーやルーツブロアなどの開いた系の圧縮仕事は工業仕事に相当する．よってポリトロープ圧縮に必要な仕事は下記で与えられる．

$$\int_1^2 V\mathrm{d}P = \frac{n_\mathrm{p}}{n_\mathrm{p} - 1} P_1 V_1 \left\{\left(\frac{P_2}{P_1}\right)^{\frac{n_\mathrm{p} - 1}{n_\mathrm{p}}} - 1\right\} \tag{8.37}$$

8.2.2 閉じた系の圧縮仕事

図 8.12 に，閉じた系の圧縮サイクルを示す．往復動圧縮機のような閉じた系に加える圧縮仕事は，圧縮する時は閉じた系であるが，吸い込みの時にもとの気体の圧力で吸い込み仕事を得，吐出時に圧縮後の圧力で吐出仕事をするので，こ

8.2 ガス逆サイクル

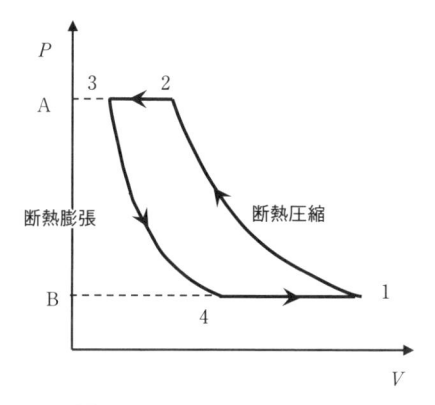

図 8.12 閉じた系の圧縮サイクル

れらを考慮すれば工業仕事で計算する必要がある．正味の仕事は圧縮時の工業仕事（1-2-A-B）と残ったガスによる膨張時の工業仕事（3-4-B-A）の差で計算でき，ポリトロープ変化を仮定すれば下記のように与えられる．

$$\int_1^2 V\mathrm{d}P + \int_3^4 V\mathrm{d}P = \frac{n_\mathrm{p}}{n_\mathrm{p}-1} P_1(V_1-V_4)\left\{\left(\frac{P_2}{P_1}\right)^{\frac{n_\mathrm{p}-1}{n_\mathrm{p}}} - 1\right\} \tag{8.38}$$

8.2.3 ブレイトン逆サイクル（ガス冷凍サイクル）

圧縮機を使った図 8.13 に示す**ブレイトン逆サイクル**（Brayton reverse cycle）を用いると，熱の移動が可能である．ブレイトン逆サイクルを行うシステムを図 8.14 に示す．また，それぞれの行程と熱力学的関係式は下記である．

$1 \rightarrow 2$：断熱圧縮 　　$T_1/T_2 = (P_1/P_2)^{(\kappa-1)/\kappa}$ 　　　　　　　　　　(8.39)

$2 \rightarrow 3$：定圧冷却 　　$Q_\mathrm{H}^* = Mc_P(T_2-T_3)$ 　　　　　　　　　　　　(8.40)

$3 \rightarrow 4$：断熱膨張 　　$T_4/T_3 = (P_4/P_3)^{(\kappa-1)/\kappa} = (P_1/P_2)^{(\kappa-1)/\kappa}$ 　(8.41)

$4 \rightarrow 1$：定圧加熱 　　$Q_\mathrm{L} = Mc_P(T_1-T_4)$ 　　　　　　　　　　　　(8.42)

ブレイトン逆サイクルでは，作動ガスを冷却する $2 \rightarrow 3$ の行程で高温側に対して加熱を行い，作動ガスを加熱する $4 \rightarrow 1$ の行程で低温側に対して冷却を行うことができる．このように機械仕事を加えて熱エネルギーの移動を可能にするサイクルをヒートポンプまたは冷凍サイクルという．ヒートポンプや冷凍サイクルの性能は加えた仕事 $W_\mathrm{net}^*(=Q_\mathrm{H}^*-Q_\mathrm{L})$ に対する移動させた熱の比で評価し**成績係数**（coefficient of performance）と呼ばれる．ブレイトン逆サイクルを冷凍サイクルとして用いる場合の成績係数は下記となり，実用的には 1.0 を越える．

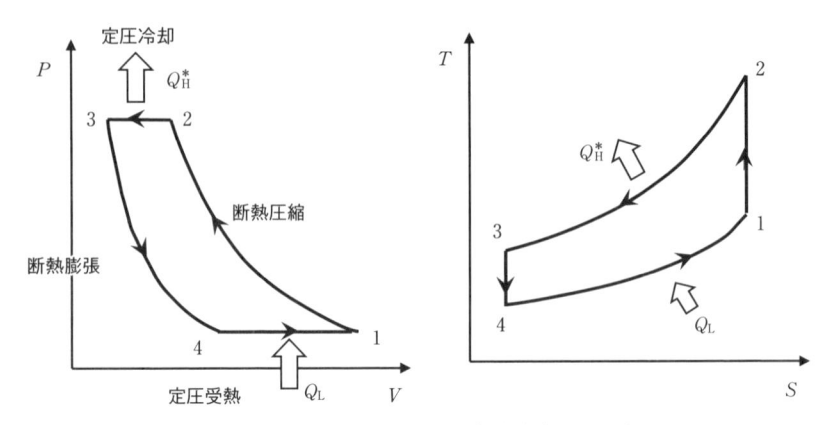

図 8.13 ブレイトン逆サイクル（空気冷凍サイクル）

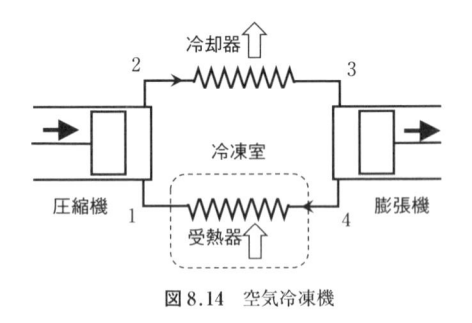

図 8.14 空気冷凍機

$$\text{成績係数 } \varepsilon_R = \frac{Q_L}{Q_H^* - Q_L} = \frac{T_1 - T_4}{(T_2 - T_3) - (T_1 - T_4)} = \frac{1}{\dfrac{T_2}{T_1} - 1} = \frac{1}{\left(\dfrac{P_2}{P_1}\right)^{(\kappa-1)/\kappa} - 1}$$
(8.43)

空気を使ったブレイトン逆サイクルは特殊な冷媒を必要としないため，航空機や坑道のような特殊環境の空調に用いられる．

8.3 エクセルギーと最大仕事

熱力学第 2 法則からわかるように，熱機関を使って熱から仕事を取り出す場合には，受け取った熱をすべて仕事に変換することはできない．よって，熱を利用するシステムでは利用できるエネルギー量にそのシステム固有の限界がある．各種のエネルギーから取り出せる仕事の最大量を**エクセルギー**（exergy）という．

8.3.1 エクセルギー効率

供給される全エネルギー I のうち，利用可能な最大仕事であるエクセルギー E を除いた分は，利用不可能なエネルギーで**無効エネルギー（アネルギー）**（anergy）と呼ばれる．これらの関係を図示したものが図 8.15 である．また利用可能なエクセルギーのうち実際に取り出した仕事の割合を**エクセルギー効率**（exergy efficiency）η_E と呼ぶ．エクセルギーのうち利用できなかった部分を**エクセルギー損失**（exergy loss）といい，省エネルギー技術の開発で目指すべきことはエクセルギー損失を最小化することである．

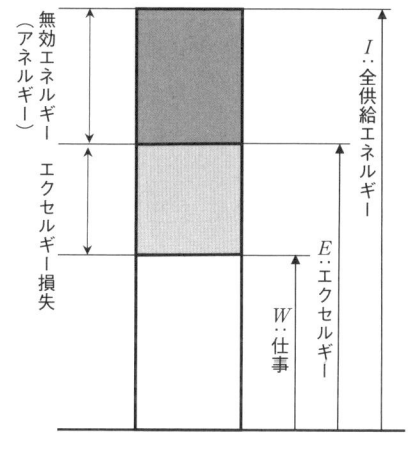

$$\eta_{th} = \frac{W}{I} \qquad \eta_E = \frac{W}{E}$$

図 8.15 エクセルギーと仕事

8.3.2 体積変化のエクセルギー

閉じた系のピストンが行う仕事は $dW_c = PdV$ であり，これは圧力 P が生じさせた体積変化に伴う仕事である．この仕事のうち実際に得ることができる仕事は環境の条件によって異なる．状態 1 から状態 2 に変化する時に，圧力 P がなす仕事のうち環境の圧力 P_{env} に逆らって行う仕事は正味の仕事としては取り出せないから，この場合のエクセルギーは下記となる．

$$E_V = \int_1^2 (P - P_{env}) dV \tag{8.44}$$

上式は，P が P_{env} より低い場合の吸引仕事にも適用できる．

この例のように，取り出せる仕事の量はシステムが存在する環境条件によって異なる．よって，エクセルギーとは，環境と非平衡にある系が環境と接触し平衡状態に達するまでに発生可能な最大仕事のことである．

8.3.3 熱のエクセルギー

熱から取り出せる仕事の最大値は熱力学第 2 法則により，カルノー効率で決まる．熱源から熱を取り出して仕事に変換する場合を考えよう．熱源の状態は，熱を取り出すことによって最初の状態 1 から最後の状態 2 まで変化する．よって，次式によって熱のエクセルギーを評価できる．

$$E_Q = \int_1^2 \left(1 - \frac{T_{env}}{T}\right) d'Q \tag{8.45}$$

ここに，T は熱源の温度，T_{env} は環境温度である．高温側の熱源の温度が T_H で一定であれば，熱量 Q_H のエクセルギーは下記となる．

$$E_Q = Q_H \left(1 - \frac{T_{env}}{T_H}\right) \tag{8.46}$$

質量 M，比熱 c，初期温度 T_H の熱源の温度が変化する場合には，

$$d'Q = -McdT \tag{8.47}$$

である．よって，

$$d'E_Q = \left(1 - \frac{T_{env}}{T}\right)(-McdT) \tag{8.48}$$

$$E_Q = -\int_{T_H}^{T_{env}} McdT + \int_{T_H}^{T_{env}} McT_{env}\frac{dT}{T} = Mc(T_H - T_{env}) - McT_{env}\ln\frac{T_H}{T_{env}} \tag{8.49}$$

となる．上式の右辺第1項は熱源から放出されたエネルギーで，第2項がアネルギーに相当する．

8.3.4 閉じた系のエクセルギー

体積変化と熱の移動を伴う，閉じた系のエクセルギーについて考える．式(1.5)より，熱力学の第1法則は下記のように書ける．

$$-dU = -d'Q + d'W_c \tag{8.50}$$

エクセルギーは考えている系が環境の状態まで変化する時に得られる最大の仕事であり，これは可逆の場合に得られるので，可逆の場合を考えれば式(8.50)は

$$-dU = -TdS + PdV \tag{8.51}$$

であり，環境の圧力を P_{env}，環境温度を T_{env} で一定だとして，これを用いれば，

$$-dU = -(T - T_{env})dS - T_{env}dS + (P - P_{env})dV + P_{env}dV \tag{8.52}$$

と書くことができる．ここで，$(P - P_{env})dV$ は得られる正味仕事を表しており，$P_{env}dV$ は体積変化に伴い周囲に対して行う損失仕事である．今，取り出せる熱 $-TdS$ について式(8.46)を適用すれば，

$$-TdS\left(1 - \frac{T_{env}}{T}\right) = -(T - T_{env})dS \tag{8.53}$$

が得られる熱のエクセルギーであることがわかる．よって，

$$-TdS - [-(T - T_{env})dS] = -T_{env}dS \tag{8.54}$$

はアネルギーである．これを損失熱と呼ぶ．

この無限小過程で系の供給するエネルギーの中で仕事として使えない部分 $d'A$ は，損失仕事と損失熱の和なので，

$$d'A = P_{env}dV - T_{env}dS \tag{8.55}$$

である．系の供給するエネルギーは内部エネルギーの変化分で，内部エネルギーそのものは減少しているので，$-dU$ となる．よって，この中の仕事として有効に使うことができる部分は

$$dE_c = -dU - d'A = -dU + T_{env}dS - P_{env}dV \tag{8.56}$$

となる．上式を状態 1 から環境状態 env まで積分すれば，閉じた系のエクセルギーは下記になる．

$$E_c = (U_1 - U_{env}) - T_{env}(S_1 - S_{env}) + P_{env}(V_1 - V_{env}) \tag{8.57}$$

ここで U_{env}, S_{env}, V_{env} は，それぞれ，環境温度，環境圧力における系の内部エネルギー，エントロピー，体積である．

8.3.5 開いた系のエクセルギー

開いた系において可逆変化を考えれば，熱力学第 1 法則は下記のように書ける．

$$-dH = -TdS - VdP \tag{8.58}$$

閉じた系の場合と同様に，熱が出入りする環境温度は T_{env} で等温だとしてこれを用いれば，

$$-dH = -(T - T_{env})dS - T_{env}dS - VdP \tag{8.59}$$

と表すことができる．ここでも $-(T - T_{env})dS$ は得られる熱のエクセルギーを表しており，$-T_{env}dS$ は対応するアネルギーである．

工業仕事 VdP はすべて使えるので，この無限小過程で系の供給するエネルギーの中で仕事として使えない部分 $d'A$ は，

$$d'A = -T_{env}dS \tag{8.60}$$

である．開いた系の供給するエネルギーはエンタルピーの変化分となるが，エンタルピーそのものは減少しているので，$-dH$ となる．よって，この中の有効に使うことができる部分は

$$dE_o = -dH - d'A = -dH - (-T_{env}dS) = -dH + T_{env}dS \tag{8.61}$$

となる．上式を状態 1 から環境状態 env まで積分すれば，開いた系のエクセルギーは下記になる．

$$E_o = (H_1 - H_{env}) - T_{env}(S_1 - S_{env}) \tag{8.62}$$

ここで H_{env} は，環境温度，環境圧力における系のエンタルピーである．

E_o と E_c を比較すると，

$$E_o = (U_1 + P_1 V_1) - (U_{env} + P_{env} V_{env}) - T_{env}(S_1 - S_{env})$$
$$= (U_1 - U_{env}) - T_{env}(S_1 - S_{env}) + P_{env}(V_1 - V_{env}) + (P_1 - P_{env}) V_1$$
$$= E_c + (P_1 - P_{env}) V_1 \tag{8.63}$$

となり，開いた系のエクセルギーは閉じた系のエクセルギーに流動のエクセルギーを加えたものになる．

[まとめ]
・理想気体を作動流体として，閉じた系，開いた系の各種の熱機関の理想的なサイクルを考え，それぞれの効率を決定することができる．
・環境との間で取り出せる最大の仕事をエクセルギーと呼ぶ．

演習問題

8.1 式(8.5) を導く時，オットーサイクルの出力はエネルギーの保存則より，$W_c = Q_H - Q_L^*$ とした．オットーサイクルの出力は図8.2の P-V 線図の積分結果でもある．オットーサイクルの P-V 線図に沿って仕事の積分を実行し，得られる仕事が $W = Q_H - Q_L^*$ に等しいことを証明せよ．

8.2 空気を作動流体とするディーゼルサイクルの圧縮比が 18.0，締切り比は 2.0，圧縮開始圧力と温度が 100 kPa，300 K とする．このサイクルについて ①最高圧力，②最高温度，③理論熱効率を求めよ．ただし，作動空気は理想気体とする．

8.3 空気を作動ガスとするブレイトンサイクルがある．最高圧力，最低圧力，最低温度，最高温度はそれぞれ 0.6 MPa，0.15 MPa，20℃，1200℃ である．作動空気 1 kg 当たりの加熱量，理論熱効率，仕事量を求めよ．ただし，作動空気は理想気体とし，定圧比熱を $c_p = 1.005$ kJ/(kg K) とする．

8.4 比熱比 κ の，閉じた系にある理想気体 1 mol が，図 8.16 に示すサイクルを行った．過程 A → B は定温膨張，過程 B → C は定圧変化，過程 C → A は定積変化である．圧力 P_B，容積 V_B，V_C がわかっているとして次の問に答えよ．(1)，(2)，(4)，(6) の答は，P_B，V_B，V_C と一般ガス定数 R_0，比熱比 κ を用いて記述せよ．
(1) 状態 B での温度 T_B を求めよ．
(2) このサイクルで気体がなした正味の仕事を求めよ．
(3) 気体にはどの行程で熱が加えられるか．D → E のように答えよ．
(4) 気体に加えられた総熱量を求めよ．
(5) 気体から熱が排出されるのはどの行程か．D → E のように答えよ．
(6) 気体から排出された総熱量を求めよ．

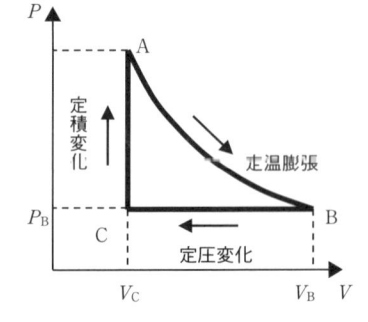

図 8.16 演習問題 8.4

8.5 800℃ の高温熱源と 300℃ の低温熱源の間で，700 cal/s で熱を使って 5 秒間仕事をさせたところ，2.5 kJ の仕事を取り出せた．この系の，エクセルギー，熱効率，エクセルギー効率，エクセルギー損失を求めよ．

8.6 内燃機関の排気弁が開く時,内部の気体の温度は 600 ℃,圧力は 500 kPa であった.この気体の比エクセルギーを求めよ.ただし,内部の気体は理想気体の空気とし,ガス定数 $R=287.13$ J/(kg K),定圧比熱 $c_p=1.005$ kJ/(kg K),定積比熱 $c_v=0.718$ kJ/(kg K) とする.また,周囲温度は 25 ℃,周囲圧力は 1 atm とする.

参 考 文 献

森 康夫,一色尚次,塩田 進『エネルギ変換工学』(機械工学体系 27),p.149,コロナ社,1974.
日本機械学会『熱力学』(JSME テキストシリーズ),第 8 章,日本機械学会,2002.

Chapter 9

実 在 気 体

[目標・目的] 実際の気体と理想気体の違いについて学び,これらの間にどのような違いが現れるかを理解する.

9.1 圧 縮 因 子

実際の気体の状態方程式は,理想気体の状態方程式からずれを示す.大まかにいえば,一定温度では圧力を高めていくと理想気体よりも体積が小さくなり,さらに高めていくと,今度は理想気体よりも体積が大きくなる.このことは,次式で定義される**圧縮因子**(compressibility factor,圧縮率因子あるいは圧縮係数とも)Z を,一定温度の下で,圧力に対してプロットしてみるとよくわかる.

$$Z = \frac{PV_\mathrm{m}}{R_0 T} \tag{9.1}$$

ここで,R_0 は,第 7 章で導入した**一般ガス定数**(universal gas constant)である.ここで,

$$V_\mathrm{m} = \frac{V}{n} \tag{9.2}$$

は気体 1 mol が占める体積(モル体積)であり,理想気体では状態方程式

$$PV = nR_0 T \tag{7.2 再}$$

の両辺を n で割れば

$$PV_\mathrm{m} = R_0 T \tag{9.3}$$

が成立しているので,

$$Z = \frac{PV_\mathrm{m}}{R_0 T} = 1 \tag{9.4}$$

となり,常に $Z=1$ である.例として,水素の圧縮因子を図 9.1 に示す.圧縮因子 Z の「1 からのずれ」が「理想気体近似の悪さ」の目安である.常圧に近いような低い圧力では,通常 $Z \approx 1$ であり,理想気体がよい近似であることを示している.また,通常,圧力が高くなっていくと,一度 $Z<1$ の圧力領域を経て,最

9.2 実在気体に対する熱的状態方程式の例

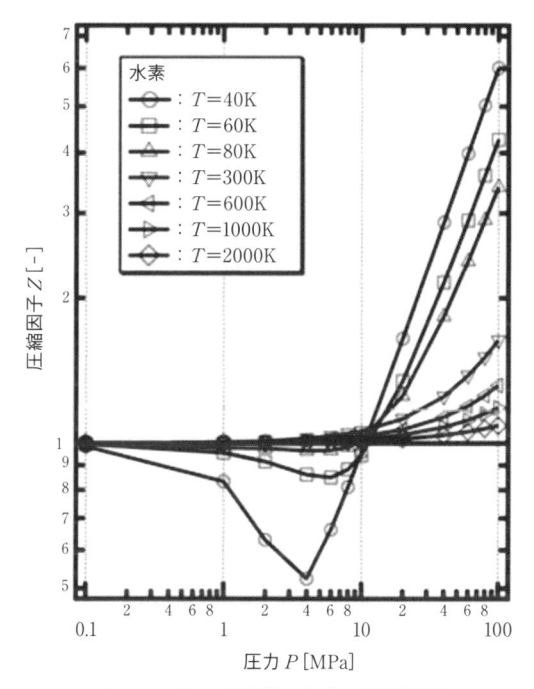

図 9.1 水素の圧縮因子の温度・圧力依存性

終的に $Z>1$ の圧力領域に至る．$Z>1$ の圧力領域では，実際の気体は理想気体よりも圧縮されない（ある圧力・温度に対して，気体 1 mol の占める体積が大きい）．一方，$Z<1$ の圧力領域では，実際の気体は理想気体よりも圧縮される．また，同じ圧力でも温度が高いと，Z は 1 に近くなる．

9.2 実在気体に対する熱的状態方程式の例

実際の気体に対する状態方程式として様々なものが提案されてきたが，**ファン・デル・ワールスの式**（van der Waals equation）は，特に有名なものである．ファン・デル・ワールスの式は，見通しのよい形式で書けば，

$$P = \frac{nR_0 T}{V - bn} - a\left(\frac{n}{V}\right)^2 \tag{9.5}$$

となる．上式は，モル体積 V_m を使って，次のように書くこともできる．

$$P = \frac{R_0 T}{V_\mathrm{m} - b} - \frac{a}{V_\mathrm{m}^2} \tag{9.6}$$

> **しっかり議論 9.1** 第7章でも述べたが,分子運動論で議論すると,気体を構成している分子に分子間力が作用し,分子一つ一つがわずかではあるが体積を占有しているのが実在気体である.圧力が少し高い状態では,分子間力の効果が強く,分子同士が引き合うので理想気体と比較して体積が小さく($Z<1$)なる.圧力をさらに高くすると,分子の占有体積の影響が出るため,分子同士が反発するので理想気体よりも体積が大きく($Z>1$)なる.なお,温度,圧力が考えている流体の臨界温度,臨界圧力の何倍かという比臨界温度 T_r,比臨界圧力 P_r を使うと,気体の種類によらず,同じ T_r, P_r に対する Z の値はほぼ同じになる.このことを使って,流体の体積を求める方法を対応状態原理と呼ぶ.

> **しっかり議論 9.2** 実際の気体では,粒子が実際に存在して周囲に力場を形成するため,衝突の瞬間以外にも粒子同士が相互作用する.このことに起因して気体の振る舞いが理想気体(熱的完全気体)からずれることを,実在気体効果(real-gas effects)という.最近では本来の意味を拡張して解釈し,(様々な理由で)気体の振る舞いが熱量的完全気体からずれること全般を実在気体効果と呼ぶこともあるので,注意が必要である.

ここで,n は気体のモル数,a, b はファン・デル・ワールス定数と呼ばれる気体の種類に固有の正の定数である(通常,a, b は実験的に決定され,正の値となる).理想気体の状態方程式をこれらと同じ形式で書けば,次のようになる.

$$P = \frac{nR_0 T}{V} \tag{9.7}$$

$$P = \frac{R_0 T}{V_m} \tag{9.8}$$

ファン・デル・ワールスの式に従う気体については,

$$\left(\frac{\partial U}{\partial V}\right)_T = a\left(\frac{n}{V}\right)^2 \tag{9.9}$$

である(演習問題 9.1 参照).定数 a は $a>0$ であるから,上式の右辺は正であり,等温膨張すると内部エネルギーが増加する.

ファン・デル・ワールスの式に従う気体の内部エネルギーについて考えてみよう.内部エネルギーの微分は,式 (5.13),式 (9.9) より,次のように書ける.

$$dU = \left(\frac{\partial U}{\partial T}\right)_V dT + \left(\frac{\partial U}{\partial V}\right)_T dV = Mc_V dT + a\left(\frac{n}{V}\right)^2 dV \tag{9.10}$$

ここで,

$$\left[\frac{\partial}{\partial V}\left(\frac{\partial U}{\partial T}\right)_V\right]_T = \left[\frac{\partial}{\partial T}\left(\frac{\partial U}{\partial V}\right)_T\right]_V \tag{9.11}$$

より

$$M\left(\frac{\partial c_V}{\partial V}\right)_T = \left\{\frac{\partial}{\partial T}\left[a\left(\frac{n}{V}\right)^2\right]\right\}_V = 0 \tag{9.12}$$

であるから，ファン・デル・ワールスの式に従う気体についても定積モル比熱 c_V は温度 T のみの関数である．したがって，

$$dU = Mc_V(T)dT + a\left(\frac{n}{V}\right)^2 dV \tag{9.13}$$

と書ける．上式を，状態 (T_0, V_0) における内部エネルギーを U_0 として積分すると，

$$\int_{U_0}^{U} dU = \int_{T_0}^{T} Mc_V(T)dT + \int_{V_0}^{V} a\left(\frac{n}{V}\right)^2 dV \tag{9.14}$$

を解いて

$$U(T, V) = U_0 + M\int_{T_0}^{T} c_V(T)dT - an^2\left(\frac{1}{V} - \frac{1}{V_0}\right) \tag{9.15}$$

となる．上式がファン・デル・ワールスの式に従う気体の内部エネルギーの表式である．

9.3 ジュール・トムソン効果

　ジュールとトムソンは，図 9.2 に示すような実験を行った．断熱壁で作られた筒の中に，断熱で多孔性の詰め物 S（細孔栓）を固定し，断熱のピストンを両側に設ける．はじめ，気体を部屋（Ⅰ）に入れ，ピストン B を詰め物 S に押し付ける．このときの部屋（Ⅰ）の気体の体積を V_1，圧力を P_1，温度を T_1 とする．次に，部屋（Ⅰ）の圧力を P_1 に，部屋（Ⅱ）の圧力を P_2 に保ちながら，ピストン A および B をそれぞれ右に静かに動かし，気体を部屋（Ⅰ）から部屋（Ⅱ）に移し，気体の最後の状態を V_2, P_2, T_2 とする．この過程で気体が 2 つのピストンに行った仕事 W は，ピストン B に行った仕事が P_2V_2 で，ピストン A になされた仕事が P_1V_1 だから，$W = P_2V_2 - P_1V_1$ である．この過程は断熱過程だから，

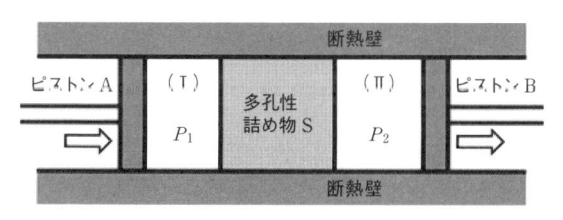

図 9.2 ジュール・トムソン効果の実験

熱力学第1法則

$$U_2 - U_1 = Q - W \tag{2.1再}$$

より，

$$U_2 - U_1 = 0 - (P_2 V_2 - P_1 V_1) \tag{9.16}$$

となり，書き直すと

$$U_1 + P_1 V_1 = U_2 + P_2 V_2 \tag{9.17}$$

すなわち

$$H_1 = H_2 \tag{9.18}$$

となる．つまり，この過程の前後で，気体のエンタルピーは変化しない．第7章で見たとおり，理想気体ではエンタルピーは温度のみの関数であるので，エンタルピーが等しければ温度も等しくなる．したがって，理想気体の場合は，この過程の前後で温度は変化しない．しかしながら，実際の気体では，わずかではあるが，温度が変化する．この現象をジュール・トムソン効果（Joule-Thomson effect）という．このエンタルピー一定の場合の圧力変化に対する温度変化の微分係数 $(\partial T/\partial P)_H$ をジュール・トムソン係数（Joule-Thomson coefficient）という．

　ジュール・トムソン係数を，P, T, V および比熱を使って表そう．式（5.41）より

$$\left(\frac{\partial T}{\partial P}\right)_H \left(\frac{\partial P}{\partial H}\right)_T \left(\frac{\partial H}{\partial T}\right)_P = -1 \tag{9.19}$$

と書け，

$$\left(\frac{\partial T}{\partial P}\right)_H = -\frac{1}{\left(\frac{\partial H}{\partial T}\right)_P} \left(\frac{\partial H}{\partial P}\right)_T = -\frac{1}{C_P} \left(\frac{\partial H}{\partial P}\right)_T \tag{9.20}$$

となる．また，式（5.22）より $H = G + TS$ であり，

$$\left(\frac{\partial H}{\partial P}\right)_T = \left(\frac{\partial G}{\partial P}\right)_T + T\left(\frac{\partial S}{\partial P}\right)_T \tag{9.21}$$

と書け，式（5.52）より

$$\left(\frac{\partial G}{\partial P}\right)_T = V \tag{9.22}$$

であるから，

$$\left(\frac{\partial H}{\partial P}\right)_T = V + T\left(\frac{\partial S}{\partial P}\right)_T \tag{9.23}$$

と書ける．さらに，式（5.40）を使うと，

$$\left(\frac{\partial H}{\partial P}\right)_T = V - T\left(\frac{\partial V}{\partial T}\right)_P \tag{9.24}$$

と書ける．これより，次式を得る．
$$\left(\frac{\partial T}{\partial P}\right)_H = \frac{1}{C_P}\left[T\left(\frac{\partial V}{\partial T}\right)_P - V\right] \tag{9.25}$$

式（9.25）に式（7.7）の理想気体の状態方程式を代入して計算すると0となる．このことから，理想気体では，ジュール・トムソン係数は常に0であり，ジュール・トムソン効果は起こらないことがわかる（演習問題9.2参照）．

また，エンタルピー一定の時に圧力が変化したときに体積がどう変わるかを考えよう．式（5.47）を任意の量の物質について考えた式
$$dH = TdS + VdP \tag{9.26}$$
およびSをPとVの関数と見たときの微分
$$dS = \left(\frac{\partial S}{\partial P}\right)_V dP + \left(\frac{\partial S}{\partial V}\right)_P dV \tag{9.27}$$
より，
$$dH = T\left[\left(\frac{\partial S}{\partial P}\right)_V dP + \left(\frac{\partial S}{\partial V}\right)_P dV\right] + VdP = \left[T\left(\frac{\partial S}{\partial P}\right)_V + V\right]dP + T\left(\frac{\partial S}{\partial V}\right)_P dV \tag{9.28}$$

と書ける．ここで，
$$\left(\frac{\partial S}{\partial P}\right)_V = \left(\frac{\partial S}{\partial T}\right)_V\left(\frac{\partial T}{\partial P}\right)_V \tag{9.29}$$

と書けるが，式（5.63）より
$$\left(\frac{\partial U}{\partial T}\right)_V = T\left(\frac{\partial S}{\partial T}\right)_V = Mc_V \tag{9.30}$$

であるから
$$\left(\frac{\partial S}{\partial T}\right)_V = \frac{Mc_V}{T} \tag{9.31}$$

と書け，これを式（9.29）に代入すれば
$$\left(\frac{\partial S}{\partial P}\right)_V = \frac{Mc_V}{T}\left(\frac{\partial T}{\partial P}\right)_V \tag{9.32}$$

と書ける．さらに，
$$\left(\frac{\partial V}{\partial T}\right)_P\left(\frac{\partial P}{\partial V}\right)_T\left(\frac{\partial T}{\partial P}\right)_V = -1 \tag{5.42 再}$$

であるから，
$$\left(\frac{\partial T}{\partial P}\right)_V = -\frac{\left(\frac{\partial V}{\partial P}\right)_T}{\left(\frac{\partial V}{\partial T}\right)_P} = \frac{\alpha}{\beta} \tag{9.33}$$

と書け，これを式 (9.32) に代入すれば

$$\left(\frac{\partial S}{\partial P}\right)_V = \frac{Mc_V\alpha}{T\beta} \tag{9.34}$$

と書ける．ただし，α, β はそれぞれ 5.8 節で導入した，等温圧縮率および体膨張係数である．また，

$$\left(\frac{\partial S}{\partial V}\right)_P = \left(\frac{\partial S}{\partial T}\right)_P \left(\frac{\partial T}{\partial V}\right)_P \tag{9.35}$$

と書けるが，式 (5.67) より

$$\left(\frac{\partial H}{\partial T}\right)_P = T\left(\frac{\partial S}{\partial T}\right)_P = Mc_P \tag{9.36}$$

であるから

$$\left(\frac{\partial S}{\partial T}\right)_P = \frac{Mc_P}{T} \tag{9.37}$$

と書け，

$$\left(\frac{\partial S}{\partial V}\right)_P = \frac{C_P}{T}\left(\frac{\partial T}{\partial V}\right)_P = \frac{C_P}{TV\beta} \tag{9.38}$$

と書ける．以上より，

$$dH = \left(\frac{C_V\alpha}{\beta} + V\right)dP + \frac{C_P}{V\beta}dV \tag{9.39}$$

と書け，次式を得る．

$$\left(\frac{\partial V}{\partial P}\right)_H = -\frac{\beta V}{C_P}\left(\frac{C_V\alpha}{\beta} + V\right) \tag{9.40}$$

気体では C_V, C_P, α, β はすべて正だと考えてよく（詳しく知りたい場合は，例えば参考文献［遠藤，2011］などの教科書で勉強するとよい），また V も正だから，$(\partial V/\partial P)_H < 0$ だと考えてよい．したがって，ジュール・トムソン係数 $(\partial T/\partial P)_H$ の正負は，

$$\left(\frac{\partial T}{\partial P}\right)_H = \left(\frac{\partial T}{\partial V}\right)_H \left(\frac{\partial V}{\partial P}\right)_H \tag{9.41}$$

と書けるから，$(\partial T/\partial V)_H$ の正負と逆になる．

[まとめ]
・実際の気体は，気体の振る舞いが理想気体（熱的完全気体）からずれる．このずれは，圧縮係数で表される．
・このずれを考慮に入れた状態方程式としてファン・デル・ワールスの状態方程式がある．

・理想気体では，等エンタルピー膨張で温度は変化しないが，実際の気体ではジュール・トムソン係数に従って温度変化が起きる．

演習問題
9.1 ファン・デル・ワールスの式に従う気体について，式 (9.9) を確かめよ．
9.2 理想気体のジュール・トムソン係数を計算し，0 となることを確かめよ．
9.3 ファン・デル・ワールスの式に従う気体の内部エネルギーの表式が式 (9.15) で示されたが，同様にエントロピーの表式を示せ．
9.4 実在気体の状態方程式としては，ファン・デル・ワールスの状態方程式 (9.5)(9.6) 以外にも，ベルテローの状態方程式 (Berthelot equation of state)
$$P = \frac{nR_0T}{V-bn} - \frac{a}{T}\left(\frac{n}{V}\right)^2 = \frac{R_0T}{V_m-b} - \frac{a}{TV_m^2} \tag{9.e1}$$
(a, b は気体種に依存する定数) やディーテリチの状態方程式 (Dieterici equation of state)
$$P = \frac{nR_0T}{V-bn}\exp\left(-\frac{a}{R_0T}\frac{n}{V}\right) = \frac{R_0T}{V_m-b}\exp\left(-\frac{a}{R_0TV_m}\right) \tag{9.e2}$$
(a, b は気体種に依存する定数) などが提案されている．ファン・デル・ワールスの状態方程式，ベルテローの状態方程式，ディーテリチの状態方程式の各々について，圧縮因子 $Z = PV_m/R_0T$ を計算せよ．
9.5 実在気体の状態方程式の 1 つであるビリアル状態方程式は，理想気体からのずれを V_m の逆数（すなわち，$1/V_m = n/V$：モル密度［単位体積当たりの物質のモル数］）で級数展開したものであり（圧力で展開する場合もある），
$$Z = \frac{PV_m}{R_0T} = 1 + \frac{B}{V_m} + \frac{C}{V_m^2} + \cdots \tag{9.e3}$$
と書かれる．ここで，$B, C, \cdots$ は第 2 ビリアル係数，第 3 ビリアル係数，$\cdots$ と呼ばれ，気体種に依存する温度の関数である．モル密度による級数展開であるから，必要とする密度範囲と精度に応じて展開次数を選択する．ファン・デル・ワールスの状態方程式を $1/V_m$ で展開してビリアル状態方程式に書き直し，第 2，第 3 ビリアル係数を求めよ．
9.6 ファン・デル・ワールスの状態方程式に従う実在気体に対し，ジュール・トムソン係数が 0 となるような v-T 平面上の曲線を求めよ．

> **しっかり議論 9.3** 圧縮因子が $Z>1$ であるとき，$(\partial T/\partial V)_H > 0$ であり，ジュール・トムソン係数は $(\partial T/\partial P)_H < 0$ である．このような場合（気体の膨張に際して温度が上がる場合）を負のジュール・トムソン効果という．逆に，圧縮因子が $Z<1$ であるとき，$(\partial T/\partial V)_H < 0$ であり，ジュール・トムソン係数は $(\partial T/\partial P)_H > 0$ である．このような場合（気体の膨張に際して温度が下がる場合）を正のジュール・トムソン効果という．

参考文献
R. H. Perry and D. W. Green：*Perry's Chemical Engineers' Handbook*, 7th edition, Table 2-171, McGraw-Hill, 1997.
遠藤琢磨『デトネーションの熱流体力学 2 関連事項編』，第 13 章，理工図書，2011.

第2部 多成分系，相変化，化学反応への展開

Chapter 10

化学ポテンシャル

[目標・目的] この章では，化学反応が進行する場合の熱力学の基本となる化学ポテンシャルを定義して，後の章の議論の準備をする．

10.1 化学反応などの取り扱い

系の中で化学反応などが進行する場合の取り扱いについて考えよう．化学反応などが進行すると，体積が増えたり，熱が吸収されたりする（逆に体積が減少したり，熱が放出されたりすることもある）．場合によっては電気が発生したり，光が発生したりすることもあるが，ここでは熱と体積変化の仕事がある場合だけを考える．また，系はいくつかの物質を含む複数の相から成ってもよい．

化学反応というと普通，水素と酸素が反応して水ができるような物質の種類が変わることを考えるが，水が水蒸気に変わるような相変化や，窒素100％の気体と酸素100％の気体が混ざって窒素と酸素の混合気体になるような混合も同じように扱えるので，ここではより広く相変化や混合も併せて取り扱う．この場合に，第1部で考えてきた熱力学の基本的な考え方にどのように変更を加える必要があるかを順に説明する．

化学反応などが進行する場合でも，系に供給される熱と，系が行う仕事は，中で化学反応が進行していない場合と同様に考えることができる．ただし，系の中の状態は均一系の場合のように温度や圧力だけではなく，系の中に含まれる各状態の物質の分率（割合）にもよる．例えば，同じ温度と圧力であっても，内部が100％液体の水の場合と内部が100％水蒸気の場合では違う状態となる．均一系の場合と同様に，化学反応などの前後の状態が同じなら，最初の状態から最後の状態にする時に系に出入りする熱と仕事の和は，どのように変化を行っても同じになることがわかっている．また，逆向きの変化をさせると，同じだけのエネ

ギーが取り出される．このため，均一系と同様にある状態の系には蓄えられたエネルギーがあり，状態が変化するとその分のエネルギーの差が出入りすると考えることができ，これを内部エネルギーと考えることができる．

つまり，系の中でどんな反応が進行して，系の中の物質の割合が変化していても，系をブラックボックスと考えれば，供給した熱 $d'Q$ と行った仕事 $d'W_a$，系の内部のエネルギーの変化 dU の間には

$$d'Q = dU + d'W_a \tag{10.1}$$

の関係が成立する．エントロピーの定義もそのまま利用して，化学反応などが進行するような複数の物質が含まれている混合系であっても

$$dS = \frac{d'Q_{rev}}{T} \tag{10.2}$$

とする．なお，Q_{rev} は可逆的に系が受け取る熱量である．

同じ物質であっても，状態が違えば内部エネルギーは違う値をとる．例えば，系の中に水しかなくても，系内の水が全部液体の場合と，系内の水が全部水蒸気の場合では内部エネルギーの値が違ってくる．化学反応でも同様で，含まれている原子の種類と量が同じでも，化学物質の状態が違えば内部エネルギーは違う値をとる．たとえば，酸化カルシウムと二酸化炭素が反応して炭酸カルシウムになる式（10.3）に示す反応で，系内に酸化カルシウムと二酸化炭素しかない場合と，これらの物質の間で反応が起きて系内に炭酸カルシウムしかない場合では内部エネルギーの値が違ってくる．

$$CaO + CO_2 \rightarrow CaCO_3 \tag{10.3}$$

このことから，それぞれの物質に固有の内部エネルギーを考えることができ，同じ物質でも内部エネルギーが高い状態と低い状態があること，同じ原子から成っていても内部エネルギーが高い化学物質の状態と低い化学物質の状態があることがわかる．

なお，化学反応は物質量 mol を基準とした方がわかりやすいので，第 2 部では原則として 1 mol 当たりの量を用いた記述を行う．このため，用いる状態方程式は

$$PV = nR_0 T \tag{7.2 再}$$

となる．また，比内部エネルギー u [J/kg] よりもモル内部エネルギー U_m [J/mol] を用いる．ただし，化学反応が関与しない相変化や混合を扱う第 12 章～第 15 章では第 1 部と同じく 1 kg 当たりでの議論を行う．

10.2 化学ポテンシャルの定義

均一な系で，化学反応が進行せず，絶対仕事のみを考える時，可逆過程に対する内部エネルギーの微小変化は

$$dU = TdS - PdV \tag{10.4}$$

と表され，S と V を U の自然な独立変数と呼んだ．エンタルピー，ヘルムホルツ自由エネルギー，ギブズ自由エネルギーの定義を使うと，以下の式が得られ，それぞれの自然な独立変数も確認した．

$$dH = d(U+PV) = dU + PdV + VdP = (TdS - PdV) + PdV + VdP = TdS + VdP \tag{10.5}$$

$$dF = d(U-TS) = dU - TdS - SdT = (TdS - PdV) - TdS - SdT = -SdT - PdV \tag{10.6}$$

$$dG = d(H-TS) = dH - TdS - SdT = (TdS + VdP) - TdS - SdT = -SdT + VdP \tag{10.7}$$

さて，化学反応を扱う場合には，温度と圧力を一定にして反応を進行させることが多い．このため，化学反応を扱う場合には，これらを自然な独立変数として持つギブズ自由エネルギーを使って議論をすると話が簡単に進めやすい．ただし，含まれている各物質の量が変化するとギブズ自由エネルギーも変化することに注意する必要がある．微小変化については，他の量を一定に保った時の考えている変数の変化の影響を足し合わせて表すことができる．化学種 i の物質量 n_i も自然な独立変数に加えた場合のギブズ自由エネルギーの全微分は，

$$dG = dU - TdS - SdT + PdV + VdP + \sum_i \left(\frac{\partial G}{\partial n_i}\right)_{T,P,n_{j \neq i}} dn_i \tag{10.8}$$

となる．

内部の組成変化はどうであれ，可逆変化であれば系の中の内部エネルギー全体について

$$dU = TdS - PdV \tag{10.4 再}$$

は成立するので，これを式（10.8）に代入すれば，

$$dG = -SdT + VdP + \sum_i \left(\frac{\partial G}{\partial n_i}\right)_{T,P,n_{j \neq i}} dn_i \tag{10.9}$$

> **しっかり議論 10.1** 式（10.8）は1種類の物質から成る系の場合には $dn_i=0$ となるので，相変化や化学物質が起きない時にもそのまま使うことができる．

が得られる．これを簡単に表すために，

$$\mu_i = \left(\frac{\partial G}{\partial n_i}\right)_{T, P, n_{j \neq i}} \tag{10.10}$$

と書き，μ_i を**化学ポテンシャル**（chemical potential，ケミカルポテンシャルとも）と呼ぶ．化学ポテンシャルは，ある温度，ある圧力，ある組成の状態で，物質 i の量を微小に変化させたときのギブズ自由エネルギーの変化率である．化学ポテンシャルを使えば，式 (10.9) は

$$dG = -SdT + VdP + \sum_i \mu_i dn_i \tag{10.11}$$

と表される．

これを使って dU, dH, dF を表すと $G = U + PV - TS = H - TS = F + PV$ より $U = G - PV + TS$, $H = G + TS$, $F = G - PV$ なので

$$\begin{aligned}
dU &= d(G - PV + TS) = dG - PdV - VdP + TdS + SdT \\
&= \left(-SdT + VdP + \sum_i \mu_i dn_i\right) - PdV - VdP + TdS + SdT \\
&= TdS - PdV + \sum_i \mu_i dn_i
\end{aligned} \tag{10.12}$$

同様に

$$dH = d(G + TS) = dG + TdS + SdT = TdS + VdP + \sum_i \mu_i dn_i \tag{10.13}$$

$$dF = d(G - PV) = dG - PdV - VdP = -SdT - PdV + \sum_i \mu_i dn_i \tag{10.14}$$

も得られる．今，例えば内部エネルギーがエントロピーと体積と各物質量によって決まると考えて，その全微分をとると，

$$dU = \left(\frac{\partial U}{\partial S}\right)_{V, n_i} dS + \left(\frac{\partial U}{\partial V}\right)_{S, n_i} dV + \sum_i \left(\frac{\partial U}{\partial n_i}\right)_{S, V, n_{j \neq i}} dn_i \tag{10.15}$$

と表される．これを式 (10.10) と比較すれば，

$$\mu_i = \left(\frac{\partial U}{\partial n_i}\right)_{S, V, n_{j \neq i}} \tag{10.16}$$

が得られる．H, F についても同様の取り扱いをすれば，結局

$$\mu_i = \left(\frac{\partial U}{\partial n_i}\right)_{S, V, n_{j \neq i}} = \left(\frac{\partial H}{\partial n_i}\right)_{S, P, n_{j \neq i}} = \left(\frac{\partial F}{\partial n_i}\right)_{T, V, n_{j \neq i}} = \left(\frac{\partial G}{\partial n_i}\right)_{T, P, n_{j \neq i}} \tag{10.17}$$

が得られる．

10.3　混合系の状態量

化学反応を考えるような場合には1つの相の中に反応する複数の物質が混合して存在することがある．例えば，一酸化炭素が水蒸気と反応して二酸化炭素と水

素を作る反応は水性ガスシフト反応と呼ばれ，化学工業では重要な反応であるが，800℃，0.1 MPa などの気相中で進行させる．この場合でも 10.1 節のように考えれば，混合系全体をブラックボックスとして見た場合の内部エネルギーや供給する熱量，系が行う仕事が定義できる．また，単一物質系や空気の場合と同様にしてエントロピー，エンタルピー，自由エネルギーなどの各種の状態量を定義することができる．

空気のような場合には反応が進行しないのでその組成は一定であり，たとえば温度と圧力が決まればその熱力学関数の値は決まる．しかしながら，水性ガスシフト反応を考えるような場合には，温度と圧力が一定でも，反応が進行すると組成が変わり，熱力学関数の値も変化する．つまり，考えている系は単一物質ではなく，複数の異なった物質を含んでいる．系全体の示量性の状態量が，含まれている各物質の状態量を使って表せると，ある状態の状態量を求めたり，反応などの進行の仕方を計算したりするのに便利である．例えば，水蒸気と一酸化炭素の混合気体の内部エネルギーが，水蒸気の内部エネルギーと一酸化炭素の内部エネルギーから求められれば，取り扱いが簡単になる．

いろいろな系について調べてみると，混合系の示量性熱力学関数は成分の示量性熱力学関数の和でよく表されることがわかる．例えば，水蒸気 50 mol と一酸化炭素 50 mol から成る系の内部エネルギーは，水蒸気 50 mol だけを含む系の内部エネルギーと，一酸化炭素 50 mol だけを含む系の内部エネルギーの和として表される．混合する物質の間に強い相互作用が働くような場合には，示量性熱力学関数が単純な和からずれてくることもあるが，ここでは理想的な場合を考えて，混合系の状態量が，各成分の状態量の和で表せる場合を考える．この場合，混合系のエントロピー，内部エネルギー，エンタルピー，ヘルムホルツ自由エネルギー，ギブズ自由エネルギーはそれぞれ，

$$S = \sum_i S_i = \sum_i M_i s_i = \sum_i n_i S_{mi} \tag{10.18}$$

$$U = \sum_i U_i = \sum_i M_i u_i = \sum_i n_i U_{mi} \tag{10.19}$$

$$H = \sum_i H_i = \sum_i M_i h_i = \sum_i n_i H_{mi} \tag{10.20}$$

しっかり議論 10.2 第 12 章で示すが，気体などを混合するとエントロピーは増加する．このため，混合系のエントロピーは，本当は，単純な和では表せない．しかしながら，化学反応を扱うような場合には，各物質のエントロピーの違いの方が，混合のエントロピーよりずっと大きいことが多く，混合によるエントロピーの変化を無視して，単純な和で計算できることが多い．

> **しっかり議論 10.3** 混合系の熱力学関数が，各成分の熱力学関数の和で表されるのは成分間に相互作用がない場合である．例外もあり，水とエタノールのように親和性がある場合には混合することによって安定するので混合熱が発生し，混合物のエンタルピーは水とエタノールのそれぞれのエンタルピーを足した値よりも小さくなる．逆にアセトンとシクロヘキサンのような疎水性の物質を混合すると，混合によって不安定になるので吸熱が起こり，混合物のエンタルピーはアセトンとシクロヘキサンそれぞれのエンタルピーを足した値よりも大きくなる．このような場合には混合による熱力学関数の変化を考慮する必要がある．

$$F = \sum_i F_i = \sum_i M_i f_i = \sum_i n_i F_{mi} \tag{10.21}$$

$$G = \sum_i G_i = \sum_i M_i g_i = \sum_i n_i G_{mi} \tag{10.22}$$

で表される．また，微小な変化に対しては，

$$dS = \sum_i dS_i = \sum_i s_i dM_i = \sum_i S_{mi} dn_i \tag{10.23}$$

$$dU = \sum_i dU_i = \sum_i u_i dM_i = \sum_i U_{mi} dn_i \tag{10.24}$$

$$dH = \sum_i dH_i = \sum_i h_i dM_i = \sum_i H_{mi} dn_i \tag{10.25}$$

$$dF = \sum_i dF_i = \sum_i f_i dM_i = \sum_i F_{mi} dn_i \tag{10.26}$$

$$dG = \sum_i dG_i = \sum_i g_i dM_i = \sum_i G_{mi} dn_i \tag{10.27}$$

となる．

10.4 熱力学量の基準

熱力学量を表すためには基準を定める必要がある．これは，場合によって異なる基準が用いられるので注意が必要である．

空気サイクルなどを考える場合には，標準状態を基準にすることが多い．$0℃$，$0.1\,\mathrm{MPa}$ の条件を基準として，考えている状態を実現するまでの可逆変化に伴って出入りする熱量や仕事を積分することによって，その状態の熱力学量を決定する．無論，その経路は可逆であればどのような経路を通っても同じ値になる．通常は理想気体の状態方程式を用いることができる．ただし，非理想的な挙動を考えなくてはならないほど高圧や低温を扱う場合には理想気体の状態方程式を用いることができない．これについては第13章～第15章で扱う．

液体の水や水蒸気を考える場合には，三重点の水を基準とする．同様に，考え

ている状態を実現するまでの可逆変化に伴って出入りする熱量や仕事を積分することによって，その状態の熱力学量を決定できる．ただし，状態方程式は簡単な形で表せないので，通常は実測値を整理した蒸気表を参照して値を求める．

　化学反応を扱う場合には，標準状態にある元素を基準とする．これらの元素は，0℃，0.1 MPa のエンタルピーとギブズ自由エネルギーが 0 J/kg であると決められる．ただし，エントロピーは 0 K の場合のエントロピーを 0 J/K として測定した値を用いる．

　化合物の場合には，その物質を 0℃，0.1 MPa の条件で安定な元素から反応させて生成した場合に出入りする熱量からその物質のエンタルピーを決定する．また，その物質を 0 K から 0℃（273.15 K）まで昇温する時の定圧比熱 C_P の変化からエントロピー $S°$ を決定する．この温度範囲で相変化がなければ，

$$S° = \int_0^{273.15 \text{K}} \frac{C_P}{T} dT \tag{10.28}$$

であり，相変化がある場合には相変化に伴うエントロピー変化を考慮する．これらの値からとギブズ自由エネルギーが決定できる．こうして決められた値を，それぞれ**標準生成エンタルピー**（standard enthalpy of formation），**標準エントロピー**（standard entropy），**標準生成ギブズ自由エネルギー**（standard Gibbs free energy of formation）と呼ぶ．化学反応を扱うので，これらの値は通常 1 mol 当たりの値を使う．実際には，化学便覧に各物質の標準生成エンタルピー，標準エントロピー，標準ギブズ自由エネルギーが与えられている．

10.5　開いた系への展開

　開いた系についても同様に考えることができる．ただし，閉じた系では反応などによって系の物質量が変化すると考えたが，開いた系では物質量が変化するのは反応などだけではなく，系外からの物質の流入によることもある．いずれにしても，物質量が微少量 dn_i 変化した時には，これまで述べた式に従って熱力学関数が変化する．

[まとめ]
・混合，相変化，化学反応などを考える場合には，物質の種類による熱力学量の変化を考える必要があり，これを表すために化学ポテンシャルを考える．
・複数の成分から成る系の示量性変数は，各成分の示量性変数の和でよく近似される．
・熱力学量は基準によって値が変化する．一般の気体では標準状態を，水蒸気では三重

点の水を，化学反応を扱う場合には標準状態で安定な元素の単体を基準にすることが多い．

演習問題

10.1 水 1 mol から成る系に熱を加えて水蒸気 1 mol から成る系に変化させた．この変化に伴って，40 kJ の熱が吸収され，2 kJ の仕事が取り出されたとすると，系の内部エネルギーはどれだけ増加したか．

10.2 炭酸カルシウム 1 mol から成る系に熱を加えて酸化カルシウム 1 mol と二酸化炭素 1 mol から成る系に変化させた．この変化に伴って，120 kJ の熱が吸収され，2 kJ の仕事が取り出されたとすると，系の内部エネルギーはどれだけ増加したか．

10.3 ある温度圧力で，水素 1 mol のエンタルピーは 0 kJ，一酸化炭素 1 mol のエンタルピーは -111 kJ である．同じ温度圧力で水素 1 mol と一酸化炭素 1 mol から成る混合気体のエンタルピーはいくらと計算できるか．

10.4 100 ℃，0.1 MPa の水 1 mol のエンタルピーは，次のそれぞれの場合にいくらとなるか．ただし，水の比熱は 72 J/(mol K)，水の蒸発潜熱は 46 kJ/mol，水素と酸素から水ができる反応熱を 286 kJ/mol の発熱とする．
 (1) 25 ℃，0.1 MPa の水を基準とする場合
 (2) 三重点の水を基準とする場合
 (3) 標準状態で安定な元素を基準とする場合

参考文献

松村幸彦「2. 化学平衡論——化学熱力学」，『基礎から理解する化学 4 化学工学』，みみずく舎，2012.

Chapter 11

自発的状態変化と平衡状態

[目標・目的]　この章では，自発的な変化が進行する様子を説明し，平衡状態がどのように表されるかを議論する．

11.1　自発的な状態変化とエントロピー

熱や仕事が出入りしない孤立系について考える．この場合，どんな状態の変化があってもエントロピーの変化は第4章で見たとおり

$$dS \geq 0 \tag{4.32 再}$$

となる．いくつかの**自発的な変化**（spontaneous change）についてこれを確認しておこう．

なお，実際に自発的な変化が起きるかどうかは熱力学だけではわからない．例えば，圧力が高い部分と低い部分がピストンで仕切られていても，ピストンが壁にピンで固定されていたら移動できない．この固定しているピンを外すことは熱力学的な仕事を加えることなくできるが，外した瞬間にピストンは高圧側に押されて低圧側に移動する．

11.2　自発的な温度変化

まず，孤立系の中に温度分布がある場合を考えよう．温度分布がある場合，高温部分から低温部分に熱が移動するのが自発的な変化である．簡単のために，図 11.1 に示す高い温度 T_H の均一な部分と低い温度 T_L の均一な部分から成る系を考える．この系の外部とは熱のやり取りがない．微小な熱

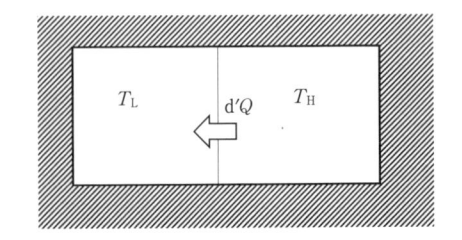

図 11.1　孤立系の中の温度分布

11.2 自発的な温度変化

$d'Q>0$ が温度 T_H の部分から温度 T_L の部分に移動した場合，温度が高い部分のエントロピーは

$$dS_H = \frac{d'Q}{T_H} \tag{11.1}$$

だけ減少する．逆に，温度が低い部分のエントロピーは

$$dS_L = \frac{d'Q}{T_L} \tag{11.2}$$

だけ増加する．孤立系の中の全体のエントロピー変化は，

$$dS = -\frac{d'Q}{T_H} + \frac{d'Q}{T_L} = \left(\frac{1}{T_L} - \frac{1}{T_H}\right) d'Q = \frac{(T_H - T_L)}{T_H T_L} d'Q > 0 \tag{11.3}$$

となり，増加している．

　微小量の熱の移動ではそれぞれの部分の温度は変化しないが，有限量の熱の移動があれば高温の部分の温度は下がり，低温の部分の温度は上がってくる．これに伴って系全体のエントロピーも変化するが，自発的な変化は系のエントロピーがこれ以上増えることができない点まで進む．これが熱平衡状態である．この状態では，熱量 Q に対するエントロピー S の変化率がゼロとなるので，

$$dS = 0 \tag{11.4}$$

であり，

$$\frac{(T_H - T_L)}{T_H T_L} d'Q = 0 \tag{11.5}$$

から $T_H = T_L$ となることがわかる．

　特に熱容量が一定の場合には，高温の部分の熱容量を C_H，最初の温度を T_{H0}，低温の部分の熱容量を C_L，最初の温度を T_{L0}，とすれば，熱量 Q の移動によって，高温の部分の温度は $T_{H0} - Q/C_H$，低温の部分の温度は $T_{L0} - Q/C_L$ となる．このときのエントロピーの変化は，$d'Q = -C_H dT_H = C_L dT_L$ なので

$$\begin{aligned}
\Delta S &= -\int_{T_{H0}}^{T_{H0} - \frac{Q}{C_H}} -\frac{C_H}{T_H} dT_H + \int_{T_{L0}}^{T_{L0} + \frac{Q}{C_L}} \frac{C_L}{T_L} dT_L \\
&= C_H \ln \frac{T_{H0} - \frac{Q}{C_H}}{T_{H0}} + C_L \ln \frac{T_{L0} + \frac{Q}{C_L}}{T_{L0}} \\
&= C_H \ln\left(1 - \frac{Q}{C_H T_{H0}}\right) + C_L \ln\left(1 + \frac{Q}{C_L T_{L0}}\right)
\end{aligned} \tag{11.6}$$

となる．これを移動した熱量 Q についてプロットすると図 11.2 のようになり，エントロピー変化が最大となる点まで変化が起きることになる．

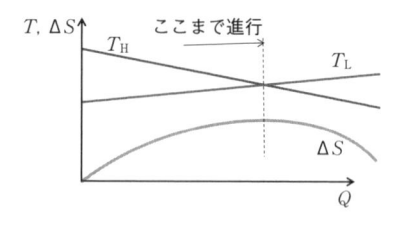

図11.2 温度分布のある孤立系における熱の移動の影響

> **しっかり議論 11.1** 式 (11.6) を導出する議論では，厳密には2つの部分系を仕切っている壁は熱を非常にゆっくりとしか通さず，かつ壁は，その内部エネルギーやエントロピーを無視できるくらい十分小さいことが求められる．両方の部分系の温度が定義できる必要があり，また，壁の影響は無視できる必要がある．

11.3 自発的な圧力変化

次に，圧力分布がある孤立系を考えよう．圧力分布がある場合，高圧部分から低圧部分に仕事が移動するのが自発的な変化である．簡単のために，図11.3 に示す高い圧力 P_H の均一な部分と低い圧力 P_L の均一な部分から成る，均一な温度 T の系の変化を考える．この系の外部とは仕事のやり取り

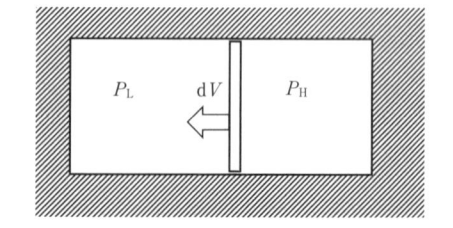

図11.3 孤立系の中の圧力温度分布

がない．よって系全体の体積は一定である．圧力 P_H の部分の体積が dV だけ増加すると，圧力 P_L の部分の体積が dV だけ減少する．

ここで，この変化に伴うエントロピー変化を計算するために，同じ状態を可逆的に作った場合を考える．高圧側で可逆的に体積が dV だけ増加した場合には，$dU = TdS - PdV$ から，

$$dS = \frac{dU + PdV}{T} \tag{11.7}$$

なので，

$$dS_H = \frac{dU_H + P_H dV}{T} \tag{11.8}$$

だけのエントロピーの変化があったことがわかる．低圧側についても同様に考えれば，

$$dS_L = \frac{dU_L - P_L dV}{T} \tag{11.9}$$

だけのエントロピーの変化があったことがわかる．よって，この不可逆変化にともなう孤立系の中の全体のエントロピー変化は，

$$dS = \frac{dU_H + P_H dV}{T} + \frac{dU_L - P_L dV}{T} = \frac{dU_H + dU_L}{T} + \frac{P_H - P_L}{T} dV \tag{11.10}$$

となる．系の外からエネルギーが供給されていないので，系全体の内部エネルギーは一定で，

$$dU = dU_H + dU_L = 0 \tag{11.11}$$

なので，

$$dS = \frac{P_H - P_L}{T} dV > 0 \tag{11.12}$$

のエントロピーの増加があることがわかる．

微小量の体積の変化ではそれぞれの部分の圧力は変化しないが，有限量の体積変化があれば高圧の部分の圧力は下がり，低圧の部分の圧力は上がってくる．これに伴って系全体のエントロピーも変化するが，自発的な変化は系のエントロピーがこれ以上増えることができない点まで進む．これが圧力平衡状態である．この状態では，体積変化に対するエントロピーの変化率がゼロとなるので，

$$dS = 0 \tag{11.13}$$

であり，

$$\frac{P_H - P_L}{T} dV = 0 \tag{11.14}$$

から $P_H = P_L$ となることがわかる．

11.4 自発的な物質の変化

さらに，化学ポテンシャルの分布がある場合を考えよう．系中の物質量が微少量変化した時，それに伴って系のギブズ自由エネルギーがどれだけ微少変化するかを表すのが化学ポテンシャルであるが，たとえば，気体 A と気体 B からなる混合気体では，気体 A の濃度とともに気体 A の化学ポテンシャルは変化する．

しっかり議論 11.2 不可逆変化に伴うエントロピー変化は，同じ最終状態を可逆的に実現したとして考えればよい．本文の議論で $dU = TdS - PdV$ が成立するのは可逆の場合だけだが，エントロピーは状態量なので同じ状態であれば同じエントロピーの値となり，状態の変化に伴うエントロピーの変化を求めることができる．

ここで，気体Aと気体Bが含まれる，温度，圧力が均一の孤立系があり，気体Aの化学ポテンシャルが高い部分と気体Aの化学ポテンシャルが低い部分があるとする．化学ポテンシャル分布がある場合，化学ポテンシャルが高い部分から化学ポテンシャルが低い部分に物質が移動するのが自発的な変化である．簡単のために，図11.4に示すような高い化学ポテンシャル μ_{AH} の部分と低い化学ポテンシャル μ_{AL} の体積一定の部分から成る系を考える．一般的に圧力が均一であればAの量が少ない方がBの量は多いので，Aの化学ポテンシャルが高い部分では相対的にBの化学ポテンシャルは低い．よって μ_{AH} の部分のBの化学ポテンシャル μ_{BL} は，μ_{AL} の部分の化学ポテンシャル μ_{BH} より低い．この系の外部とは物質のやり取りがない．よって系全体の物質量は一定である．隔壁の小さな穴から化学ポテンシャル μ_{AH} の部分から物質Aが微小量が dn_A だけ出ていくと，通常，物質Bが微少量入り込んでくる．この量を dn_B とする．

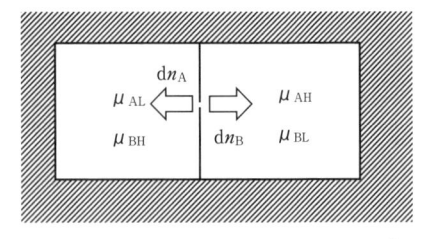

図11.4 孤立系の中の化学ポテンシャル分布

　ここで，この変化に伴うエントロピー変化を計算するために，同じ状態を可逆的に作った場合を考える．Aの化学ポテンシャルが高い部分で可逆的に物質Aが dn_A だけ出ていき，物質Bが微少量 dn_B だけ入り込んでくる場合には，式(10.10) を適用して

$$dU = TdS - PdV - \mu_{AH}dn_A + \mu_{BL}dn_B \tag{11.15}$$

から，

$$dS_{AH} = \frac{dU_{AH} + PdV_{AH} + \mu_{AH}dn_A - \mu_{BL}dn_B}{T} \tag{11.16}$$

であり，Aの化学ポテンシャル μ_{AH} の部分の体積が一定（$dV_{AH}=0$）なので，この部分では

$$dS_{AH} = \frac{dU_{AH} + \mu_{AH}dn_A - \mu_{BL}dn_B}{T} \tag{11.17}$$

だけのエントロピーの変化があったことがわかる．

　同様に，Aの化学ポテンシャルが μ_{AL} の部分のエントロピーは

$$dS_{AL} = \frac{dU_{AL} - \mu_{AL}dn_A + \mu_{BH}dn_B}{T} \tag{11.18}$$

だけ変化する．孤立系の中の全体のエントロピー変化は，

$$dS = \frac{dU_{AH} + \mu_{AH}dn_A - \mu_{BL}dn_B}{T} + \frac{dU_{AL} - \mu_{AL}dn_A + \mu_{BH}dn_B}{T}$$

$$= \frac{dU_{AH} + dU_{AL}}{T} + \frac{\mu_{AH} - \mu_{AL}}{T}dn_A + \frac{\mu_{BH} - \mu_{BL}}{T}dn_B \quad (11.19)$$

となる．系の外からエネルギーが供給されていないので系全体の内部エネルギーは一定で，

$$dU = dU_{AH} + dU_{AL} = 0 \quad (11.20)$$

である．よって

$$dS = \frac{\mu_{AH} - \mu_{AL}}{T}dn_A + \frac{\mu_{BH} - \mu_{BL}}{T}dn_B > 0 \quad (11.21)$$

のエントロピーの増加があることがわかる．

微小量の物質量の変化ではそれぞれの部分の化学ポテンシャルは変化しないが，有限量の物質の移動があれば化学ポテンシャルが高い部分の化学ポテンシャルは下がり，化学ポテンシャルが低い部分の化学ポテンシャルは上がってくる．これに伴って系全体のエントロピーも変化するが，自発的な変化は系のエントロピーがこれ以上増えることができない点まで進む．これが組成平衡状態である．この状態では，物質移動量に対するエントロピー S の変化率がゼロとなるので，

$$dS = 0 \quad (11.22)$$

であり，

$$\frac{\mu_{AH} - \mu_{AL}}{T}dn_A + \frac{\mu_{BH} - \mu_{BL}}{T}dn_B = 0 \quad (11.23)$$

から $\mu_{AH} = \mu_{AL}$, $\mu_{BH} = \mu_{BL}$ となることがわかる．

11.5　定温定積の閉じた系の平衡

定温・定積の閉じた系について考える．この場合，任意の場合について成立する熱力学第1法則（2.3）式から得られる式

$$d'Q = dU + PdV \quad (11.24)$$

を定温定積の変化について表記すると

$$d'Q = (dU + PdV)_{T,V} = (dU)_{T,V} + (PdV)_{T,V} = (dU)_{T,V} \quad (11.25)$$

となる．体積が一定であることから $(PdV)_{T,V} = 0$ に注意する．また，任意の場合

しっかり議論 11.3　物質は化学ポテンシャルの高いところから低いところへ移動，あるいは化学ポテンシャルの高い状態から低い状態へ変化する傾向がある．このため，化学ポテンシャルを，系内の物質量を減らせる推進力，と考えることもできる．

について成立する熱力学第2法則

$$dS \geq \frac{d'Q}{T} \tag{4.27 再}$$

を定温定積の変化について表記すると

$$(dS)_{T,V} \geq \frac{d'Q}{T} \tag{11.26}$$

より

$$T(dS)_{T,V} \geq d'Q \tag{11.27}$$

が得られる．式（11.25）と式（11.27）から

$$T(dS)_{T,V} \geq (dU)_{T,V} \tag{11.28}$$

$$(dU)_{T,V} - T(dS)_{T,V} \leq 0 \tag{11.29}$$

となる．ここで，温度一定の時には $S(dT)_{T,V}=0$ であることを考えて，

$$(dU)_{T,V} - T(dS)_{T,V} - S(dT)_{T,V} \leq 0 \tag{11.30}$$

とすれば，

$$(dU - TdS - SdT)_{T,V} \leq 0 \tag{11.31}$$

$$[d(U - TS)]_{T,V} = (dF)_{T,V} \leq 0 \tag{11.32}$$

が得られる．等号は可逆変化の場合に成立するので，定温定積の不可逆な変化であればヘルムホルツ自由エネルギーは減少することがわかる．また，その変化が行き着くところまで行った状態が平衡状態なので，定温定積の平衡状態ではヘルムホルツ自由エネルギーは最小となる．このことは，定温定積の閉じた系における化学的な平衡組成を計算するのによく用いられる．

11.6 定温定圧の閉じた系の平衡

定温・定圧の閉じた系について考える．この場合，準静的過程であれば任意の場合について成立する熱力学第1法則の変形

$$d'Q = dH - VdP \tag{2.11 再}$$

を定温定圧の変化について表記すると

しっかり議論11.4 微小変化の間に一定に保つ熱力学量を，微小変化の記号の右下に添え字で示す．これがないものは任意の微小変化を表す．第1部では，均一な単一物質から成る系を扱ったので，自変状態変数（ある熱平衡状態を指定するための独立変数）の数は2であり，変化が起きる時には，1つの添え字であったが，第2部では物質の種類が複数になるので添え字の数は2つ以上になる．

11.6 定温定圧の閉じた系の平衡

$$d'Q = (dH - VdP)_{T,P} = (dH)_{T,P} - (VdP)_{T,P} = (dH)_{T,P} \tag{11.33}$$

となる．圧力が一定であることから $(VdP)_{T,P}=0$ に注意する．よって，$(dH)_{T,P}=d'Q$ が得られる．また，任意の場合について成立する熱力学第2法則

$$dS \geq \frac{d'Q}{T} \tag{4.27 再}$$

を定温定圧の変化について表記すると

$$(dS)_{T,P} \geq \frac{d'Q}{T} \tag{11.34}$$

である．よって

$$T(dS)_{T,P} \geq d'Q \tag{11.35}$$

が得られる．式 (11.33) と式 (11.35) から

$$T(dS)_{T,P} \geq (dH)_{T,P} \tag{11.36}$$

$$(dH)_{T,P} - T(dS)_{T,P} \leq 0 \tag{11.37}$$

となる．ここで，温度一定の時には $S(dT)_{T,V}=0$ であることを考えて，

$$(dH)_{T,P} - T(dS)_{T,P} - S(dT)_{T,P} \leq 0 \tag{11.38}$$

とすれば，

$$(dH - TdS - SdT)_{T,P} \leq 0 \tag{11.39}$$

$$[d(H - TS)]_{T,P} = (dG)_{T,P} \leq 0 \tag{11.40}$$

が得られる．等号は可逆変化の場合に成立するので，定温定圧の不可逆な変化であればギブス自由エネルギーは減少することがわかる．また，その変化が行き着くところまで行った状態が平衡状態なので，定温定圧の平衡状態ではギブス自由エネルギーは最小となる．このことは，定温定圧の閉じた系における化学的な平衡組成を計算するのによく用いられる．

[まとめ]

- 孤立系で自発的な変化が最後まで進行した場合，温度，圧力，化学ポテンシャルが均一になる．ただし，実際に自発的な変化が進行するかどうかは熱力学だけではわからない．
- 自発的な変化が進行できるところまで進行した状態が平衡状態である．
- 閉じた系における平衡状態は，体積と温度が一定の場合にはヘルムホルツ自由エネルギーが最小になる状態として，圧力と温度が一定の場合にはギブス自由エネルギーが最小になる状態として与えられる．

しっかり議論 11.5　自発的な変化で温度や圧力が均一になることについて，厳密には，「内部束縛を持たない孤立系で自発的な変化が最後まで進行した場合，温度，圧力，化学ポテンシャル，すなわち示強性状態量が全て均一になる．」と表される．内部束縛があれば，各部分系での平衡は成立しても，系全体が均一にはならない．

演習問題

11.1　断熱，密閉した箱の中に入れておいた氷が微小量 dn だけ溶ける時のエントロピー変化を求めよ．ただし，氷の化学ポテンシャルを μ_{ice}，水の化学ポテンシャルを μ_{liq} として，この時の温度を T とする．

11.2　断熱，密閉した箱の中で，炭酸カルシウムが微小量 dn だけ分解して酸化カルシウムと二酸化炭素がそれぞれ dn だけ以下の式に従って生成した．この時のエントロピー変化を求めよ．ただし，炭酸カルシウム，酸化カルシウム，二酸化炭素の化学ポテンシャルを，それぞれ，μ_{CaCO_3}，μ_{CaO}，μ_{CO_2} として，この時の温度を T とする．

$$CaCO_3 \rightarrow CaO + CO_2$$

11.3　20℃の水 30 g と 40℃の水 60 g を混ぜたところ，温度平衡状態となった．この時，以下の問いに答えよ．ただし，外部との熱のやり取りはないものとする．
(1) 平衡状態で水の温度は何℃か．
(2) この変化に伴うエントロピー変化はいくらか．

11.4　密閉した内容積の変わらないシリンダーの中にピストンがあり，その両側に理想気体が入っている．一方の理想気体 A は 1 MPa で，その体積は 20 cm³，他方の理想気体 B は 0.2 MPa で，その体積は 50 cm³ である．ピストンが自由に動けるようにし，平衡状態を実現した時，以下の問いに答えよ．ただし，ピストンは摩擦なく動き，その体積は変わらない．また，温度はどこも常に 300 K 一定とする．
(1) 平衡状態で理想気体 A，B の体積と圧力はいくらか．
(2) この変化に伴う理想気体 A，B のエントロピー変化はいくらか．

参考文献

小宮山宏『入門熱力学』，培風館，1996．
山口 喬『入門化学熱力学』，培風館，1981．

Chapter 12

多成分の理想気体

[目標・目的]　この章では，多成分が混合する理想気体の熱力学状態量や熱物性値をどのように扱うかについて，理解を深める．また湿り気体の湿度と性質について学ぶ．

12.1　混合気体の圧力と平均モル質量

　熱力学的に変化する理想気体の現象は，単一成分に限らず，いくつかの成分が混合した多成分系であることが多い．例えば，空気は主に窒素と酸素から成る混合気体であり，内燃機関で一般に対象となる燃焼ガスは，燃料の燃焼により生成する二酸化炭素と水蒸気に加え，もともと空気に含まれていた窒素と余剰酸素を主成分とした多成分系の気体である．本節では，まず多成分理想気体の圧力と平均モル質量の概念について解説する．

　図12.1に示すような N 室に仕切られた断熱容器に，それぞれ異なる理想気体が充填されているとする．ここでは簡単のためにすべての室内の圧力 P と温度 T は等しいとする．この時，各室内では次式のような状態方程式が成立する．

$$PV_i = n_i R_0 T = \frac{M_i}{M_{mi}} R_0 T \tag{12.1}$$

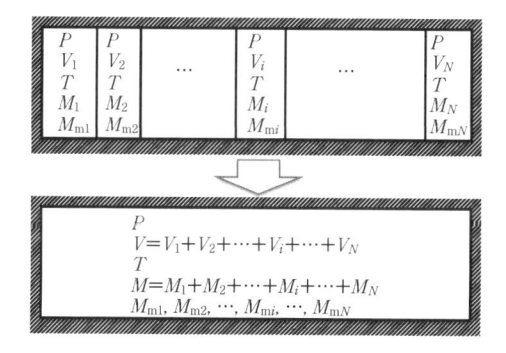

図12.1　多成分理想気体の混合

ここで，V_i, n_i, M_i, M_{mi} はそれぞれ i 成分気体の体積，物質量，質量，モル質量である．この状態からすべての仕切りを取り除くと，各成分の気体分子は拡散，混合しつつ膨張することになる．しかしこのような過程では，容器全体が断熱され容器体積も一定であることから，外界との熱および仕事の出入りはなく，内部エネルギーおよびエンタルピーともに混合前後での変化はゼロとなる．ただし，ここでは混合による反応や相互作用は生じないものとする．したがって，完全混合して新たな平衡状態に達したときの温度ははじめの状態と等しい．混合の後，各成分に対する状態方程式は次式が成立すると考える．

$$P_i V = n_i R_0 T = \frac{M_i}{M_{mi}} R_0 T \tag{12.2}$$

ここで，V は次式で表される全体積である．

$$V = \sum_{i=1}^{N} V_i \tag{12.3}$$

また，P_i は i 成分の分圧で，式 (12.1) と式 (12.2) の比から次式が得られる．

$$P_i = P V_i / V \tag{12.4}$$

すべての成分について式 (12.2) の和をとり，式 (12.1) を代入すると，

$$\sum_{i=1}^{N} P_i V = \sum_{i=1}^{N} n_i R_0 T = \sum_{i=1}^{N} \frac{M_i}{M_{mi}} R_0 T = \sum_{i=1}^{N} P V_i = PV \tag{12.5}$$

このことからわかるように，混合気体の全圧 P_t は，各成分の分圧の和となる．これを**ドルトンの法則**（Dalton's law）という．また，P_t ははじめの圧力 P と等しくなる．

$$P_t = \sum_{i=1}^{N} P_i = P \tag{12.6}$$

式 (12.5) に**平均モル質量** $\overline{M}_m$（average molar mass）の概念を導入すると，多成分系の状態方程式は単成分系のように表記することができる．

$$PV = nR_0 T = \frac{M}{\overline{M}_m} R_0 T \tag{12.7}$$

ただし，n と M は次式で与えられる全物質量と全質量である．

$$n = \sum_{i=1}^{N} n_i = \sum_{i=1}^{N} \frac{M_i}{M_{mi}} \tag{12.8}$$

$$M = \sum_{i=1}^{N} M_i \tag{12.9}$$

よって，平均モル質量 $\overline{M}_m$ は，質量分率 $m_i = M_i / M$ を用いて次式で与えられる．

$$\overline{M}_m = \frac{M}{n} = \frac{1}{\sum_{i=1}^{N} \frac{m_i}{M_{mi}}} \tag{12.10}$$

平均モル質量 $\overline{M}_m$ は，$n_{mi}=n_i/n$ で定義される各成分のモル分率とモル質量から，次式のように求めることもできる．

$$\overline{M}_m = \sum_{i=1}^{N} M_{mi} n_{mi} \tag{12.11}$$

混合気体単位質量当たりの気体定数 R を次式で定義すると，

$$R = \frac{R_0}{\overline{M}_m} = \sum_{i=1}^{N} R_0 \frac{m_i}{M_{mi}} = \sum_{i=1}^{N} R_i m_i \tag{12.12}$$

ここで，$R_i = R_0/M_{mi}$ は成分 i の気体定数である．状態方程式は，式（12.7）を変形して，単一成分と同様に次式で表すことができる．

$$PV = MRT \tag{12.13}$$

[**例題 1**] 式（12.11）を誘導せよ．
  解） 式（12.10）を書き換えると，

$$\overline{M}_m = \frac{M}{n} = \frac{\sum_{i=1}^{N} M_i}{n} = \frac{\sum_{i=1}^{N} M_{mi} n_i}{n} = \sum_{i=1}^{N} M_{mi} \frac{n_i}{n} = \sum_{i=1}^{N} M_{mi} n_{mi}$$

[**例題 2**] 空気の平均モル質量を求めよ．
  解） 空気は体積比で窒素 79%，酸素 21% の混合気体として扱うことができるから，モル分率もそれぞれ 0.79 および 0.21 となる．それぞれのモル質量は 28×10^{-3} kg/mol および 32×10^{-3} kg/mol であるから，これらの値を式（12.11）へ代入すると，

$$\overline{M}_m = (28 \times 10^{-3})(0.79) + (32 \times 10^{-3})(0.21) = 28.8 \times 10^{-3} \text{ kg/mol}$$

12.2 混合気体のエネルギーと平均比熱

図 12.1 の議論から混合気体の内部エネルギーは，同一温度の各成分気体の内部エネルギーの和に等しい．また，エンタルピーも同様である．このことはすなわち，混合気体を ΔT だけ昇温させるのに必要な熱量は，各成分気体を同じ温度だけ上昇するのに必要な熱量の和に等しいことになる．混合気体が定積または定圧のもとで温度変化する時の熱をそれぞれ Q_V，Q_P とすると，これらは各成分の比熱を用いて，式（12.14），（12.15）のようになる．なお，本章での計算は定積比熱一定の理想気体を仮定して行う．

$$Q_V = \Delta U = \sum_{i=1}^{N} \Delta U_i = \sum_{i=1}^{N} C_{mVi} n_i \Delta T = \sum_{i=1}^{N} c_{Vi} M_i \Delta T \tag{12.14}$$

> **しっかり議論 12.1** 混合気体の全圧は，流体力学の「よどみ点圧」とはまったく別の概念である．混同しないように注意すること．

$$Q_P = \Delta H = \sum_{i=1}^{N} \Delta H_i = \sum_{i=1}^{N} C_{mPi} n_i \Delta T = \sum_{i=1}^{N} c_{Pi} M_i \Delta T \tag{12.15}$$

混合気体の平均モル比熱 $\overline{C}_m$ は，定積モル比熱について

$$\overline{C}_{mV} n = \sum_{i=1}^{N} C_{mVi} n_i \tag{12.16}$$

より

$$\overline{C}_{mV} = \sum_{i=1}^{N} C_{mVi} n_{mi} \tag{12.17}$$

であり，同様に定圧モル比熱について

$$\overline{C}_{mP} n = \sum_{i=1}^{N} C_{mPi} n_i \tag{12.18}$$

より

$$\overline{C}_{mP} = \sum_{i=1}^{N} C_{mPi} n_{mi} \tag{12.19}$$

である．一方，単位質量当たりの平均比熱は，定積比熱について

$$\overline{c}_V M = \sum_{i=1}^{N} c_{Vi} M_i \tag{12.20}$$

より

$$\overline{c}_V = \sum_{i=1}^{N} c_{Vi} m_i \tag{12.21}$$

として，定圧比熱について

$$\overline{c}_P M = \sum_{i=1}^{N} c_{Pi} M_i \tag{12.22}$$

より

$$\overline{c}_P = \sum_{i=1}^{N} c_{Pi} m_i \tag{12.23}$$

として定義できる．

[例題 3] 多成分の理想気体についても，マイヤーの関係が成立することを示せ．

解 式 (12.23) から式 (12.21) を引いて，式 (12.12) を代入すると次式が得られる．

$$\overline{c}_P - \overline{c}_V = \sum_{i=1}^{N} c_{Pi} m_i - \sum_{i=1}^{N} c_{Vi} m_i = \sum_{i=1}^{N} (c_{Pi} - c_{Vi}) m_i = \sum_{i=1}^{N} R_i m_i = R$$

12.3 その他の状態量

各成分の理想気体の内部エネルギーやエンタルピーの和は，反応が生じなければ混合後も変化しない．しかし，エントロピーや自由エネルギーは気体混合によ

り変化する．温度一定での理想気体のエントロピー変化は，内部エネルギーが変化しないので，

$$dS = \frac{dU}{T} + \frac{PdV}{T} = \frac{PdV}{T} \tag{12.24}$$

となる．図 12.1 のように成分 i の混合では，等温で V_i から V まで体積変化するため，式（12.24）に状態方程式を代入して積分すると，

$$\Delta S_i = \int_{V_i \to V} dS_i = \int_{V_i}^{V} \frac{PdV_i}{T} = \int_{V_i}^{V} n_i R_0 \frac{dV_i}{V_i} = n_i R_0 \ln \frac{V}{V_i} = M_i R_i \ln \frac{V}{V_i} \tag{12.25}$$

となるから，全成分に対しては式（12.25）の和となる．

$$\Delta S = \sum_{i=1}^{N} \Delta S_i = \sum_{i=1}^{N} n_i R_0 \ln \frac{V}{V_i} = \sum_{i=1}^{N} M_i R_i \ln \frac{V}{V_i} \tag{12.26}$$

混合前後での体積は一般に $V > V_i$ であるから，式（12.26）は正値となり，混合によってエントロピーは増大することになる．R_i は i 成分の気体定数である．

混合前後でエンタルピー変化はないので，ギブズ自由エネルギー変化 ΔG は，

$$\Delta G = \Delta H - T\Delta S = -\sum_{i=1}^{N} n_i R_0 T \ln \frac{V}{V_i} = -\sum_{i=1}^{N} M_i R_i T \ln \frac{V}{V_i} = -\sum_{i=1}^{N} PV_i \ln \frac{V}{V_i} \tag{12.27}$$

で求められ，負の値となる．すなわち，多成分気体の混合はギブズ自由エネルギーが減少し，自発的に進行する不可逆過程である．

［例題 4］　大気圧，300 K の窒素と酸素をそれぞれ $0.79\ \mathrm{m^3}$ と $0.21\ \mathrm{m^3}$ で混合して，同一温度の大気圧空気を作る時，ギブズ自由エネルギー変化量を求めよ．

　解）　式（12.27）に与えられた条件を代入すると，

$$\Delta G = -(101.3 \times 10^3)\left\{(0.79)\ln\frac{1}{0.79} + (0.21)\ln\frac{1}{0.21}\right\} = -52.1 \times 10^3\ \mathrm{J}$$

しっかり議論 12.2　　各成分の混合前の温度と圧力も異なる場合には，混合後の温度は，

$$T = \frac{\sum_{i=1}^{N} M_i c_{vi} T_i}{\sum_{i=1}^{N} M_i c_{vi}} = \frac{\sum_{i=1}^{N} P_i V_i \frac{c_{vi}}{R_i}}{\sum_{i=1}^{N} \frac{P_i V_i}{T_i} \frac{c_{vi}}{R_i}} = \frac{\sum_{i=1}^{N} \frac{P_i V_i}{\kappa_i - 1}}{\sum_{i=1}^{N} \frac{P_i V_i}{T_i(\kappa_i - 1)}}$$

となる．また，混合後の各成分の分圧は $P_i(V_i/V)(T/T_i)$ になるため，全圧 P は，次式で与えられる．

$$P = \sum_{i=1}^{N} P_i \frac{V_i}{V} \frac{T}{T_i} = \frac{T}{V} \sum_{i=1}^{N} M_i R_i = \frac{T}{V} \sum_{i=1}^{N} n_i R_0 = \frac{nR_0 T}{V}$$

しっかり議論 12.3 多成分系理想気体の主な熱力学量を各成分から求めるための関係式をまとめて示しておく．ただし，u は比内部エネルギー，h は比エンタルピーである．

$$M = \sum_{i=1}^{N} M_i, \quad n = \sum_{i=1}^{N} n_i = \sum_{i=1}^{N} M_i/M_{mi}, \quad m_i = M_i/M, \quad n_{mi} = n_i/n$$

$$R = \sum_{i=1}^{N} m_i R_i = \sum_{i=1}^{N} m_i R_0/M_{mi}, \quad \overline{M}_m = \sum_{i=1}^{N} n_{mi} M_{mi} = 1 \bigg/ \sum_{i=1}^{N} m_i/M_{mi}$$

$$u = U/M = \sum_{i=1}^{N} m_i u_i = \sum_{i=1}^{N} m_i U_i/M_i, \quad h = H/M = \sum_{i=1}^{N} m_i h_i = \sum_{i=1}^{N} m_i H_i/M_i$$

$$\overline{C}_{mV} = \sum_{i=1}^{N} C_{mV_i} n_{mi}, \quad \overline{C}_{mP} = \sum_{i=1}^{N} C_{mP_i} n_{mi}, \quad \overline{c}_V = \sum_{i=1}^{N} c_{V_i} m_i, \quad \overline{c}_P = \sum_{i=1}^{N} c_{P_i} m_i$$

12.4 湿り気体

12.4.1 湿度

水蒸気を含む気体を**湿り気体**（wet gas），水蒸気を含まない気体は**乾き気体**（dry gas）ということがある．一定温度で空気中に存在できる水蒸気の濃度には限界があり，その限界以上に水蒸気濃度を上げようとすると液体の水が発生する．限界まで水蒸気を含んだ空気を**飽和空気**（saturated air）と呼ぶ．また，飽和空気の中の水蒸気の分圧を**飽和水蒸気圧**（saturation water vapor pressure）と呼ぶ．

湿り気体中に含まれる水蒸気量を表す**湿度**（humidity）は，空調，乾燥，燃焼などの数多くの熱的操作で重要になる．この湿度には，以下に示す種々の定義がある．

水蒸気分圧（vapor partial pressure）は湿り気体中の水蒸気の分圧である．

$$P_w = n_{mw} P \quad [\text{Pa}] \tag{12.28}$$

で表される．

水蒸気濃度（vapor concentration）は湿り気体単位体積当たりの水蒸気質量である．水蒸気質量 M_w，湿り気体体積 V，水蒸気モル質量 M_{mw}，水蒸気分圧 P_w，温度 T とすると，

$$C_w = \frac{M_w}{V} = \frac{P_w M_{mw}}{R_0 T} \quad [\text{kg-水蒸気}/\text{m}^3\text{-湿り気体}] \tag{12.29}$$

で表される．

水蒸気モル濃度（vapor molar concentration）は湿り気体単位体積当たりの水蒸気物質量である．水蒸気物質量を n_w とすると，

12.4 湿り気体

$$C_{\mathrm{mw}} = \frac{n_{\mathrm{w}}}{V} = \frac{P_{\mathrm{w}}}{R_0 T} \quad [\mathrm{mol}\text{-水蒸気}/\mathrm{m}^3\text{-湿り気体}] \tag{12.30}$$

で表される.

水蒸気体積分率(vapor volume fraction)は湿り気体体積に対する水蒸気体積比である.水蒸気体積を V_{w},全圧を P とすると,

$$f_{V\mathrm{w}} = V_{\mathrm{w}}/V = P_{\mathrm{w}}/P \quad [\mathrm{m}^3\text{-水蒸気}/\mathrm{m}^3\text{-湿り気体}] \tag{12.31}$$

で表される.

水蒸気モル分率(vapor molar fraction)は湿り気体全物質量に対する水蒸気物質量比である.水蒸気体積分率と等しくなる.乾き気体物質量 n_{d} とすると,

$$n_{\mathrm{mw}} = \frac{n_{\mathrm{w}}}{n_{\mathrm{w}} + n_{\mathrm{d}}} = \frac{P_{\mathrm{w}}}{P} \quad [\mathrm{mol}\text{-水蒸気}/\mathrm{mol}\text{-湿り気体}] \tag{12.32}$$

で表される.

関係湿度(relative humidity,相対湿度とも)は飽和蒸気圧に対する水蒸気分圧である.気象で用いられる大気中の湿度で,飽和水蒸気圧を P_{sat} とすると,

$$\phi = \frac{P_{\mathrm{w}}}{P_{\mathrm{sat}}} \quad [-] \tag{12.33}$$

で表される.

絶対湿度(absolute humidity)は乾き気体質量に対する水蒸気質量である.温度や湿度が変化しても基準値が不変のため,工業操作でよく用いられる.乾き気体のモル質量を M_{md} とすると,

$$H = \frac{M_{\mathrm{mw}}}{M_{\mathrm{md}}} \frac{P_{\mathrm{w}}}{P - P_{\mathrm{w}}} \quad [\mathrm{kg}\text{-水蒸気}/\mathrm{kg}\text{-乾き気体}] \tag{12.34}$$

で表される.

モル湿度(molar humidity)は乾き気体物質量に対する水蒸気物質量比である.

$$H' = \frac{P_{\mathrm{w}}}{P - P_{\mathrm{w}}} = \frac{M_{\mathrm{md}}}{M_{\mathrm{mw}}} H \quad [\mathrm{mol}\text{-水蒸気}/\mathrm{mol}\text{-乾き気体}] \tag{12.35}$$

で表される.

飽和度(degree of saturation)は飽和絶対湿度(飽和空気の絶対湿度)に対する絶対湿度の比である.飽和絶対湿度を H_{sat},飽和モル湿度(飽和空気のモル湿度)を H'_{sat} とすると,

$$\psi = \frac{H}{H_{\mathrm{sat}}} = \frac{H'}{H'_{\mathrm{sat}}} \quad [\ ] \tag{12.36}$$

で表される.なお,関係湿度と飽和度との関係は,次式で表せる.

$$\phi = \frac{H_{\mathrm{sat}} + M_{\mathrm{mw}}/M_{\mathrm{md}}}{H + M_{\mathrm{mw}}/M_{\mathrm{md}}} \psi = \frac{P - P_{\mathrm{w}}}{P - P_{\mathrm{sat}}} \psi \tag{12.37}$$

[例題5] 大気圧下での湿り空気が絶対湿度 0.012 kg-水蒸気/kg-乾き気体のとき,水蒸気分圧を求めよ.

解) 式 (12.30) を P_w について解き,$H=0.012$ kg-水蒸気/kg-乾き空気,$P=101.3\times 10^3$ Pa,$M_{mw}=18\times 10^{-3}$ kg/mol,$M_{md}=28.8\times 10^{-3}$ kg/mol を代入する.
$P_w = PH/(H+M_{mw}/M_{md}) = (101.3\times 10^3)(0.012)/[(0.012)+(18\times 10^{-3})/(28.8\times 10^{-3})]$
$= 1.91\times 10^3$ Pa

12.4.2 湿度図表

湿り気体の湿度および種々の特性値と温度の関係を図示したものを**湿度図表**(humidity chart)という.水蒸気-空気系の湿度図表を図 A8.1 に示す.また,乾き気体質量を基準とした湿り気体の比熱,容積,エンタルピーをそれぞれ,**湿り比熱**(humid specific heat, humid heat capacity),**湿り比体積**(humid specific volume),**湿り比エンタルピー**(humid specific enthalpy)と呼ぶ.以下にこれらの値の定義を示す.なお,本章では定積比熱一定の理想気体を仮定している.

湿り比熱は

$$c_{PH} = c_{Pd} + c_{Pw}H \quad [\text{J/(kg-乾き気体 K)}] \tag{12.38}$$

で表される.湿り比体積は

$$v_H = R_0 \left(\frac{1}{M_{md}} + \frac{H}{M_{mw}} \right) \frac{T}{P} \quad [\text{m}^3\text{-湿り気体/kg-乾き気体}] \tag{12.39}$$

で表される.最後に,湿り比エンタルピーは

$$h_H = c_{PH}(T-T_0) + \gamma_0 H \quad [\text{J/kg-乾き気体}] \tag{12.40}$$

で表される.ここで,c_{PH} [J/(kg-乾き気体 K)] は乾き空気の比熱,c_{PW} [J/(kg-水蒸気 K)] は水蒸気の比熱,T_0 [K] は基準温度,γ_w [J/kg-水] は水の蒸発潜熱である.

温度 T,湿度 H の断熱された系内で水が蒸発すると,蒸発潜熱のために空気の温度が下がり,一方で空気中の絶対湿度が増加していく.最終的に,空気の湿度は**飽和湿度**(saturated humidity)H_{sat} まで増大する.この時のエンタルピー収支は次式で表される.

$$c_{PH}(T-T_{sat}) = \gamma_w(H_{sat}-H) \tag{12.41}$$

この関係を湿度図表の湿度対温度で図示した曲線は**断熱冷却線**(adiabatic cooling line)と呼ばれ,T_{sat} を**断熱飽和温度**(adiabatic saturated temperature)という.

図 12.2 に示すように水滴が気体中に置かれた時,水滴表面から蒸発が生じて蒸発潜熱を失うため水滴の温度は徐々に低下する.一方,水滴が気体温度より低

くなると気体から熱をもらうため，やがて蒸発による冷却と気体からの加熱が等しくなる平衡状態に達する．この時の温度を**湿球温度**（wet bulb temperature）と呼ぶが，この温度は断熱飽和温度とほぼ等しい値となる．また，水滴表面は飽和水蒸気圧に保たれていると考えられている．湿乾温度計ではこの原理から湿度が求められる．すなわち，湿り側の温度を T_{sat}，乾き側の温度は気温 T とみなすことができ，図 A8.1 の湿度図表から

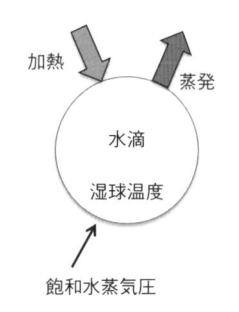

図 12.2 気体中の水滴と湿球温度

T_{sat} に対する関係湿度 100% の時の絶対湿度が H_{sat} となるので，式（12.41）へ各値を代入することにより H を求めることができる．

温度 T，絶対湿度 H の湿り空気を冷却すると，H は一定のままその温度に対する飽和湿度 H_{sat} が低下して，いずれ $H = H_{sat}$ の飽和状態に達する．この時の温度 T_d を**露点**（dew point）という．

[例題 6] 大気圧下で温度 310 K における飽和湿度と飽和水蒸気圧はどれだけか．
解) 湿度図表から，310 K の飽和湿度は 0.042 kg-水蒸気/kg-乾き空気となる．飽和水蒸気圧は，この飽和湿度を用いて例題 5 と同様に求めると，

$P_w = (101.3 \times 10^3)(0.042)/[0.042 + (18 \times 10^{-3})/(28.8 \times 10^{-3})] = 6.38 \times 10^3$ Pa

[まとめ]
・多成分の理想気体は，各成分の分圧，全体積，温度，物質量との間に状態方程式が成立すると考える．
・多成分の理想気体の平均モル質量は，各成分のモル質量をそのモル分率で按分するこ

コラム 12.1 冬季に窓が結露することをよく経験する．これは，窓ガラスの室内側温度が外気で冷やされて，室内の湿度に対する露点温度を下回るためである．すなわち，ガラス表面温度に対する飽和湿度が室内湿度より低くなることから，水蒸気がガラス表面で凝縮され水滴となって付着する．最近のペアガラスは，2 枚のガラス板の間に空気または真空層を設けることにより断熱性を高くしたもので，窓ガラスの外表面が冷えても室内側の温度が露点温度以下にまで低下することがあまりなく，結露を抑制できる．

一方，水で湿らせた物体層や水のシャワーに空気を通気させると，水が蒸発して潜熱相当の顕熱が奪われて温度が低下するため，冷凍機を用いなくても空気や水を冷却することができる．理想的には湿球温度まで冷却が可能である．このような原理を利用したものが，水や空気を冷却するクーリング塔である．

とにより定義でき，比内部エネルギー，比エンタルピー，比熱は，各成分の諸量をその質量比で按分することにより求めることができる．
- 気体の混合は自発的に進行する不可逆過程であり，混合前後でエントロピーは増大，ギブズの自由エネルギーは低下する．
- 湿り気体の湿度および種々の特性値と温度の関係は湿度図表に図示される．
- 断熱的に水を蒸発させて湿度を増すと，断熱飽和温度と飽和湿度に至る．この時の温度は湿球温度とほぼ等しくなる．
- 湿り気体を冷却して温度を低下させると，相対湿度100%に達して，結露が始まる露点となる．

演習問題

12.1 体積比で窒素と酸素がそれぞれ79%，21%の空気について，以下の問に答えよ．気体はいずれも理想気体とする．
 (a) 窒素と酸素のモル分率をそれぞれ求めよ．
 (b) 窒素と酸素の質量比をそれぞれ求めよ．
 (c) 空気の気体定数を求めよ．
 (d) 空気の定圧比熱と定容比熱を求めよ．

12.2 燃焼ガス組成が体積比で窒素75%，二酸化炭素9%，水蒸気16%の時，定圧比熱および定圧モル比熱を求めよ．

12.3 温度300 K，圧力101.3 kPaの窒素0.6 m^{3}と320 K，101.3 kPaの酸素0.4 m^{3}を断熱的に混合して1 m^{3}の体積とした時の温度と圧力を求めよ．

12.4 大気圧の湿り空気がある温度に保持されている．湿り空気の水蒸気分圧が2.5 kPaで，この温度での飽和水蒸気圧が4.8 kPaの時，関係湿度，絶対湿度，飽和度を求めよ．

12.5 湿り空気の温度315K，関係湿度30%の時，絶対湿度，湿球温度，露点はいくらか．

しっかり議論 12.4 ある温度 T と湿度 H の湿り空気に対する湿球温度と露点を湿度図表から求める方法を述べておく．

図 12.3 のように湿度図表中で，温度 T と湿度 H の位置から断熱冷却線に沿って左上方向へたどって，相対湿度 100% の絶対湿度対温度曲線と交差する点が，それぞれ断熱飽和温度（湿球温度）と飽和湿度となる．

一方，T と H の位置から水平に低温度側へ移動して，相対湿度 100% の絶対湿度対温度曲線との交点の温度が露点となる．

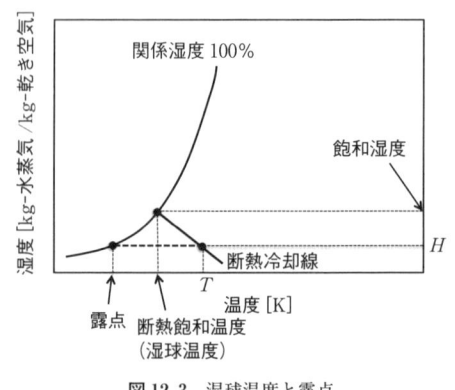

図 12.3 湿球温度と露点

Chapter 13

相 と 相 平 衡

[目標・目的]　この章では，相の変化ならびに相の間の平衡について説明する．特に蒸気の挙動について議論し，蒸気サイクルの議論の準備を行う．

13.1　相

水を冷やせば氷になり，加熱すれば水蒸気になるように，同じ物質でも異なった状態をとることがあり，このそれぞれの状態を**相**（phase）と呼ぶ．固体の場合には同じ物質でも違った結晶構造をとることがあるが，この場合にはそれぞれを別の相と呼ぶ．

代表的な場合として水の**相図**（phase diagram）を図 13.1 に示す．水は温度と圧力によって固相，液相，あるいは気相の形で存在する．相図を見ればある温度，圧力の時にどの相をとるかを知ることができる．また，温度や圧力を変えた時にどのような相の変化が起きるかを確認することもできる．例えば，0.1 MPaの下で −20 ℃の氷を加熱していくと，ほぼ 0 ℃で氷は融けて水になり，ほぼ 100 ℃で水は沸騰して水蒸気になる．固体が液体に変化することを融解，液体が気体になることを蒸発，逆に気体が液体になることを凝縮，液体が固体になることを凝固と呼ぶ．また，気体が固体になること，固体が気体になることをどちらも昇華と呼ぶ．

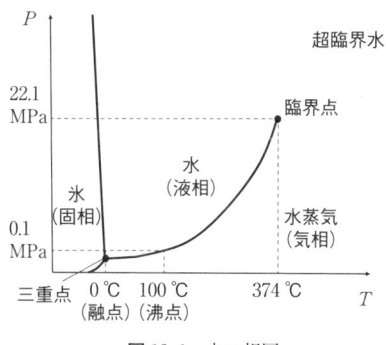

図 13.1　水の相図

相図の中の線の上の温度圧力では，2 つの相が共存できる．これを**共存線**（coexistence line）と呼び，気液共存線，固液共存線，気固共存線などと呼ぶ．気液共存線は，**蒸気圧曲線**（vapor pressure curve）とも呼ばれる．特に，気液

共存線，固液共存線，気固共存線が集まるところでは，気体，液体，固体の3つの相が共存できる．この点を**三重点**（triple point）と呼ぶ．

一定圧力の下で固体を加熱した時，固液共存線を横切る温度で固体から液体への変化が起きる．この温度がその物質の**融点**（melting point）になる．また，一定圧力の下で液体を加熱した時，気液共存線を横切る温度で液体から気体への変化が起きる．この温度がその物質の**沸点**（boiling point）になる．圧力が下がると沸点は低下し，上がると沸点は上昇する．例えば，水は 0.1 MPa では 100 ℃ 付近で沸騰するが，0.08 MPa では 80 ℃ 付近で沸騰し，1 MPa では 180 ℃ 付近で沸騰する．

蒸発すると体積は一気に大きくなる．$1\,m^3$ の水は，0.1 MPa で蒸発すると約 1600 倍に体積が膨張するが，この体積膨張は圧力が高いほど小さくなる．例えば，1 MPa では水は 160 倍，10 MPa では 12 倍にしかならない．さらに圧力を高くすると，22.1 MPa で液体の水と水蒸気の密度が等しくなる．密度が等しいので水と水蒸気の区別をつけることはこの圧力以上ではできない．この圧力を**臨界圧力**（critical pressure），臨界圧力に対応する沸点を**臨界温度**（critical temperature）と呼び，臨界圧力と臨界温度で決まる相図上の点を**臨界点**（critical point）と呼ぶ．温度も圧力も臨界点より高い状態を**超臨界状態**（supercritical state）と呼び，それ以外の状態を**亜臨界状態**（subcritical state）と呼ぶ．表 A6.1 に各種の物質の臨界定数を示す．

13.2 相 転 移

相図上の共存線を横切る変化があると，相の変化が起きる．これを**相転移**（phase transition）と呼ぶ．相転移は温度や圧力の変化に伴って，1つの相が別の相よりも安定になるために進行する．相転移は自発的に進行することからわかるように，安定な相の状態は平衡状態である．相転移は定温定圧の状態で進行するが，第11章で学んだとおり，この時の平衡状態はギブズ自由エネルギー最小で表される．

13.3 相平衡の条件

共存線の上では2つの相がどちらも平衡状態として存在しているので，どちらの相をとったとしても，系のギブズ自由エネルギーはそれ以外の相をとった場合よりも低い最低の値であり，どちらの相をとった場合にも同じ値である．相 A

と相 B が共存する場合，各相の物質の量が変化しても平衡は保たれているので，系全体のギブズの自由エネルギーは変化しない．相 A の微少量 dn_A の物質が相 B に変化した場合，相 B の物質量は dn_A だけ増加するが，この時のギブズ自由エネルギー変化も 0 なので，

$$G_{mA}(-dn_A) + G_{mB}(dn_A) = 0 \tag{13.1}$$

となる．よって，両辺を dn_A で割って

$$G_{mA} = G_{mB} \tag{13.2}$$

が得られる．

また，共存する相 A と相 B が共存している相平衡の状態で，相 A から相 B へ dn だけの物質量が変化した場合には，式 (10.9) にある通り，相 A の部分を系として考えれば

$$dG_A = -S_A dT + V_A dP + \mu_A(-dn) \tag{13.3}$$

となる．一方，相 B の部分を系として考えれば

$$dG_B = -S_B dT + V_B dP + \mu_B dn \tag{13.4}$$

が，得られる．この変化でのギブズ自由エネルギー変化が 0 であることから

$$dG_A + dG_B = -S_A dT + V_A dP + \mu_A(-dn) - S_B dT + V_B dP + \mu_B dn = 0 \tag{13.5}$$

で，温度一定，圧力一定の変化であることに注意すれば，

$$\mu_A(-dn) + \mu_B dn = 0 \tag{13.6}$$

となる．両辺を dn で割って整理すれば

$$\mu_A = \mu_B \tag{13.7}$$

も成立する．すなわち，相平衡にあるそれぞれの相の化学ポテンシャルは等しくなる．

相平衡にある 2 つの相の間で，一方の相から他方の相への変化は，温度圧力が一定のまま進行するが，圧力が一定であることから，第 2 章で学んだように，相転移に伴うエンタルピーの差だけ熱 $Q_{A \to B}$ が出入りする．この熱が相転移に伴う潜熱である．また，この時の変化が準静的に起きれば，温度が一定であることから，相変化に伴うエントロピー変化 $\Delta S_{A \to B}$ は相変化に伴うエンタルピー変化をその時の温度 T_{tr} で割った値となる．すなわち

$$Q_{A \to B} = H_B - H_A \tag{13.8}$$

$$\Delta S_{A \to B} - S_B \quad S_A = \frac{H_B - H_A}{T_{tr}} \tag{13.9}$$

である．

さて，相平衡状態では共存する相のモルギブズ自由エネルギーが等しいことから相平衡を実現する P と T に関する関係式を得ることができる．圧力 P，温度

T で相 A と相 B が共存していて，それぞれのモルギブズ自由エネルギーは $G_{mA}=G_{mB}$ とする．この相平衡の状態から，圧力を $P+dP$ にした場合，温度も少し変化させなければ相平衡を保つことができない．温度と圧力の組み合わせを，飽和蒸気圧線上を動かす必要があるためである．温度を $T+dT$ にしたら相平衡が保たれたとする．相平衡が保たれるのでこの時に，相 A から相 B へ変化した物質量 dn が 0 であっても成立しなくてはならない．式（10.9）にある通り，相 A の部分を系として考えれば

$$dG_A = -S_A dT + V_A dP + \mu_A(-0) \tag{13.10}$$

で，これを 1 mol 当たりについて表せば

$$dG_{mA} = -S_{mA} dT + V_{mA} dP + \mu_A(-0) \tag{13.11}$$

となる．また相 B の部分を系として考えれば

$$dG_B = -S_B dT + V_B dP + \mu_B(0) \tag{13.12}$$

が得られ，これを 1 mol 当たりについて表せば

$$dG_{mB} = -S_{mB} dT + V_{mB} dP + \mu_B(-0) \tag{13.13}$$

となる．$P+dP$，$T+dT$ でも相平衡が成立するには，$dG_{mA}=dG_{mB}$ である必要がある．よって

$$-S_{mA} dT + V_{mA} dP = -S_{mB} dT + V_{mB} dP \tag{13.14}$$

$$(S_{mB} - S_{mA}) dT = (V_{mB} - V_{mA}) dP \tag{13.15}$$

$$\frac{dP}{dT} = \frac{(S_{mB} - S_{mA})}{(V_{mB} - V_{mA})} \tag{13.16}$$

が得られる．式（13.9）を 1 mol 当たりについて書いた

$$S_{mB} - S_{mA} = \frac{H_{mB} - H_{mA}}{T_{tr}} \tag{13.17}$$

を代入すれば

$$\frac{dP}{dT} = \frac{(H_{mB} - H_{mA})}{T_{tr}(V_{mB} - V_{mA})} \tag{13.18}$$

が得られる．これは蒸気圧曲線の傾きを表す式であり，**クラペイロンの式**（Clapeyron equation）と呼ばれる．相 A が液相や固相のような凝縮相で，相 B が理想気体である場合には，

$$V_{mB} - V_{mA} \cong V_{mB} = \frac{R_0 T}{P} \tag{13.19}$$

と近似できるので

$$\frac{dP}{dT} = \frac{(H_{mB} - H_{mA}) P}{R_0 T^2} \tag{13.20}$$

となる.

13.4 蒸 気

　熱機関を動かす**作動流体**（working fluid）として気体ではなく，圧縮や冷却をすることによって液体にもなる流体を用いることがある．このような流体を**蒸気**（vapor）と呼ぶ．代表的な作動流体として用いられる蒸気である水蒸気について，その挙動を学ぼう．

　水蒸気は気体の水であるが，その挙動は理想気体から大きくずれており，さらに圧縮，冷却によって液体の水になる性質を持っている．また，水の蒸気圧は温度と共に上がるが，系の圧力と同じ蒸気圧になる温度を**飽和温度**（saturation temperature）と呼ぶ．

　液体の水を大気圧の下で加熱する場合を考える．ピストンに入れられた水は，室温では水の蒸気圧よりも大気圧の方が高く，このため大気圧によって圧縮されて液体の形で存在する．この状態の水を**圧縮水**（compressed water）と呼ぶ．これを加熱していくと100℃近くで水の蒸気圧は大気圧と等しくなり，**蒸発**（evaporation）が始まる．このような蒸気圧がかかっている圧力と等しくなった時の水を**飽和水**（saturated water）と呼ぶ．さらに加熱を続けると，温度は一定のままで水の一部は水蒸気になり，ピストンを押し上げ始める．このように液体と共存する水蒸気を**湿り水蒸気**（wet steam）と呼ぶ．さらに加熱を続けると水はすべて蒸発し，大気圧の水蒸気が得られる．このような蒸気圧がかかっている圧力と等しくなった時の水蒸気を**飽和水蒸気**（saturated steam）と呼ぶ．さらに加熱をすると，水蒸気の圧力は大気圧よりも高くなり，水蒸気の温度も上がり始める．この状態の水蒸気を**過熱水蒸気**（superheated steam）と呼ぶ．

　水の蒸気圧が大気圧と等しくなった100℃近傍の状態では，液体の水と気体の水蒸気がピストンの中で共存する．考えている系の中で，液体のままの水の質量分率を**湿り度**（wetness fraction），気体となった水の質量分率を**乾き度**（dryness fraction, quality）と呼ぶ．水は液体か気体かの状態をとるので，湿り度と乾き度の和は1となる．また，湿り度が0より大きい蒸気を湿り蒸気と呼ぶ．これに対して湿り度が0の飽和水蒸気と過熱水蒸気を**乾き水蒸気**（dry steam）と呼ぶ．

　上述の通り，液体の水が水蒸気に変化する時には**蒸発潜熱**（latent heat of vaporization）が吸収され，これは水のエンタルピーと水蒸気のエンタルピーの差に等しい．圧力が高くなると，蒸発潜熱の値は小さくなり，臨界点でその値は

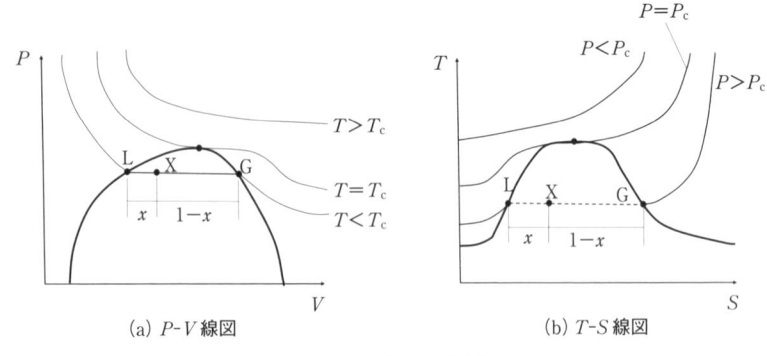

図13.2 蒸気の状態変化

(a) P-V線図

(b) T-S線図

0となる.

蒸気は圧縮や冷却によって液体に変化するので，体積やエントロピーが大きく変化する．このため，理想気体の状態方程式で状態を計算することができない．精度は必ずしもよくないが，ファン・デル・ワールスのような非理想性を考慮した状態方程式を用いるか，熱力学的な値を整理した表や図を用いることになる．付録表 A5.1〜A5.11 に水蒸気の物性値を整理した**蒸気表**（steam table）を，付録図 A8.2〜A8.4 に代表的な冷媒である R22，R134a，アンモニアの蒸気線図をそれぞれ示す．

蒸気の P-V 線図，T-S 線図には，連続的に物性値が変化する 1 相領域と，2 相が共存する領域が存在する．図 13.2 にこの様子を示す．

図 13.2 (a) は蒸気に対する P-V 線図である．等温線が示してあるが，臨界温度より十分高い温度であれば理想気体に近い挙動を示すために双曲線に近い変化となる．臨界温度では，その変化は変曲点を持ち，変曲点がちょうど臨界点となる．臨界温度より低い温度では，液相を減圧して，その温度の蒸気圧まで圧力が下がったところで蒸発が始まる．蒸発が始まると圧力一定のまま体積が増加し始め，すべてが蒸発するまでこれが続く．蒸発が完全に終わると，全体が気体となるため，理想気体に近い挙動を示し，双曲線に近い変化となる．蒸発が進んでいる圧力一定の部分が，気液が共存している 2 相領域となる．この範囲では，温度と圧力が一定のままで蒸発が進行していることがわかる．この領域で，飽和液体の点 L と飽和蒸気の点 G を $x:1-x$ に内分する点 X では，湿り度が $1-x$，乾き度が x となる．これは，点 L, G, X に対応する体積を V_L, V_G, V_X とおいた時に，

$$V_X = V_L + x(V_G - V_L) \tag{13.21}$$

であることから，

$$V_X = (1-x)V_L + xV_G \tag{13.22}$$

と表されることからわかる．

図 13.2 (b) は蒸気に対する T-S 線図である．等圧線が示してあるが，臨界圧力よりも高い圧力では，エントロピーは温度とともに単調に増加する．臨界圧力では，その変化は変曲点を持ち，変曲点がちょうど臨界点となる．臨界圧力より低い圧力では，液相を加熱して，その圧力の沸点まで温度が上がった時に蒸発が始まる．蒸発が始まると温度一定のままエントロピーが増加し始め，すべてが蒸発するまでこれが続く．蒸発が完全に終わると，全体が気体となるため，理想気体に近い挙動を示し，指数関数に近い変化となる．P-V 線図の場合と同様に，蒸発が進んでいる温度一定の部分が，気液が共存している 2 相領域となる．この範囲では，温度と圧力が一定のままで蒸発が進行していることがわかる．この領域で，飽和液体の点 L と飽和蒸気の点 G を $x:1-x$ に内分する点 X では，湿り度が $1-x$，乾き度が x となる．これは，点 L, G, X に対応するエントロピーを S_L, S_G, S_X とおいた時に，

$$S_X = S_L + x(S_G - S_L) \tag{13.23}$$

であることから，

$$S_X = (1-x)S_L + xS_G \tag{13.24}$$

と表されることからわかる．

蒸気の場合でも，線図上で変化やサイクルを表すことを行う．2 相領域を通る代表的な変化がどのように線図上で表されるかを図 13.3 に示す．この中で，2 相領域の中の点は，実際にはその点を通る水平線が気液共存線と交わる状態の液体と蒸気が共存している状態であることに注意する必要がある．

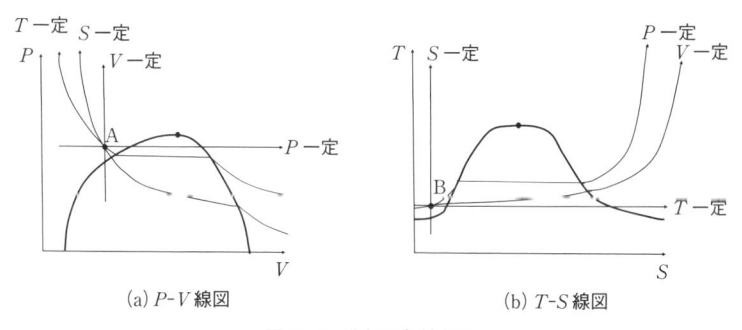

(a) P-V 線図　　(b) T-S 線図

図 13.3　蒸気の各種変化

13.5 ファン・デル・ワールスの式と気液共存状態

　理想気体の状態方程式は，液体の挙動を表すことはできないが，第9章で述べたファン・デル・ワールスの状態方程式を用いると，液体の生成も表現することができる．ファン・デル・ワールスの状態方程式は

$$P = \frac{nR_0T}{V-bn} - a\left(\frac{n}{V}\right)^2 \tag{9.5 再}$$

であるが，これを温度一定で縦軸に圧力，横軸に体積をとった状態線図で表すことを考える．理想気体の場合には図13.2（a）に示すような双曲線になるが，ファン・デル・ワールスの式はこれを V 軸方向に bn だけ平行移動し，さらに $-a(n/V)^2$ を加えた形となる．このため，温度が低いと式（9.5）右辺の第1項の寄与が小さくなり，山を持つ形となる．この山は温度を上げるにつれて小さくなり，ある温度で変曲点となって，それより高温では山はなくなる．この様子を図13.4に示す．

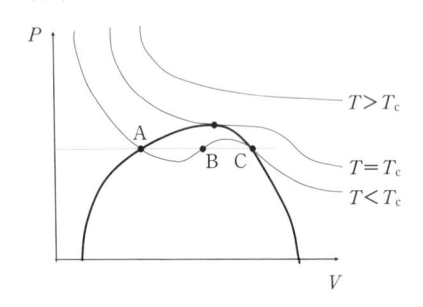

図13.4 ファン・デル・ワールスの状態方程式

　山を持つ領域の温度で，ある圧力の体積を確認すると，図13.1（b）のように山の部分では3つの値をとる．体積が小さい方から V_A, V_B, V_C とすると，V_A と V_C は圧力を高くすると体積が小さくなる変化を示すが，V_B は圧力を高くすると体積が大きくなり，現実に合わない状態であることがわかる．このため，実際の現象にあった安定な状態としては，体積が V_A の場合と V_C の場合が該当する．体積が小さい V_A の方が液体に，体積が大きい V_C の方が気体に相当する．

　温度を高くしていくと，やがて山は変曲点となって消えるが，変曲点になった点は気体と液体の体積が一致する温度と考えられる．すなわち，これが臨界温度となる．このときの変曲点の圧力が臨界圧力となる．

　ファン・デル・ワールスの状態方程式が変曲点をとる条件から，この臨界温度と臨界圧力を決定しよう．ファン・デル・ワールスの状態方程式を温度一定で V について微分すると，

$$\left(\frac{\partial P}{\partial V}\right)_T = -\frac{nR_0T}{(V-bn)^2} + 2a\frac{n^2}{V^3} \tag{13.25}$$

さらに微分すると

$$\left(\frac{\partial^2 P}{\partial V^2}\right)_T = 2\frac{nR_0 T}{(V-bn)^3} - 6a\frac{n^2}{V^4} \tag{13.26}$$

変曲点では，この両方が 0 となるので，

$$-\frac{nR_0 T}{(V-bn)^2} + 2a\frac{n^2}{V^3} = 0 \tag{13.27}$$

$$2\frac{nR_0 T}{(V-bn)^3} - 6a\frac{n^2}{V^4} = 0 \tag{13.28}$$

を連立して解けばよい．

式 (13.27) を $3/V$ 倍して式 (13.28) に足せば，

$$-\frac{3nR_0 T}{V(V-bn)^2} + 2\frac{nR_0 T}{(V-bn)^3} = 0 \tag{13.29}$$

これを整理した

$$-3nR_0 T(V-bn_g) + 2nR_0 TV = 0 \tag{13.30}$$

より

$$V = 3bn \tag{13.31}$$

が得られる．これが臨界点におけるファン・デル・ワールス気体の体積となる．

これを式 (13.27) に代入すれば，

$$-\frac{nR_0 T}{(3bn-bn)^2} + 2a\frac{n^2}{(3bn)^3} = 0 \tag{13.32}$$

だが，これを解いて

$$T = \frac{8a}{27bR_0} \tag{13.33}$$

が得られる．これがファン・デル・ワールス気体の臨界温度となる．

最後に，式 (13.31) と式 (13.33) を式 (9.5) に代入して整理すれば，

$$P = \frac{a}{27b^2} \tag{13.34}$$

が得られる．これが臨界圧力である．

式 (13.33)，(13.34) を使えば，逆にある物質の臨界定数からファン・デル・ワールスの状態方程式のパラメータを決定することもできる．

[まとめ]
- 物質は温度と圧力によって様々な相をとる．相が共存できる状態は相図の上では線や点で表され，共存する相の化学ポテンシャルは等しい．
- 圧縮水を加熱していくと飽和水になり，一部が蒸発して飽和水蒸気を生成する．さらに加熱すると過熱水蒸気となる．また，完全に蒸発するまでは湿り水蒸気と呼ばれ，

> **しっかり議論 13.1** 圧力が高くなると体積が大きくなることが現実に合わないことの証明は，たとえば，参考文献［田崎, 2000, p.130］などを参照.

完全に蒸発すると乾き水蒸気と呼ばれる.
・クラペイロンの式を用いれば，相変化をする時の温度，圧力と相変化に伴うエンタルピー変化を関係づけることができる.
・ファン・デル・ワールスの状態方程式は気体と液体を与え，その係数から臨界点を定めることができる.

演習問題

13.1 一定圧力に保った密閉容器中で飽和水 1 kg に 1 MJ の熱を加えたところ，一部が蒸発した．この時の湿り度と乾き度はいくらか．ただし，水の蒸発潜熱を 2 MJ/kg とする.

13.2 大気圧下の水の気液共存線の 100 ℃における傾きはいくらか．ただし，水の蒸発潜熱を 40 kJ/mol とする.

13.3 二酸化炭素は大気圧で冷却すると固体のドライアイスになるが，常温で圧縮すると液体になる．三重点の温度は常温より高いか低いか，また，三重点の圧力は大気圧より高いか低いか.

13.4 水の臨界温度と臨界圧力から，水と臨界点が同じファン・デル・ワールス気体のパラメータを求めよ.

参考文献

田崎晴明『熱力学——現代的な視点から』，培風館，2000.
山口 喬『入門化学熱力学』，培風館，1981.

Chapter 14

蒸気による熱機関サイクル

[目標・目的] この章では，発電所で用いられているサイクルの基本となるランキンサイクルやその高効率化を目的とした再生・再熱サイクル，および排熱の有効利用や海洋温度差発電など比較的低温の熱源を利用したサイクルに関して説明する．

14.1 蒸気の性質

　蒸気や蒸気サイクルという言葉からジェームス・ワットや産業革命などが連想されるように，水蒸気を利用した熱機関サイクルは火力発電所や原子力発電所で必要不可欠なものである．その他，二酸化炭素，アンモニアなど各種の冷媒と呼ばれるものが利用されている．熱機関サイクルでは蒸気によってタービンを回し発電する．ガスタービンでは気相の膨張によって仕事を取り出したが，蒸気タービンでは相変化が起こりやすい蒸気を用いて気相・液相の間の状態変化を用いて仕事を取り出す．一般に蒸気タービンの運転条件は，ガスタービンと比較してより低温，高圧である．したがってガスサイクルが理想気体で近似できるのに対して蒸気サイクルでは理想気体を仮定することができない．

　第1章から第6章で議論した内容は理想気体に限らず成立するので，供給する熱や得られる仕事はガスサイクルと同様に議論することができる．しかしながら，ガスサイクルでは理想気体の状態方程式を用いてこれらの値を温度や圧力などの操作条件を用いて表すことができたのに対し，蒸気サイクルでは同様の処理ができない．ファン・デル・ワールスの状態方程式を用いれば近似解は得られるが，実用上十分な精度の値は得られない．

　このため，蒸気について状態変数を求めたり，熱や仕事の出入りを計算したりする時には，状態方程式に変えて蒸気表を用いることになる．蒸気表は，各温度や圧力における蒸気の比体積，比エントロピー，比エンタルピーを一覧にしたものであり，理想気体について状態方程式 (7.7)，エントロピーの式 (7.19)，エンタルピーの式 (7.14) を用いて行った計算に対応する内容を，蒸気について表

から読み取って求めることができる．

第13章で見たとおり，物質は温度・圧力により固相，液相，気相とその状態を変える．蒸発曲線上で与えられるある点での温度に対する圧力を**飽和蒸気圧**（saturated vapor pressure），また圧力に対する温度を**飽和温度**（saturation temperature）と呼ぶが，蒸発曲線から温度軸の正方向に位置する状態が蒸気機関で用いられる**過熱蒸気**（superheated vapor）の状態である．蒸気機関で過熱蒸気が用いられる理由は後の節でも紹介されるが，熱効率の向上が主な理由である．その他，過熱蒸気は飽和蒸気に比べて過剰なエンタルピーを持つためタービン仕事の後でも過熱状態を保っていれば腐食の原因となる高温水がタービン内に発生せず好都合である．

14.2 蒸気原動機サイクル

サイクルの途中で作動流体が相変化するサイクルを**蒸気サイクル**（steam cycle）もしくは**気液二相サイクル**（gas-liquid two phase cycle）と呼ぶが，これらの中でも火力発電所などで用いられるサイクルの基本になっているものが**ランキンサイクル**（Rankine cycle）である．ランキンサイクルは，実際のサイクルで出入りする熱や仕事は各種の不可逆性のために計算することができないので，理想的な近似サイクルとして考えられたサイクルであり，各過程は可逆変化である．

図 14.1 にランキンサイクルの概略図，図 14.2 に T-S 線図を示す．ランキンサイクルでは，まず給水ポンプにより等エントロピー圧縮を行い，この水をボイラーに送る（$1 \to 2$）．ボイラー内部で定圧加熱を行い（$2 \to 3$），タービンで等エントロピー膨張（$3 \to 4$）させることにより発電する．仕事をした蒸気は覆水器

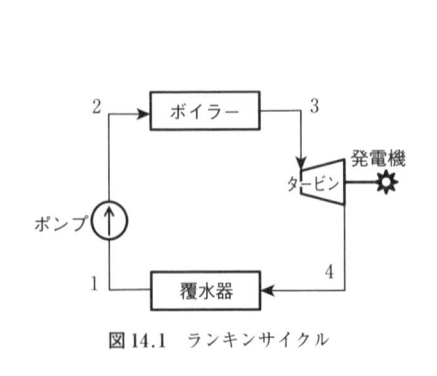

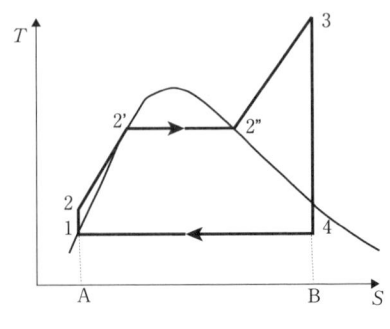

図 14.1　ランキンサイクル　　図 14.2　ランキンサイクルの T-S 線図

により放熱（4→1）されることでもとの状態に戻る．ここで工学的に大切なことは熱効率であり，**理論熱効率**（theoretical thermal efficiency）を次のように定義する．

$$\eta_{th} = \frac{W_{tT} - W_{tP}^*}{Q_B} \tag{14.1}$$

ここで，W_{tT}，W_{tP}^* はそれぞれタービン仕事，ポンプ仕事であり，Q_B はボイラーでの加熱量である．またシステムが閉じたサイクルになっていることから1サイクルで得られる正味の仕事は，系に加えた正味の熱量に等しいので，

$$\eta_{th} = \frac{W_{tT} - W_{tP}^*}{Q_B} = \frac{Q_B - Q_C^*}{Q_B} = 1 - \frac{Q_C^*}{Q_B} \tag{14.2}$$

と考えることもできる．ここで Q_C^* は復水器での放熱量である．

タービンから得られる仕事 W_{tT} は，開いた系となるのでタービン内の流体のする工業仕事で近似できる．工業仕事の定義より，この値は

$$W_{tT} = -\int_3^4 V dP \tag{14.3}$$

で与えられる．体積 V を圧力 P の関数で表すことが可能であれば数学的に求めることも可能であるが，蒸気の場合にはこの計算は困難である．そこで，このプロセスが等エントロピー過程であることから工業仕事を決定する．等エントロピー過程であることから断熱変化であるので，式（2.19）が適用でき，

$$dH = -d'W_{tT} \tag{14.4}$$

となるので，これを積分して，タービンから得られる仕事は次の式で求めることが可能となる．

$$W_{tT} = -\int_3^4 dH = H_3 - H_4 \tag{14.5}$$

この値は，状態3，4のエンタルピーを蒸気表より読み取って計算することによって求められる．

給水ポンプに供給する仕事 W_{tP}^* も，同様に工業仕事で近似できる．式（2.19）を適用すると，

$$dH = d'W_{tP}^* \tag{14.6}$$

となるので，これを積分して，

$$W_{tP}^* = \int_1^2 dH = H_2 - H_1 \tag{14.7}$$

となる．この値は，状態1，2のエンタルピーを蒸気表より読み取って計算することによって求められる．

ボイラーでの加熱量 Q_B は定圧過程であることから，式（2.12）が適用でき，

となる．これを積分して，

$$Q_B = \int_2^3 dH = H_3 - H_2 \tag{14.9}$$

が得られる．この値は，状態 2, 3 のエンタルピーから求められる．

式 (14.5), (14.7), (14.9) を式 (14.2) に代入すれば，ランキンサイクルの熱効率は

$$\eta_{th} = \frac{(H_3 - H_4) - (H_2 - H_1)}{(H_3 - H_2)} = \frac{(h_3 - h_4) - (h_2 - h_1)}{(h_3 - h_2)} \tag{14.10}$$

と表せることがわかる．

なお，図 14.2 のランキンサイクルの状態 4 は，蒸気と水滴が共存する湿り蒸気の状態となっている．湿り蒸気の各物性値の決定法を確認しておく．湿り蒸気の単位質量当たりの物性値は，飽和蒸気と飽和液体の乾き度 x の重み付け平均により決定される．例えば比エンタルピー h は

$$h = (1-x)h' + x \cdot h'' \tag{14.11}$$

により求められる．ここで h' は飽和液，h'' は飽和蒸気の比エンタルピーを意味する．

図 14.2 において状態 2 は状態 1 から少し離れた場所にあるが，実際にはほとんど同じ状態であることに注意が必要である．またポンプ仕事の大きさが，タービン仕事やボイラーでの加熱量，覆水器での放熱量に比べて非常に小さいことから無視することもある．

[例題 2]　図 14.2 における状態 2 を圧縮液（水）というが，圧力 5 MPa，温度 100 ℃の圧縮水の比エンタルピーが 100 ℃における飽和水の値に比べてどの程度違うか付表を用いて計算せよ．

解）　付表より，圧縮水の比エンタルピーは 422.78 kJ/kg．この温度での飽和水の比エンタルピーは 419.10 kJ/kg なので違いは 422.78 − 419.10 = 3.68 kJ/kg．違いは 1% 未満と非常に小さいことがわかる．

14.3　再熱サイクル

ランキンサイクルの理論熱効率の式を見るとわかるように理論熱効率は覆水器での放熱量（図 14.2 において A-1-4-B で囲まれる面積）のボイラーでの加熱量（A-1-2-2'-2"-3-4-B で囲まれる面積）に対する比を 1 から引いた値となる．そのため理論熱効率を向上させる方法として状態 3 の温度（サイクル内最高温度）

14.3 再熱サイクル

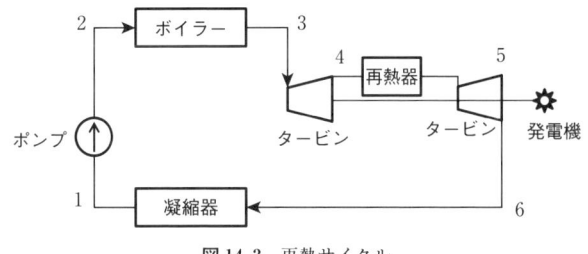

図 14.3 再熱サイクル

を上昇させるということが考えられる.しかし高温の蒸気は腐食性が高く,またその温度にも耐えられるように設計する必要があることから安直に温度を上げればよいということにはならない.そこで考えられたのが図 14.3 に概略図を示す再熱サイクルである.**再熱サイクル**(reheated cycle)では,タービンで仕事をして温度が下がった蒸気を再熱器で昇

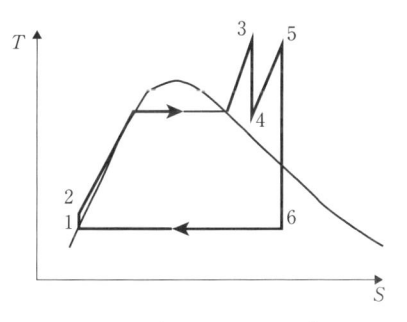

図 14.4 再熱サイクルの T-S 線図

温することによって,最高温度を高めることなくボイラー加熱量を放熱量に対して大きくすることができる.この T-S 線図を図 14.4 に示す.図からもわかるとおり,再熱することで排熱/加熱の値を小さくし理論熱効率を向上させることが可能である.また,再熱時の温度をこれまでと同じ温度にしても圧力は下がっている分,装置の設計にかかるコストを低減することができる.

追加されたプロセスは一段目タービンから再熱用ボイラー($4 \rightarrow 5$)と 2 段目タービンでの仕事($5 \rightarrow 6$)である.それぞれ単純なランキンサイクルと同様に再熱が定圧過程で 2 段目タービンが等エントロピー過程となるためやはりこれらのエンタルピーを蒸気表から読み取ることで理論熱効率を求めることができる.この場合の理論熱効率は

$$\eta_{\mathrm{th}} = \frac{(H_3-H_4)+(H_5-H_6)-(H_2-H_1)}{(H_3-H_2)+(H_5-H_4)} = \frac{(h_3-h_4)+(h_5-h_6)-(h_2-h_1)}{(h_3-h_2)+(h_5-h_4)} \tag{14.12}$$

となる.なお,図 14.3 は一度だけ再熱を行う 1 段再熱サイクルであるが,多段に組むことも可能である.

14.4 再生サイクル

再熱サイクルは供給熱量 Q_B を大きくすることにより理論熱効率を向上させるが，**再生サイクル**（regenerated cycle）では Q_C^* を小さくすることで理論熱効率を向上させる．図 14.5 に 1 段再生サイクルの概略図を示す．再生サイクルでは蒸気の一部 m [kg/kg] を途中で取り出し，その熱で給水の一部を加熱する．このようにタービンの蒸気の一部を途中で取り出すことあるいはその取り出した蒸気を抽気という．この図では混合器により給水と抽気を混合しているが，熱交換により熱を伝えることも可能である．

図 14.6 に再生サイクルの T-S 線図を示す．一見単純なランキンサイクルと変わらないようであるが a の部分で作動流体の一部が抽気されているため排熱は少なくなっている．当然抽気した分だけはタービンで得られる仕事量も減少していることから適切な抽気量を選択することが必要である．

再生サイクルに出入りする熱や仕事，熱効率も，作動流体のエンタルピーから求めることが可能である．状態 2 から状態 b へは抽気した蒸気のエネルギーが定圧で供給されていることから，状態 2，a，および b の間では次の関係が成り立つ．

$$H_b = mH_a + (1-m)H_2 \tag{14.13}$$

ここで m は抽気割合である．熱効率は以下の通りとなる．

$$\begin{aligned}
\eta_{th} &= \frac{(H_3-H_a)+(1-m)(H_a-H_4)-(H_2-H_1)}{(H_3-H_b)} \\
&= \frac{(h_3-h_a)+(1-m)(h_a-h_4)-(h_2-h_1)}{(h_3-h_b)}
\end{aligned} \tag{14.14}$$

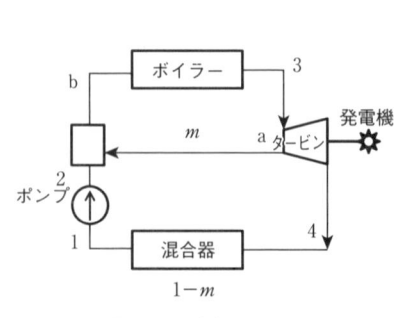

図 14.5 再生サイクル

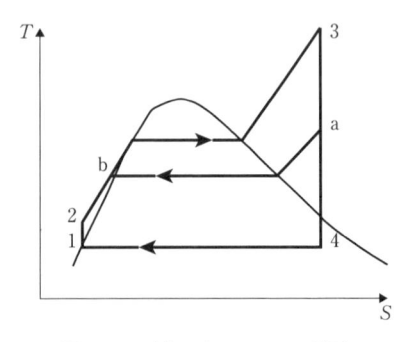

図 14.6 再生サイクルの T-S 線図

14.5 実サイクルおよび他のサイクル

実サイクルでは，再熱と再生の両方を行う**再熱再生サイクル**（reheated and regenerated cycle）も用いられる．

実際のサイクルにおいては熱損失や圧力損失などによる各種のエネルギーの損失を考慮する必要があるため T-S 線図がこれまで紹介したものに比べて若干歪んだ形となる．しかしボイラや覆水器での圧力損失はそれほど大きなものではなく，むしろタービンの効率が一番影響する．給水ポンプの効率も当然 1 に満たないがもともと仕事量が大きくないためそれほど影響しない．

ランキンサイクル以外のサイクルとしては，図 14.7 に概略図を示す **2 流体サイクル**（binary fluid cycle）やボイラーでの排熱を利用した**カリーナサイクル**（Carina cycle），また海洋温度差発電で有名な**ウエハラサイクル**（Uehara cycle）などがある．2 流体サイクルでは高温側の覆水器と低温側の加熱器との間で熱交換を行う．実際に用いられているカリーナサイクルやウエハラサイクルでは熱源の温度が低いことから沸点の低い作動流体が用いられる．水とアンモニアを混合した作動流体も用いられている．

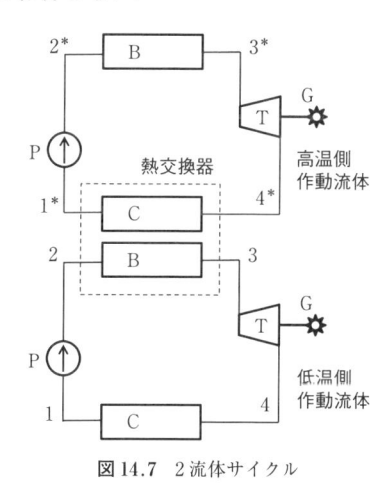

図 14.7 2 流体サイクル

[まとめ]
・火力発電所などの蒸気タービンを用いた熱機関サイクルはランキンサイクルを用いて近似される．
・ランキンサイクルの熱と仕事ならびに効率はすべて比エンタルピーから決定することができる．
・ランキンサイクルの効率を向上するために，再熱，再生，あるいはこれらを組み合わせた再熱再生サイクルが用いられる．

演習問題

14.1 1.3 MPa, 360℃の蒸気に関して比体積, 比エンタルピー, 比エントロピーを求めよ.

14.2 1 atm (0.1013 MPa), 100℃の飽和水蒸気が 0.2 MPa, 300℃の過熱蒸気になった時の比エントロピーの増加量を求めよ. また水蒸気を以下の物性値を持つ理想気体として仮定したときの比エントロピーの増加量を求めよ. （ガス定数 0.4616 kJ/(kg K), 定圧比熱 1.861 kJ/(kg K)

14.3 ランキンサイクルの理論熱効率を求めよ. ただし 5 MPa, 700℃の過熱蒸気をでタービンに送り, 5 kPa まで仕事をした後復水器に送られるものとする.

14.4 ランキンサイクルにおいて, 復水器出口温度を 40℃, ボイラーの入口圧力を 1 MPa とする. このときボイラーの入口温度が 300℃ と 500℃ の場合で熱効率を比較せよ.

14.5 2段再熱サイクルで給水ポンプ入口温度が 40℃, 高圧, 中圧, 低圧タービンの入口圧力がそれぞれ 20, 5, 1 MPa, タービン入口温度はいずれも 500℃ の場合の熱効率を計算せよ.

14.6 問題 14.5 の再熱サイクルで高圧, 中圧タービン出口から抽気を行う 2 段再熱 2 段再生サイクルの抽気量と熱効率を求めよ.

しっかり議論 14.1 圧力損失とは、流体を流す時の抵抗によって生じる流体圧力の低下である。圧力損失の存在する条件で流体を流すと、体積流量と圧力損失の積に相当するエネルギーが消費される。

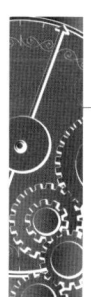

Chapter 15

蒸気圧縮冷凍サイクル

[目標・目的] エアコンや冷蔵庫に用いられる蒸気を用いたヒートポンプの原理を説明する．

15.1 蒸気圧縮冷凍サイクル

一般的に，熱機関サイクルを逆向きに動かすと，仕事を加えて熱を低温部分から高温部分へ移動させることができる．このしくみを冷凍機あるいはヒートポンプと呼ぶ．6.6 節で見たとおり，冷凍機やヒートポンプの効率は成績係数と呼ばれ，1 を超えることが一般的である．また，8.2 節では理想気体を作動流体とするブレイトン逆サイクルを説明した．ここでは，より一般的に用いられる蒸気を作動流体とするヒートポンプについて説明する．なお，第 14 章と同様，実際のサイクルは不可逆であるが，ここでは理想的な可逆なサイクルを考える．

これらのヒートポンプに用いられる**冷媒**（refrigerant）は，フロン類やアンモニアなどであるが，これらも水蒸気と同様に理想気体の状態方程式で状態を予測することができない．これらの物性値については，蒸気表ではなく線図の形で状態のデータが与えられることが多い．ここでは，これらの線図を用いたプロセスの状態の決定と効率などの計算について説明する．

15.2 モリエ線図

熱力学的な物性値を図から読み取らなくてはならないことはよくある．状態変数の関係としては P-v 線図や T-s 線図があるが，蒸気サイクルの場合にはエンタルピーの値が必要になることが多く，P-h 線図もよく用いられ，**モリエ線図**（Mollier diagram）と呼ばれる．モリエ線図はアンモニアや R134a などの各冷媒について提供されている．図 15.1 にモリエ線図の概形を示す．

モリエ線図では，一般的に縦軸は圧力の対数，横軸は比エンタルピーがとられ

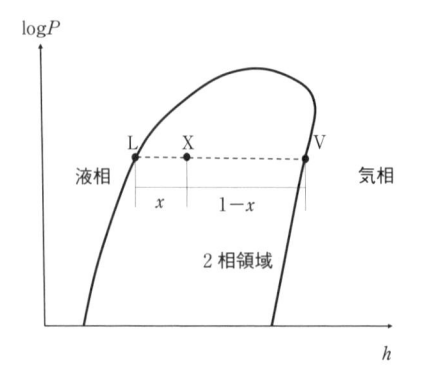

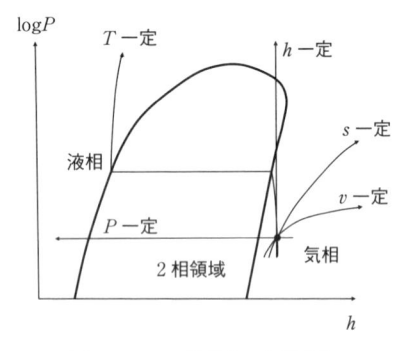

図 15.1　*P-h* 線図の概形

図 15.2　*P-h* 線図上の各種変化

る．真中に気液 2 相領域があり，この左側が液相領域，右側が気相領域である．2 相領域の中の点 X から横軸に平行な線を引くと，その圧力における飽和液と飽和蒸気の比エンタルピーがそれぞれ点 L, V として得られる．また，13.4 節で議論した *P-v* 線図と同様に，LX と LV の比が $x:1-x$ の場合，液相と気相の物質量の比は，$1-x:x$ となる．

図 15.2 に，*P-h* 線図上の各種変化の様子を示す．以下のサイクルでは，主に h 一定，P 一定，s 一定の変化をも用いる．

図 A8.2，図 A8.3，図 A8.4 にそれぞれ R22，R134a，アンモニアのモリエ線図を示す．

15.3　1 段圧縮冷凍サイクル

図 15.3 に一般に用いられる **1 段圧縮冷凍サイクル**（single-stage compression cycle）の概略図を示す．作動流体の蒸気は圧縮機にて圧縮 ($1 \rightarrow 2$) され高温状態となる．その後，この過熱蒸気は凝縮器内 ($2 \rightarrow 3$) において放熱，凝縮し飽和液となる．得られた飽和液の作動流体は膨張弁にて急速に膨張 ($3 \rightarrow 4$) することで温度と圧力が下がり湿り蒸気となる．低温となった湿り蒸気は周囲から熱を吸収することができるので，これを用いて冷凍を行うことができる．具体的には，蒸発器内で定圧的に低温源から熱を吸収して蒸発が進行する．

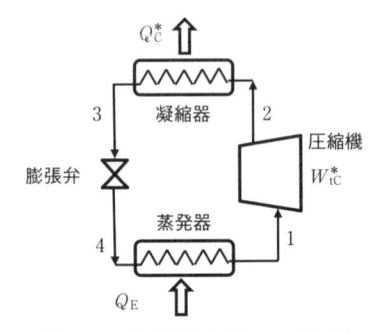

図 15.3　1 段圧縮冷凍サイクルの概略図

15.3 1段圧縮冷凍サイクル

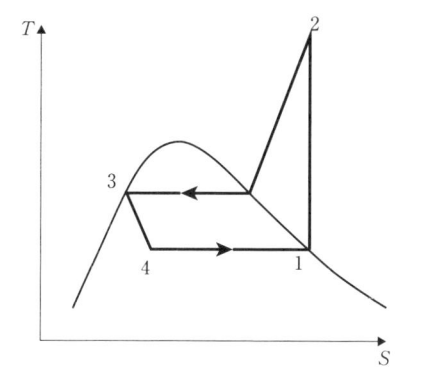

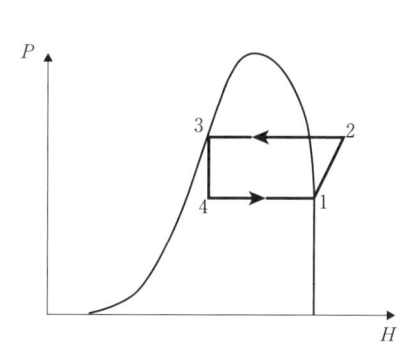

図15.4 1段圧縮冷凍サイクルの $T\text{-}S$ 線図

図15.5 1段圧縮冷凍サイクルの $P\text{-}H$ 線図

こうして得られた作動流体の飽和蒸気が再度，圧縮機に送られる（$4 \rightarrow 1$）．

このプロセスを近似する可逆サイクルの $T\text{-}S$ 線図，$P\text{-}H$ 線図をそれぞれ図15.4，図15.5に示す．圧縮機での圧縮は極めて速く，伝熱が行われる時間がほとんどないことから断熱過程として近似する．凝縮器内は飽和状態なので，圧力一定として近似する．膨張弁での膨張は，抵抗がある部分の流れであり，等エンタルピー流れと近似できる．こうして得られた湿り蒸気の蒸発はやはり飽和状態なので，圧力一定として近似する．すなわち，気液の2相領域を通るものの，2つの断熱過程と1つの等圧過程，1つの等エンタルピー過程から成るサイクルを用いることになる．

このサイクルの理論成績係数を計算する．各プロセスでの熱や仕事の授受は以下のように計算できる．

圧縮機による断熱圧縮の過程（$1 \rightarrow 2$）では，式（2.19）が適用でき，供給する仕事 W_{tC}^* は，

$$W_{tC}^* = H_2 - H_1 \tag{15.1}$$

となる．

冷却器（$2 \rightarrow 3$）で冷媒から奪う熱量 Q_C^* は，等圧変化なので式（2.12）が適用でき，

$$Q_C^* = H_2 - H_3 \tag{15.2}$$

となる．

膨張弁による断熱膨張の過程（$3 \rightarrow 4$）では，式（9.18）で見たように等エンタルピー流れを仮定できるので，

$$H_3 = H_4 \tag{15.3}$$

となる．

最後に蒸発器で冷媒が吸収する熱量 Q_E は，等圧変化なので式 (2.12) が適用でき，

$$Q_E = H_1 - H_4 = H_1 - H_3 \tag{15.4}$$

となる．

この冷凍サイクルの COP は，

$$\varepsilon_R = \frac{Q_E}{W_{tC}^*} = \frac{H_1 - H_3}{H_2 - H_1} = \frac{h_1 - h_3}{h_2 - h_1} \tag{15.5}$$

となる．

15.4 2段膨張冷凍サイクル

例えば家庭の冷蔵庫のように複数の低温を必要とするとき，単純に複数のシステムを組み込むこともできるが，複数の膨張弁を用いるだけでも実現可能である．図 15.6 に **1 段圧縮 2 段膨張冷凍サイクル**（single-stage compression and two-stage expansion）の概略図を，図 15.7 にこのサイクルに対応する理想的な可逆サイクルの P-H 線図を示す．

先ほどの系に膨張弁と蒸発器が追加された形となっており 1 段目の膨張弁の後の蒸発器を冷蔵庫，2 段目の蒸発器を冷凍庫として用いることが可能となる．どちらの過程もこれまでと同じく等エンタルピー膨張と定圧過程であるからそれぞれ吸熱量は次のようになる．

$$H_3 = H_4 \tag{15.6}$$

$$Q_{E1} = H_5 - H_4 \tag{15.7}$$

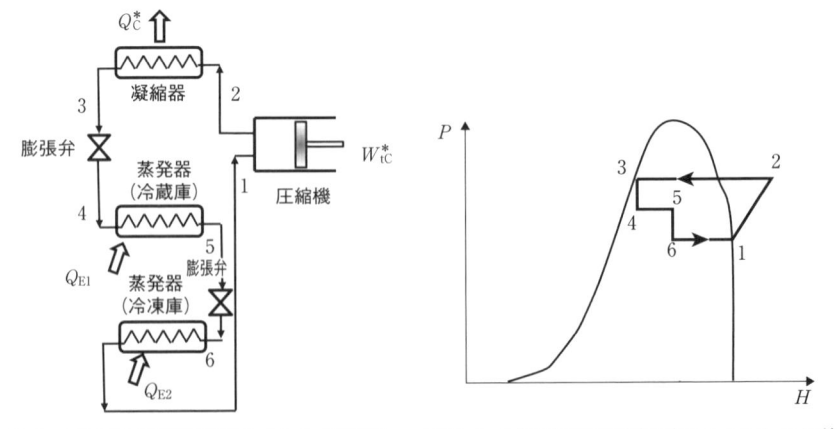

図 15.6 1 段圧縮 2 段膨張冷凍サイクルの概略図　**図 15.7** 1 段圧縮 2 段膨張冷凍サイクルの P-H 線図

$$H_5 = H_6 \tag{15.8}$$
$$Q_{E2} = H_1 - H_6 \tag{15.9}$$

得られる冷熱量は全体で

$$Q_R = Q_{E1} + Q_{E2} = (H_5 - H_4) + (H_1 - H_6) = (H_5 - H_3) + (H_1 - H_5) = H_1 - H_3 \tag{15.10}$$

となる．よって，このサイクルの成績係数は

$$\varepsilon_R = \frac{Q_R}{W_{tC}^*} = \frac{H_1 - H_3}{H_2 - H_1} = \frac{h_1 - h_3}{h_2 - h_1} \tag{15.11}$$

となる．

15.5 2段圧縮冷凍サイクル

　低温源と高温源との温度差が大きいとき一台の圧縮機で対応するとどうしても圧縮比が大きくなり機器の効率が低下する．このような場合，圧縮比を妥当な大きさにとどめ多段階で圧縮する方法がとられる．1段目の圧縮後の蒸気は高温となっているので，さらに圧縮しようとすると大きな動力が必要となる．そこで，これを一度中間冷却器で冷却し，冷やしてから2段目の圧縮機で圧縮するものである．図15.8に**2段圧縮1段膨張冷凍サイクル**（two-stage compression and single-stage expansion cycle）の概略図，図15.9にその理想的な可逆サイクルの P-H 線図を示す．

　このとき，1段目と2段目の圧縮機の仕事は，断熱圧縮なので式（2.19）が適用できて，

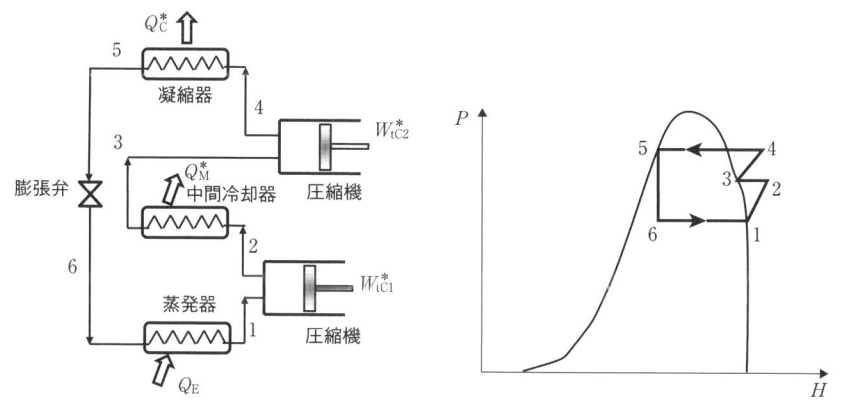

図15.8　2段圧縮1段膨張冷凍サイクルの概略図　　図15.9　2段圧縮1段膨張冷凍サイクルの P-H 線図

$$W^*_{tC1} = H_2 - H_1 \tag{15.12}$$

$$W^*_{tC2} = H_4 - H_3 \tag{15.13}$$

となる．外部から加える仕事は1段目と2段目の圧縮機の仕事の和となり，次のようになる．

$$W^*_{tC} = W^*_{tC1} + W^*_{tC2} = (H_2 - H_1) + (H_4 - H_3) \tag{15.14}$$

また吸熱量は，

$$Q_E = H_1 - H_6 \tag{15.15}$$

なので，冷凍器としての成績係数は次のように求まる．

$$\varepsilon_R = \frac{H_1 - H_6}{H_2 - H_1 + H_4 - H_3} = \frac{h_1 - h_6}{h_2 - h_1 + h_4 - h_3} \tag{15.16}$$

15.6 多元冷凍サイクル

　冷媒には固有の物性値があるため広い温度範囲で動作させる場合圧縮比だけでなく配管内の圧力が問題となる．例えば多段階圧縮により非常に高圧になった場合，配管の強度や外気への漏れの問題を考えなくてはならない．反対に非常に低圧になった場合，大気の進入の恐れも出てくる．冷媒によっては水分の混入が劣化を招き動作そのものが不安定になる恐れもある．このような場合サイクルを複数組み合わせ，それぞれに適した冷媒を用いることがある．これを**多元冷凍サイクル**（multi-stage cascade refrigeration cycle）と呼ぶ．図15.10にその概略図を，図15.11にP-h線図を示す．

　ここでは2段のシステムを例として示しているが，低温側の凝縮器と高温側の蒸発器との間で熱交換をすることで運転している．またここでは異なる冷媒を用いたシステムの例を示しているが同一の冷媒を用いることも可能である．このとき低温側サイクルの冷媒流量を$\dot{m}_L$[kg/s]，高温側のそれを$\dot{m}_H$[kg/s]とし，低温側の凝縮器から発生した熱がすべて高温側の蒸発器で吸収されるような，完全な熱交換が行われたと仮定すると，このサイクルの成績係数は次のように求められる．

　高温側蒸発器と低温側凝縮器の熱収支より，

$$H_2 - H_3 = H_5 - H_8 \tag{15.17}$$

単位時間に流れる各冷媒の質量と比エンタルピーの積としてこれを表すと

$$H_2 - H_3 = \dot{m}_L(h_2 - h_3) \tag{15.18}$$

15.6 多元冷凍サイクル

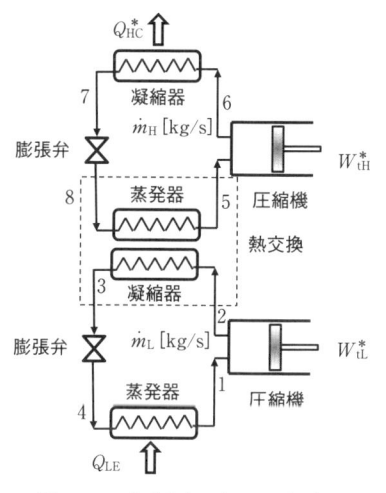

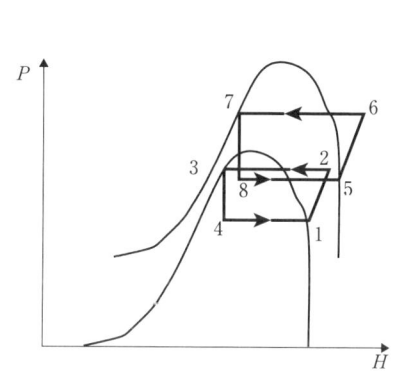

図 15.10 多元冷凍サイクルの概略図

図 15.11 多元冷凍サイクルの P-H 線図

$$H_5 - H_8 = \dot{m}_H(h_5 - h_8) \tag{15.19}$$

なので，

$$\dot{m}_L(h_2 - h_3) = \dot{m}_H(h_5 - h_8) \tag{15.20}$$

膨張弁では等エンタルピー流れなので

$$\dot{m}_L(h_2 - h_3) = \dot{m}_H(h_5 - h_7) \tag{15.21}$$

であり，低温側と高温側の冷媒流量の比は

$$\frac{\dot{m}_L}{\dot{m}_H} = \frac{h_5 - h_7}{h_2 - h_3} \tag{15.22}$$

となる．

高温側，低温側の圧縮機に供給する仕事はそれぞれ，

$$W_{tL}^* = \dot{m}_L w_L^* = \dot{m}_L(h_2 - h_1) \tag{15.23}$$

$$W_{tH}^* = \dot{m}_H w_H^* = \dot{m}_H(h_6 - h_5) \tag{15.24}$$

このサイクルの冷凍能力は，低温側の蒸発器で吸収する熱量で，

$$Q_{LE} = H_1 - H_4 = \dot{m}_L(h_1 - h_4) \tag{15.25}$$

となるので，成績係数は

$$\begin{aligned}
\varepsilon_R &= \frac{Q_{LE}}{W_{tL}^* + W_{tH}^*} \\
&= \frac{\dot{m}_L(h_1 - h_4)}{\dot{m}_L(h_2 - h_1) + \dot{m}_H(h_6 - h_5)} \\
&= \frac{(h_5 - h_7)(h_1 - h_4)}{(h_5 - h_7)(h_2 - h_1) + (h_2 - h_3)(h_6 - h_5)}
\end{aligned} \tag{15.26}$$

となる.

[まとめ]
・冷媒蒸気の状態はモリエ線図を用いて計算できる.
・蒸気を用いた冷凍サイクルには，1段圧縮1段膨張の他，多段膨張，多段圧縮，多元などのサイクルがある.
・蒸気冷凍サイクルの成績係数は比エンタルピーを用いて整理される.

演習問題
15.1 R134aを冷媒に用いた冷凍サイクルで冷房運転をしている．蒸発器を10℃，凝縮器を40℃とする．この時のCOPを求めよ．
15.2 R134aを冷媒に用いたヒートポンプで暖房運転をしている．蒸発器を−10℃，凝縮器を30℃とする．この時のCOPを求めよ．
15.3 10 kWの冷凍能力が必要である．蒸発器を−10℃，凝縮器を30℃としたとき冷媒とするR134aの質量流量を求めよ．
15.4 問題15.1の冷凍サイクルで蒸発器の温度を0℃，圧縮比を同じにした場合のCOPを求めよ．
15.5 図15.2のような2段圧縮1段膨張冷凍サイクルで10 kWの除熱能力が必要な時，冷媒の質量流量を求めよ．ただし冷媒の比エンタルピーは図中の通りとし，$h_1=400$ kJ/kg，$h_3=415$ kJ/kgである．

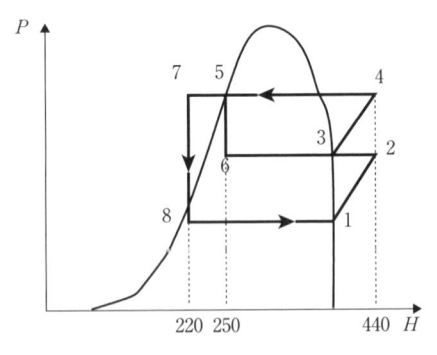

図 15.12 演習問題 15.5

Chapter 16

化 学 反 応

[目標・目的] この章では，化学反応の平衡状態を決定する具体的な方法について説明する．

16.1 反応進行度

　化学反応が進行すると，これに伴って反応熱が発生したり，気体の生成に伴って体積が膨張したりする．その分熱や仕事を取り出すことができ，エネルギー保存則によって，その熱や仕事の分だけ，反応後の系は内部エネルギーが減少している．また，反応の前後の物質のエントロピーがわかれば，エントロピーの変化も決められる．よって，化学反応が関係しようとすまいと，変化に伴って系から出入りする熱と仕事によって任意の物質を含む，ある温度，圧力の熱力学的な関数を決定することができる．第10章では，化学反応に関する熱力学的な計算に用いられる標準生成エンタルピー，標準エントロピー，標準生成ギブズ自由エネルギーを定義した．
　ここで，反応

$$x_A A + x_B B + \cdots \rightarrow x_P P + x_Q Q + \cdots \tag{16.1}$$

を考えよう．A, B, $\cdots$ は**反応物**（reactant），P, Q, $\cdots$ は**生成物**（product）である．また，x はそれぞれの物質が何mol消費あるいは生成されるかという値であり，**化学量論係数**（stoichiometric coefficient）と呼ぶ．反応が進行すると左辺の物質の量が減少し，右辺の物質の量が増加する．そこで，左辺の化学量論係数は負で表し，右辺の化学量論係数を正で表すと，反応の進行とともにそれぞれの物質がどれだけ変化するかをまとめて表すことができる．つまり，$x_A = -\nu_A$, $x_B = -\nu_B, \cdots, x_P = \nu_P, x_Q = \nu_Q, \cdots$ として，化学反応式 (16.1) を

$$\nu_A A + \nu_B B + \cdots + \nu_P P + \nu_Q Q + \cdots \tag{16.2}$$

で表す．
　この反応が進行すると系の熱力学関数がどう変化するかを知ることによって，

第11章で述べたような平衡の条件を具体的に表すことが可能となる．このためには，まず反応の進行の様子を数値的に示す必要がある．

このために，**反応進行度**（extent of reaction）ξ を定義する．反応進行度は，化学反応式について定義される値であり，式 (16.1) であれば，物質 A が x_A [mol] 消費されるだけの反応が進行したら反応進行度が 1 mol であると定義する．すなわち，反応進行度が ξ [mol] の時，物質 A は ξx_A [mol] 消費され，物質 P は ξx_P [mol] 生成する．物質量 n で表して，全微分の式で表せば以下のようになる．

$$d\xi = \frac{-dn_A}{x_A} = \frac{-dn_B}{x_B} = \cdots = \frac{dn_P}{x_P} = \frac{dn_Q}{x_Q} = \cdots \tag{16.3}$$

化学量論係数で表せば，反応進行度が ξ [mol] の時，物質 A は $\xi \nu_A$ [mol]，物質 P は $\xi \nu_P$ [mol] 増加し，

$$d\xi = \frac{dn_A}{\nu_A} = \frac{dn_B}{\nu_B} = \cdots = \frac{dn_P}{\nu_P} = \frac{dn_Q}{\nu_Q} = \cdots \tag{16.4}$$

となる．

[例題 1]　水素の燃焼反応 $2H_2 + O_2 \rightarrow 2H_2O$ を式 (16.2) の形で表せ．
解）　$-2H_2 - O_2 + 2H_2O$

16.2　定温定積の閉じた系の化学平衡

定温定積の閉じた系で変化が進行した場合の系の熱力学関数がどのように変化するかを調べよう．体積一定の閉じた系なので，

$$dU = d'Q \tag{16.5}$$

が成立している．定温条件を満たすには，反応によって発生あるいは吸収された反応熱による温度変化がないように系に熱が出入りしている．よって，この $d'Q$ は**反応熱**（heat of reaction）に相当する．すなわち，定温定積の閉じた系で進行する反応熱は内部エネルギーの変化で表される．

また，内部エネルギーの微小変化は

$$dU = TdS - PdV + \sum_i \mu_i dn_i \tag{10.12 再}$$

で表されるが，各化学物質について書き下せば

$$\begin{aligned}dU &= TdS - PdV + \mu_A dn_A + \mu_B dn_B + \cdots + \mu_P dn_P + \mu_Q dn_Q + \cdots \\ &= TdS - PdV + \mu_A(\nu_A d\xi) + \mu_B(\nu_B d\xi) + \cdots + \mu_P(\nu_P d\xi) + \mu_Q(\nu_Q d\xi) + \cdots \\ &= TdS - PdV + (\nu_A \mu_A + \nu_B \mu_B + \cdots + \nu_P \mu_P + \nu_Q \mu_Q + \cdots)d\xi\end{aligned} \tag{16.6}$$

となる．これより，

16.2 定温定積の閉じた系の化学平衡

$$dU - TdS = -PdV + (\nu_A\mu_A + \nu_B\mu_B + \cdots + \nu_P\mu_P + \nu_Q\mu_Q + \cdots)d\xi \tag{16.7}$$

なので，

$$\begin{aligned}dF &= dU - TdS - SdT \\ &= -PdV + (\nu_A\mu_A + \nu_B\mu_B + \cdots + \nu_P\mu_P + \nu_Q\mu_Q + \cdots)d\xi - SdT\end{aligned} \tag{16.8}$$

で，今，V, T が一定なので，

$$(dF)_{V,T} = (\nu_A\mu_A + \nu_B\mu_B + \cdots + \nu_P\mu_P + \nu_Q\mu_Q + \cdots)d\xi \tag{16.9}$$

であることがわかる．定温定積の閉じた系の自発的な変化では，ヘルムホルツの自由エネルギーが減少することは第11章で学んだ．すなわち，$d\xi$ が正の向きの自発的な変化が起きる時には

$$A \equiv \nu_A\mu_A + \nu_B\mu_B + \cdots + \nu_P\mu_P + \nu_Q\mu_Q + \cdots \tag{16.10}$$

が負であることがわかる．この A を **親和力**（affinity）と呼ぶ．反応が平衡になるとヘルムホルツの自由エネルギーが最小となり，$(dF)_{V,T} = 0$ となる．この時，上式より

$$(dF)_{V,T} = Ad\xi = 0 \tag{16.11}$$

なので，親和力が0となることがわかる．

なお，複数の反応が進行する場合には，i 番目の化学反応式を

$$x_{Ai}A + x_{Bi}B + \cdots \rightarrow x_{Pi}P + x_{Qi}Q + \cdots \tag{16.12}$$

すなわち

$$\nu_{Ai}A + \nu_{Bi}B + \cdots + \nu_{Pi}P + \nu_{Qi}Q + \cdots \tag{16.12}$$

と表して，それぞれの反応進行度を ξ_i とすれば，

$$dn_A = \sum_i \nu_{Ai}d\xi_i \tag{16.13}$$

となるので，

$$\begin{aligned}dU &= TdS - PdV + \mu_A dn_A + \mu_B dn_B + \cdots + \mu_P dn_P + \mu_Q dn_Q + \cdots \\ &= TdS - PdV + \mu_A\sum_i(\nu_{Ai}d\xi_i) + \mu_B\sum_i(\nu_{Bi}d\xi_i) + \cdots + \mu_P\sum_i(\nu_{Pi}d\xi_i) + \mu_Q\sum_i(\nu_{Qi}d\xi_i) + \cdots \\ &= TdS - PdV + \sum_i(\mu_A\nu_{Ai} + \mu_B\nu_{Bi} + \cdots + \mu_P\nu_{Pi} + \mu_Q\nu_{Qi} + \cdots)d\xi_i\end{aligned} \tag{16.14}$$

となる．これより，

$$dU - TdS = -PdV + \sum_i(\mu_A\nu_{Ai} + \mu_B\nu_{Bi} + \cdots + \mu_P\nu_{Pi} + \mu_Q\nu_{Qi} + \cdots)d\xi_i \tag{16.15}$$

なので，

$$\begin{aligned}dF &= dU - TdS - SdT \\ &= -PdV + \sum_i(\mu_A\nu_{Ai} + \mu_B\nu_{Bi} + \cdots + \mu_P\nu_{Pi} + \mu_Q\nu_{Qi} + \cdots)d\xi_i - SdT\end{aligned} \tag{16.16}$$

で，V, T が一定であることに注意すれば，

$$(dF)_{V,T} = \sum_i (\mu_A \nu_{Ai} + \mu_B \nu_{Bi} + \cdots + \mu_P \nu_{Pi} + \mu_Q \nu_{Qi} + \cdots) d\xi_i \tag{16.17}$$

であることがわかる．反応が平衡になるとヘルムホルツ自由エネルギーが最小となり，$(dF)_{V,T}=0$ となる．このとき，上式より

$$\sum_i (\mu_A \nu_{Ai} + \mu_B \nu_{Bi} + \cdots + \mu_P \nu_{Pi} + \mu_Q \nu_{Qi} + \cdots) d\xi_i = 0 \tag{16.18}$$

なので，

$$\mu_A \nu_{Ai} + \mu_B \nu_{Bi} + \cdots + \mu_P \nu_{Pi} + \mu_Q \nu_{Qi} + \cdots = 0 \tag{16.19}$$

のすべてが 0 となることがわかる．これは進行しているすべての化学反応の親和力が 0 であることを意味する．

16.3　定温定圧の閉じた系の化学平衡

化学反応を進行させる条件として，定温定圧の条件は最も多く用いられる．定温定圧の閉じた系で変化が進行した場合の系の熱力学関数がどのように変化するかを説明する．定圧の閉じた系なので，

$$dH = d'Q \tag{16.20}$$

が成立している．今，反応によって発生あるいは吸収された反応熱による温度変化がないように系に熱が出入りしているので，この $d'Q$ は反応熱に相当する．すなわち，定温定圧の閉じた系で進行する反応熱はエンタルピーの変化で表される．化学反応によって化学物質の組成が変化するが，各化学物質のエンタルピーは第 10 章で定義した．反応前後に含まれる化学物質の量に基づいて，反応前のエンタルピーと反応後のエンタルピーを求め，この差を計算すれば反応熱を求めることができる．

また，エンタルピーの微小変化は

$$dH = TdS + VdP + \sum_i \mu_i dn_i \tag{10.11 再}$$

で表されるが，各化学物質について書き下せば

$$\begin{aligned} dH &= TdS + VdP + \mu_A dn_A + \mu_B dn_B + \cdots + \mu_P dn_P + \mu_Q dn_Q + \cdots \\ &= TdS + VdP + \mu_A(\nu_A d\xi) + \mu_B(\nu_B d\xi) + \cdots + \mu_P(\nu_P d\xi) + \mu_Q(\nu_Q d\xi) + \cdots \\ &= TdS + VdP + (\nu_A \mu_A + \nu_B \mu_B + \cdots + \nu_P \mu_P + \nu_Q \mu_Q + \cdots) d\xi \end{aligned} \tag{16.21}$$

となる．これより，

$$dH - TdS = VdP + (\nu_A \mu_A + \nu_B \mu_B + \cdots + \nu_P \mu_P + \nu_Q \mu_Q + \cdots) d\xi \tag{16.22}$$

なので，

$$\begin{aligned} dG &= dH - TdS - SdT \\ &= VdP + (\nu_A \mu_A + \nu_B \mu_B + \cdots + \nu_P \mu_P + \nu_Q \mu_Q + \cdots) d\xi - SdT \end{aligned} \tag{16.23}$$

で，今，T, P が一定なので，

$$(dG)_{T,P} = (\nu_A\mu_A + \nu_B\mu_B + \cdots + \nu_P\mu_P + \nu_Q\mu_Q + \cdots)d\xi \quad (16.24)$$

であることがわかる．定温定圧の閉じた系の自発的な変化では，ギブズ自由エネルギーが減少することも第 11 章で学んだ．すなわち，$d\xi$ が正の向きの自発的な変化が起きる時には

$$A \equiv \nu_A\mu_A + \nu_B\mu_B + \cdots + \nu_P\mu_P + \nu_Q\mu_Q + \cdots \quad (16.10\,\text{再})$$

が負であることがわかる．これは定温定積の場合と同じ結論であり，この場合にも反応が平衡になると親和力が 0 となることがわかる．

なお，複数の反応が進行する場合にも定温定積の場合と同様の議論ができる．

16.4 理想気体の場合の定温定圧の化学平衡

気体の反応の場合には，気体を理想気体とみなせることが多く，そうでない場合にも，理想気体とみなした場合を基本としてこれに補正を行う扱いが行われることが多い．そこで，特に反応物も生成物も理想気体である場合の定温定圧の閉じた系の反応平衡について議論しておこう．

圧力一定の下で理想気体の反応が進行して組成が変化すれば，各物質の分圧が変化する．理想気体の場合には，物質 A の分圧は

$$P_A = \frac{n_A R_0 T}{V} \quad (16.25)$$

で与えられる．

分圧が P_A の物質 A の 1 mol は，反応温度のギブズ自由エネルギーが $\Delta G°_{mA}$ である 0.1 MPa の物質 A の 1 mol を，定温条件下で圧力変化させて圧力を P_A まで変化させれば得られる．よって分圧が P_A の物質 A のギブズ自由エネルギーは，$\Delta G°_{mA}$ にこのときのギブズの自由エネルギー変化を足せばよい．理想気体の定温変化で圧力を標準状態の P_0 から考えている分圧 P_A に変化させる時のギブズの自由エネルギー変化は，

$$dG = -SdT + VdP \quad (5.23\,\text{再})$$

で温度一定を考慮すれば

$$dG = VdP \quad (16.26)$$

であるので

$$\Delta G = \int_{P_0}^{P_A} V dP = \int_{P_0}^{P_A} \frac{n_A R_0 T}{P} dP = n_A R_0 T \ln \frac{P_A}{P_0} \quad (16.27)$$

となる．今，1 mol について考えれば物質量 n_A は 1 となり

$$\Delta G_m = R_0 T \ln \frac{P_A}{P_0} \tag{16.28}$$

よって,分圧が P_A の物質 A の 1 mol 当たりギブズ自由エネルギー $G_{mA}(P_A)$ は,

$$G_{mA}(P_A) = \Delta G_{mA}^\circ + R_0 T \ln \frac{P_A}{P_0} \tag{16.29}$$

となる.

さて,反応

$$x_A A + x_B B + \cdots \rightarrow x_P P + x_Q Q + \cdots \tag{16.1 再}$$

で,反応が微小量の反応進行度 $d\xi$ だけ進行すると,ギブズ自由エネルギーは

$$(dG)_{T,P} = (\nu_A \mu_A + \nu_B \mu_B + \cdots + \nu_P \mu_P + \nu_Q \mu_Q + \cdots) d\xi \tag{16.24 再}$$

すなわち

$$(dG)_{T,P} = \mu_A dn_A + \nu_B dn_B + \cdots + \mu_P dn_P + \mu_Q dn_Q + \cdots \tag{16.24 再}$$

だけ変化するが,理想的な,混合系の状態量が各成分の状態量の和で表せる場合,

$$dG = \sum_i dG_i = \sum_i G_{mi} dn_i \tag{10.27 再}$$

からわかるとおり,

$$\mu_i = G_{mi}$$

となるので,

$$(dG)_{T,P} = G_{mA}(P_A) dn_A + G_{mB}(P_B) dn_B + \cdots + G_{mP}(P_P) dn_P + G_{mQ}(P_Q) dn_Q + \cdots$$

$$= G_{mA}(P_A) \nu_A d\xi + G_{mB}(P_B) \nu_B d\xi + \cdots + G_{mP}(P_P) \nu_P d\xi + G_{mQ}(P_Q) \nu_Q d\xi + \cdots$$

$$= [G_{mA}(P_A) \nu_A + G_{mB}(P_B) \nu_B + \cdots + G_{mP}(P_P) \nu_P + G_{mQ}(P_Q) \nu_Q] d\xi + \cdots \tag{16.30}$$

となる.平衡ではこれが 0 になるので,

$$G_{mA}(P_A) \nu_A + G_{mB}(P_B) \nu_B + \cdots + G_{mP}(P_P) \nu_P + G_{mQ}(P_Q) \nu_Q = 0 \tag{16.31}$$

より,

$$\left(\Delta G_{mA}^\circ + R_0 T \ln \frac{P_A}{P_0}\right) \nu_A + \left(\Delta G_{mB}^\circ + R_0 T \ln \frac{P_B}{P_0}\right) \nu_B + \cdots$$

$$+ \left(\Delta G_{mP}^\circ + R_0 T \ln \frac{P_P}{P_0}\right) \nu_P + \left(\Delta G_{mQ}^\circ + R_0 T \ln \frac{P_Q}{P_0}\right) \nu_Q + \cdots = 0 \tag{16.32}$$

これを整理して

$$\nu_A \Delta G_{mA}^\circ + \nu_B \Delta G_{mB}^\circ + \cdots \nu_P \Delta G_{mP}^\circ + \nu_Q \Delta G_{mQ}^\circ + \cdots$$

$$= -\nu_A \left(R_0 T \ln \frac{P_A}{P_0}\right) - \nu_B \left(R_0 T \ln \frac{P_B}{P_0}\right) - \cdots - \nu_P \left(R_0 T \ln \frac{P_P}{P_0}\right) - \nu_Q \left(R_0 T \ln \frac{P_Q}{P_0}\right) - \cdots \tag{16.33}$$

よって

とおけば，

$$\Delta G_r^\circ = \nu_A \Delta G_{mA}^\circ + \nu_B \Delta G_{mB}^\circ + \cdots \nu_P \Delta G_{mP}^\circ + \nu_Q \Delta G_{mQ}^\circ + \cdots \quad (16.34)$$

$$\Delta G_r^\circ = -R_0 T \left(\nu_A \ln \frac{P_A}{P_0} + \nu_B \ln \frac{P_B}{P_0} + \cdots + \nu_P \ln \frac{P_P}{P_0} + \nu_Q \ln \frac{P_Q}{P_0} + \cdots \right) \quad (16.35)$$

あるいは

$$\frac{-\Delta G_r^\circ}{R_0 T} = \ln \left(\frac{P_A}{P_0} \right)^{\nu_A} + \ln \left(\frac{P_B}{P_0} \right)^{\nu_B} + \cdots + \ln \left(\frac{P_P}{P_0} \right)^{\nu_P} + \ln \left(\frac{P_Q}{P_0} \right)^{\nu_Q} + \cdots$$

$$= \ln \left[\left(\frac{P_A}{P_0} \right)^{\nu_A} \left(\frac{P_B}{P_0} \right)^{\nu_B} \cdots \left(\frac{P_P}{P_0} \right)^{\nu_P} \left(\frac{P_Q}{P_0} \right)^{\nu_Q} \cdots \right]$$

$$= \ln \left[\frac{\left(\frac{P_P}{P_0} \right)^{x_P} \left(\frac{P_Q}{P_0} \right)^{x_Q} \cdots}{\left(\frac{P_A}{P_0} \right)^{x_A} \left(\frac{P_B}{P_0} \right)^{x_B} \cdots} \right] \quad (16.36)$$

が得られる．さらに，右辺の圧力の項について整理すると

$$K_P \equiv \frac{\left(\frac{P_P}{P_0} \right)^{x_P} \left(\frac{P_Q}{P_0} \right)^{x_Q} \cdots}{\left(\frac{P_A}{P_0} \right)^{x_A} \left(\frac{P_B}{P_0} \right)^{x_B} \cdots} = \exp \left(\frac{-\Delta G_r^\circ}{R_0 T} \right) \quad (16.37)$$

が得られる．この値を**平衡定数**（equilibrium constant）と呼ぶ．この式を用いることによって，反応に関与する物質の熱力学的な物性値から化学平衡における各物質の分圧が得られる．この値は，ある温度，圧力の下で反応がどこまで進むかを示している．

[まとめ]
- 化学反応は，各物質の量の変化に伴って熱力学量がどのように変化するかを考えることで整理できる．
- 定温定積反応では，反応熱は内部エネルギーの変化で計算され，ヘルムホルツ自由エネルギーが最小になるまで反応が進行する．
- 定温定圧反応では，反応熱はエンタルピーの変化で計算され，ギブズ自由エネルギーが最小になるまで反応が進行する．
- 反応平衡では，親和力は0となる．関係する物質がすべて理想気体で，混合物の熱力学量が各物質の熱力学量の和で表される場合には，平衡定数を式（16.37）で求めることができる．

演習問題
16.1 次の反応で反応進行度が0.1 molだけ増加した場合，各物質の変化量はいくらか．
$$2CO + O_2 \rightarrow 2CO_2$$

16. 化 学 反 応

しっかり議論 16.1　平衡定数の圧力の値は，標準状態の圧力との比の形で含められる．このため，平衡定数そのものは無次元の値となる．高校までの平衡定数の計算では，圧力の単位が Pa であり，圧平衡定数は場合によっては単位があったが，ギブズの自由エネルギーと関連づける式（16.37）を用いるには，無次元表記の方が理解しやすい．

しっかり議論 16.2　実は標準状態の定義にも複数ある．大きく分けて，25 ℃を標準温度にするもの（SATP と呼ばれる）と 0 ℃を標準温度にするもの（STP と呼ばれる）がある．また，STP でも 1 atm を基準にするものと 0.1 MPa を基準にするものがあるが，近年は通常 0.1 MPa を基準にする．たとえば IUPAC（国際純正・応用化学連合）では 1982 年から 0.1 MPa を基準にするように推奨している．なお，圧力が 0.1 MPa の STP では，1 mol の理想気体の体積は約 22.7 L となる．

16.2　次の反応の平衡定数が 1.5 である時，0.1013 MPa で平衡になった時の各物質の分圧はいくらか．ただし，この時の温度ですべての物質は理想気体とする．
$$CO + 2H_2 \rightarrow CH_3OH$$

16.3　水蒸気の標準生成ギブズ自由エネルギーは -228.57 kJ/mol である．大気圧で水蒸気を加熱して分解して水素を得る時，水の 1/3 が分解する温度はいくらか．

参 考 文 献
P. W. Atkins『アトキンス物理化学第 6 版』東京化学同人，2001.

Chapter 17

ギブズの相律とデュエムの定理

[目標・目的]　系の状態を変化させるために独立に変化させられる状態変数について学ぶ．ここで学ぶ事項は，熱力学を広範な対象に適用する際の基礎となるものである．

17.1　ギブズの相律

　相とは，やや定性的な言い方をすれば，対象とする系のうち，他の部分とはっきりした境界で区別でき，しかも巨視的な大きさで見て均一な部分のことである．気相は1つしかないと考えてよい．これは，気体同士は常に混ざり合うからである．液相と固相に関しては，互いに混合しないような物質の組み合わせもあるので，複数の液相および複数の固相が現れることもある．

　純物質系の場合，気体のような単一相では圧力と温度の2つの示強変数を独立に変化させられるが，気相と液相のような二相が共存した平衡状態では圧力と温度はもはや独立ではない．そして，圧力と温度の関係は共存線で関係付けられる．つまり，純物質系の二相間平衡を考える場合，2つの示強変数のうち，1つだけが独立となる．

　一般に系の状態を規定する独立な示強変数の数は系の**自由度**（degree of freedom）と呼ばれ，系内における平衡にある相の数と化学種の数に依存する．別の言い方をすれば，自由度は相の数を変えないで独立に変えることができる示強変数の数である．ギブズは，化学反応がない場合について，系の自由度 F（ヘルムホルツ自由エネルギーと混同しないように要注意），共存する相の数 P（圧力と混同しないように要注意），化学種の数 C（熱容量と混同しないように要注意）の間に次の一般的な関係が成り立つことを示した．これを，通常，**ギブズの相律**（Gibbs' phase rule）という．

$$F = C - P + 2 \tag{17.1}$$

上式は，次のようにして得られる．化学種の数が C であるから，各相について，$(C-1)$ 個の独立なモル分率が存在する．モル分率の和が1であるという条件の

ため，C個のモル分率のうち，1つは独立でないためである．したがって，P個の相に対し，全部で$(C-1)P$個の成分を指定する示強変数（モル分率）が存在する．さらに，系の温度と圧力が系全体の熱力学的な状態を指定する示強変数として加わり，全部で$(C-1)P+2$個の示強変数が系の状態を指定することになる．ここで，各化学種について各相が互いに平衡にある，という条件を付け加えると，各化学種について化学ポテンシャルがすべての相で等しいという式が成立する必要がある．これは，上記の共存線に相当する．このため，$(P-1)$個の独立な相平衡条件式が制約条件となり，制約条件は全部で$(P-1)C$個となる．したがって，系の状態を指定する示強変数の数$(C-1)P+2$から制約条件の数$(P-1)C$を差し引いた数が系の自由度Fとなり，次のようになる．

$$F=(C-1)P+2-(P-1)C=C-P+2 \tag{17.2}$$

もし，系内で化学反応が起こるなら，独立な化学反応（他の反応の組み合わせでは得られない反応）の数をR（気体定数と混同しないように要注意）とすると，すべての反応に対して親和力が0であるという条件が加わる．平衡状態においてはこの条件がR個付け加わるから，自由度Fは

$$F=(C-R)-P+2 \tag{17.3}$$

となる．$C-R$は，独立な化学種の数と呼ばれることがある．また，もし

$$\text{A} \rightleftarrows \text{B}+2\text{C} \tag{17.4}$$

というような化学反応があって，化学種B, Cがこの反応で生じるものだけであるなら，化学種B, Cのモル分率の比が常に1:1となるので，自由度は，さらに1だけ減少する．

17.2 デュエムの定理

相の数，化学種の数，化学反応の数がいくつであっても，すべての化学種の初期のモル数n_{k0}が与えられていれば，閉鎖系の平衡状態は2つの独立変数で完全に定まることが知られている．これを**デュエムの定理**（Duhem's theorem）という．

この定理の証明は次のとおりである．まず，化学反応がない場合で考える．化学種の数がC，相の数がPの系の状態は，圧力，温度，およびCP個の物質量n_k^i（kは化学種，iは相を表す）で特定できる．すなわち，変数の総数は$CP+2$である．これらの変数の間の制約条件を考えよう．まず，C種類の各化学種に対して$(P-1)$個の独立な相平衡条件式があるから，独立な相平衡条件式は全部で$(P-1)C$個となる．さらに，各化学種の全モル数$n_{k\,\text{total}}$が初期のモル数n_{k0}とし

て与えられているので，各化学種に対して

$$\sum_{i=1}^{P} n_k^i = n_{k\,\text{total}} = n_{k0} \tag{17.5}$$

という関係式が成り立ち，この式の数は全部で C 個ある．したがって，制約条件式は全部で $(P-1)C+C=CP$ 個となり，変数の総数 $CP+2$ からこれを差し引いて得られる独立変数の数は 2 となる．

化学反応を考えても，この結果は変わらない．なぜなら，化学反応 α は反応の進行具合を表すパラメータ（反応進行度）ξ_α を新しい変数として付け加えるが，同時に化学平衡を表現する制約条件式を 1 つ付け加えるので，結局，系の平衡状態を規定する独立変数の数は変わらないからである．

17.3 ギブズの相律とデュエムの定理との関係

ギブズの相律は，系の示量変数に関わりなく，独立な示強変数の数を規定する．一方，デュエムの定理は，示量性・示強性に関わりなく，閉鎖系の独立変数の総数を規定する．ギブズの相律とデュエムの定理とは，もちろん矛盾することはないが，デュエムの定理で許される 2 つの独立変数の選び方はギブズの相律から制限を受ける．

例えば，三重点の状態にある水は，相律の意味からは無自由度（$F=C-P+2=1-3+2=0$）であるから，デュエムの定理で許される独立変数として示強変数を選ぶことはできない．水の全量が初期条件として与えられていれば，これも独立変数としては選べない．そこで，例えば，氷（固体）の質量と水（液体）の質量なら，独立変数として選ぶことができる．これら 2 つを指定すれば，その他の示強変数および示量変数がすべて定まり，系の状態がただ 1 つに規定される，とデュエムの定理は主張するのである．

ギブズの相律の意味での 1 自由度系では，系の状態を指定する独立変数として示強変数を 1 つだけ選ぶことができる．例えば，2 つの相が共存している純物質系（$F=C-P+2=1-2+2=1$）がそのような系である．

[まとめ]
・系の状態を規定する独立な示強変数の数は「系の自由度」と呼ばれ，ギブズの相律 (17.1) あるいは (17.3) で与えられる．
・デュエムの定理によれば，すべての化学種の初期のモル数が与えられていれば，閉鎖系の平衡状態は 2 つの独立変数で完全に定まる．

・デュエムの定理で許される2つの独立変数の選び方はギブズの相律から制限を受ける.

演習問題

17.1 アルゴンガス（Ar）を封じ込めた大きな容器に，混ざり合わない2種の液体CCl_4とCH_3OHを注ぎ込んだ．この系の自由度を求めよ．

17.2 以下の非反応系の相平衡に関し，相律と矛盾するかしないかを調べよ．
  (a) 純物質の固体における3種の結晶間の平衡．
  (b) 氷（固体の水）の2種の結晶，液体の水，水蒸気の間の平衡．
  (c) AB2元系において，Aを多く含む液相，Bを多く含む液相，AとBをともに含む蒸気相の間の平衡．
  (d) m個の成分から成る系における$m+3$個の相の間の平衡．

17.3 密閉容器内に固体の炭酸アンモニウム$(NH_4)_2CO_3(s)$と反応「$(NH_4)_2CO_3(s) \rightarrow 2NH_3(g) + CO_2(g) + H_2O(g)$」による気体状の分解生成物のみが閉じ込められて平衡状態にあるとする．この系の自由度を求めよ．

17.4 密閉容器内に固体の炭酸アンモニウム$(NH_4)_2CO_3(s)$と反応「$(NH_4)_2CO_3(s) \rightarrow 2NH_3(g) + CO_2(g) + H_2O(g)$」による気体状の分解生成物および$(NH_4)_2CO_3(s)$が分解する前から存在していた$CO_2(g)$が閉じ込められて平衡状態にあるとする．この系の自由度を求めよ．

17.5 密閉容器内に固体の炭酸カルシウム$CaCO_3(s)$と反応「$CaCO_3(s) \rightarrow CaO(s) + CO_2(g)$」による分解生成物が閉じ込められて平衡状態にあるとする．この系の自由度を求めよ．

17.6 密閉容器内に液体Aと反応「$A(l) \rightarrow B(g) + C(g)$」によって生じる気体状分解生成物BとCが閉じ込められて平衡状態にあるとする．ただし，分解生成物Bは分解生成物Cよりも液体Aに溶けやすい．この系の自由度を求めよ．

17.7 気体の酸素$O_2(g)$，気体の一酸化炭素$CO(g)$，および気体の二酸化炭素$CO_2(g)$の混合系がある．この混合系が「単純に気体を混合する」ことで調製された場合，この混合系の独立な成分の数および自由度を求めよ．また，この混合系が「3種の気体を混合して調整した後に反応$2CO_2(g) \rightarrow 2CO(g) + O_2(g)$が平衡状態になっている」場合，この混合系の独立な成分の数および自由度を求めよ．最後に，この混合系が「気体の二酸化炭素$CO_2(g)$の分解のみから生じ，化学的な平衡状態になっている」場合，この混合系の独立な成分の数および自由度を求めよ．

17.8 真空容器中に無水硫酸銅$CuSO_4(s)$を入れ，温度を50℃に保ちながら徐々に水蒸気$H_2O(g)$を容器内に入れていったところ，$H_2O(g)$のモル数が$CuSO_4(s)$のモル数に等しくなるまでは容器内の圧力がある一定値のままであった．相律の考察から何がわかるか？

補章

エントロピーの統計的取扱い

　エントロピーは熱機関を考察する過程で誕生し，クラウジウスの不等式の数学的記述によって，可逆・不可逆過程を評価できる概念として導入された．その後，エントロピーは「エントロピー増大の原理」や「乱雑さ」を表す概念として物理学に登場し，様々な学問分野で用いられるようになった．ここでは，統計力学や情報工学などで使われているエントロピーを学習し，この状態量の理解を深める．

S.1　場合の数とエントロピー

　本書では巨視的な物性の取り扱いをしてきたが，実際には物質は原子や分子から成っている．分子や原子の運動から熱力学的な値を検討することができる．このようなアプローチをする熱力学を統計熱力学といい，特に気体や液体の分子の運動についての議論を分子運動論と呼ぶ．その詳細は統計熱力学の教科書にゆずり，ここではその概要と結果の紹介をし，エントロピーについての理解を深める一助とする．

　分子運動論では，温度が上昇することは分子の平均運動エネルギーの値が大きくなることを意味している．では，エントロピーはどのように表されるだろうか．高熱源から低熱源に熱が移動し，最終的に熱平衡に至る事例について考えてみる．

　図S.1のようにまわりが断熱された容器の中に80℃のお湯と，20℃の水を同量封入した場合を考える．中心の障壁を外し，十分時間が経過すれば最終的に温度が50℃となり，熱平衡状態となる．この問題を場合の数に置き換えて考察する．図S.2のように80℃のお湯には8個の10℃分のエネルギーを表す粒子を配置し，20℃の水には2個の同じ粒子を配置する．1つの粒子は1単位のエネルギーを持っており，粒子が右側に移動して熱が拡散しても，粒子の総和は10個であり，エネルギー保存則を満足する．

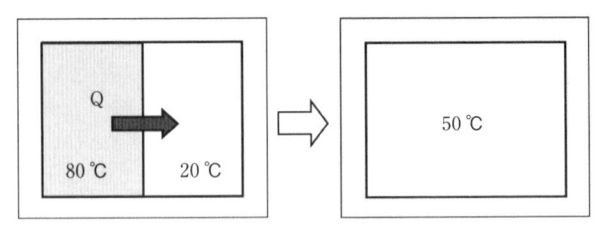

図 S.1　熱の移動と熱平衡

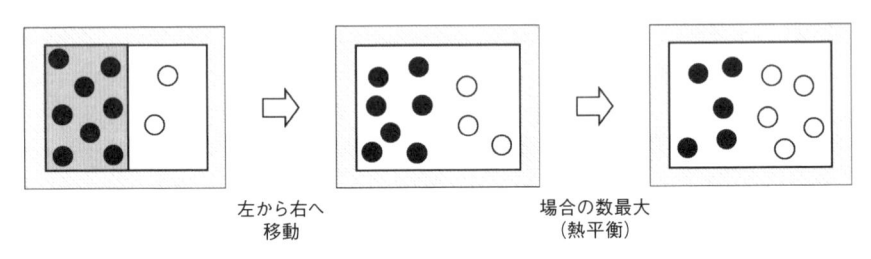

図 S.2　場合の数と熱平衡

（図中ラベル：左から右へ移動、場合の数最大（熱平衡））

　障壁を外す前の場合の数を計算する．この状態は全粒子数 10 個の内，左側 8 個，右側 2 個入れる場合の数に相当するので，$W_0 = {}_{10}C_2 = 45$ である．
　今，障壁を外すと，左側の高温流体が右側の低温流体に拡散していく．これは，左側のエネルギーを持った分子が右側に移動することを意味する．ここで，1 つの粒子が右側に移動したときの場合の数を計算すると，$W_1 = {}_{10}C_3 = 120$ になる．
　十分に時間が経過した後は，10 個の粒子は均一に容器内に分散し（温度が 50℃になったことを意味する），左側と右側には半分の 5 粒子がそれぞれ存在していると考えられる．この時の場合の数は $W_f = {}_{10}C_5 = 252$ である．
　高熱源から低熱源への熱の移動現象は，場合の数が増える方向に進む現象になっている．エントロピーの増加は場合の数が増えることと等価であり，場合の数が最大値になるところが平衡状態であると考えるのが統計力学でのエントロピーである．様々な現象を場合の数の問題と置き換えることで，熱以外の問題にも適用できる．実は，エントロピー S は場合の数 W の対数に比例する．以下にこれを説明する．
　エントロピーは示量変数であるから，2 つの独立な系を合成した系の全エントロピーは，合成前の各々の系のエントロピーの和であり，次のように書ける．

$$S_{1+2} = S_1 + S_2 \tag{S.1}$$

　一方，2 つの独立な系を合成した系の微視的配置の総数は，合成前の各々の系

の微視的配置の数の積であり，次のように書ける．
$$W_{1+2} = W_1 W_2 \tag{S.2}$$
ここで，系のエントロピー S が系の微視的配置の数 W の関数として
$$S = f(W) \tag{S.3}$$
と書けると仮定する．このとき，式 (S.1) より，次のように書ける．
$$f(W_{1+2}) = f(W_1) + f(W_2) \tag{S.4}$$
さらに，式 (S.2) より
$$f(W_1 W_2) = f(W_1) + f(W_2) \tag{S.5}$$
となる．

今，式 (S.5) を W_1 で微分すると，
$$W_2 f'(W_1 W_2) = f'(W_1) \tag{S.6}$$
と書け，同様に，W_2 で微分すると，
$$W_1 f'(W_1 W_2) = f'(W_2) \tag{S.7}$$
と書ける．これらより，関係式
$$W_1 f'(W_1) = W_2 f'(W_2) \tag{S.8}$$
が成り立つ．上式の左辺は W_1 のみの関数であり，右辺は W_2 のみの関数であるが，これら2つの系は独立であるから，上式の値は定数でなければならず，その定数を k と書くことにすると，一般に，
$$W f'(W) = k \tag{S.9}$$
と書けねばならないことがわかる．この微分方程式を解くと，
$$W \frac{dS}{dW} = k \tag{S.10}$$

$$dS = k \frac{dW}{W} \tag{S.11}$$

$$S = k \ln W + 定数 \tag{S.12}$$
となる．ここで，微視的配置の数が $W=1$ であるような系のエントロピーを $S=0$ とすることに決めると，次のように書ける．
$$S = k \ln W \tag{S.13}$$
エントロピー S は場合の数 W の対数に比例することが確認された．たとえば，容器の左側に赤いインク，右側に黒いインクを入れておき，真中の障壁を外すと，インクはお互いに混ざり合っていく．この理由は赤黒のインクが一か所に留まるよりも，お互いに拡散していくほうが場合の数が増えるからである．これは「自然界の現象は放っておけば乱雑な方向に進む」と言い換えることができる．なお，比例定数として**ボルツマン定数**（Boltzmann constant）k_B [J/K] を用いた

場合
$$S = k_B \ln W \tag{S.14}$$
は**ボルツマンの原理**（Boltzmann's principle）と呼ばれている．

また，別の例を見てみよう．図 S.3 のように，理想気体の等温変化を考える．系に与えた熱はすべて外部への仕事として使われ，気体の体積が V_1 から V_2 に膨張した．初期の体積 V_1 を M_1 個のマスに分割し，それに N 個の分子を振り分ける場合を考える．ただし，1 個のマスに N 個すべて入ってもよいし，M_1 個のマスに均等に配置してもよい．分子 1 個の場合の数は M_1 通りあるので，N 個の分子の場合は M_1^N 通りの選択が考えられる．体積が V_2 に増えた場合のマス目の数を M_2 とすれば，場合の数は M_2^N 通りに増加する．体積が増加する前後の場合の数をそれぞれ，W_1，W_2 とすれば，

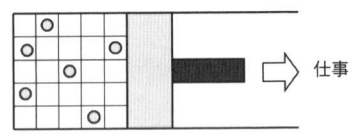

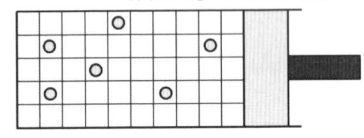

$$\frac{W_1}{W_2} = \left(\frac{M_1}{M_2}\right)^N = \left(\frac{V_1}{V_2}\right)^N \tag{S.15}$$

図 S.3 理想気体の等温変化

となる．変化の前後のボルツマンのエントロピーの変化は

$$k_B \ln W_2 - k_B \ln W_1 = k_B N \log\left(\frac{V_2}{V_1}\right) \tag{S.16}$$

となる．$k_B \ln W_1$ を S_1，$k_B \ln W_2$ を S_2 とおき，粒子の個数 N をアボガドロ数 N_A にすれば，気体定数 $R_0 = N_A k_B$ の関係から，

$$S_2 - S_1 = dS = R_0 \ln\left(\frac{V_2}{V_1}\right) \tag{S.17}$$

を得る．これは等温変化時のエントロピーの式と一致する．

本書で説明した場合の数 W は分子が配置される空間に主眼を置いたが，分子がとり得るエネルギー状態に主眼を置いて考察してもよい．一般的には，この

しっかり議論 S.1 ここで議論しているのは，一つ一つの分子が区別できる場合の場合の数である．分子を区別しない場合には同じに見える分子配置でも，分子を区別した場合には何通りかの場合がある．この場合の数が多いほど，その配置は起きやすくなる．たとえば，1 つのマスにすべての分子が入っている場合には，分子を区別しても 1 通りしかないので，この配置はとても起こりにくい．

> **コラム S.1** ボルツマン定数 k_B は，一般気体定数 R をアボガドロ数 N_A で割った値である．
>
> $$k_B = \frac{8.3145 \text{ J/mol K}}{6.02214 \times 10^{23} \text{ mol}} = 1.38066 \times 10^{-23} \text{ J/K}$$
>
> k_B を使うと理想気体の状態方程式は，$PV = Nk_BT$ と書ける．ここで N は分子の個数である．エネルギーと温度を換算する因子である．
>
> 1個の気体分子の運動エネルギーの平均値が，
>
> $$\frac{1}{2}m\overline{v^2} = \frac{3}{2} \cdot \frac{R}{N_A} T = \frac{3}{2} kT$$
>
> で与えられることが分子運動論から導かれる（Webの付録参照）．この式によれば，k_B は微視的な分子の運動エネルギーと巨視的な量である温度をつなぐ定数であることがわかる．

W のことを「状態の数」と呼んでいる．

S.2 粒子の分布とエントロピー

粒子分布がわずかに変化する場合，エントロピーがどのように記述できるのかを調べてみる．図 S.4 のように，エネルギー準位が $\varepsilon_0, \varepsilon_1, \varepsilon_2 \cdots$ のようにとびとびの値をとり，その各エネルギー準位にそれぞれ，$n_0, n_1, n_2 \cdots$ 粒子が存在しているとする．温度が低ければ系全体のエネルギーは低く，温度が高くなれば系全

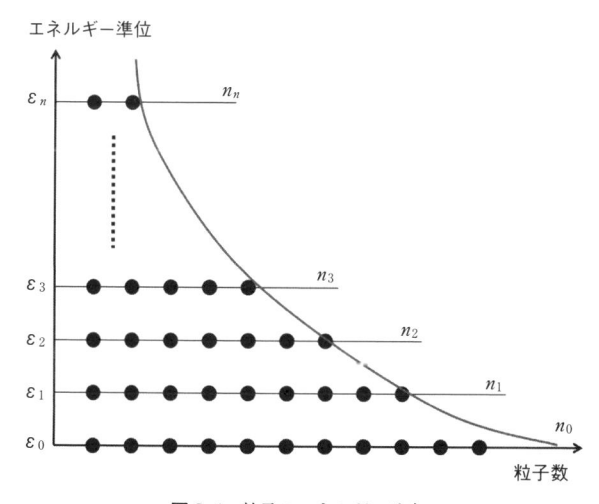

図 S.4 粒子のエネルギー分布

体のエネルギーが高くなる．温度が低い場合には多くの粒子は下の方のエネルギー準位に多く存在し，温度が高い場合には上位のエネルギー準位に多く存在すると考えられる．

この時，粒子配置の場合の数は，

$$W = \frac{N!}{n_0! n_1! n_2! \cdots n_i!} = \frac{N!}{\prod_i n_i!} \tag{S.18}$$

である．このとき W は莫大な値となるので，W の値を求める代わりに $\log W$ の極大値を計算する．W が大きくなると $\ln W$ も大きくなるので，問題の本質は変わらない．**スターリングの公式**（Stirling's formula）$\ln N! \fallingdotseq N(\ln N - 1)$ を使うと，

$$\begin{aligned}\ln W &= \ln \frac{N!}{\prod_i n_i!} = N(\ln N - 1) - \sum_i n_i (\ln n_i - 1) \\ &= N \ln N - \sum_i (n_i \ln n_i)\end{aligned} \tag{S.19}$$

となる．

図 S.4 の粒子の分布状態で，エネルギー準位 i の粒子の数が n_i から $n_i + \delta n_i$ に変化した時のエントロピー変化量 dS を式（S.14）のボルツマンの原理を用いて表現する．

$$\begin{aligned}dS &= k_B \Big[N \ln N - \sum_i (n_i + \delta n_i) \ln (n_i + \delta n_i) \Big] - k_B \Big(N \ln N - \sum_i (n_i \ln n_i) \Big) \\ &= -k_B \Big[\sum_i (n_i + \delta n_i) \ln (n_i + \delta n_i) - \sum_i (n_i \ln n_i) \Big]\end{aligned} \tag{S.20}$$

ここで，$\ln(n_i + \delta n_i) = \ln n_i \left(1 + \frac{\delta n_i}{n_i}\right) \fallingdotseq \ln n_i + \frac{\delta n_i}{n_i}$，および，全粒子数が一定の条件，$\sum_i \delta n_i = \delta N = 0$ を使うと，式（S.20）は，

$$dS = -k_B \delta n_i \ln n_i \tag{S.21}$$

となり，粒子分布がわずかに変化する時のエントロピー変化量が求まる．

S.3 粒子の熱平衡分布

全粒子数と全エネルギーを一定にする条件のもとで配置数 W を最大にする粒子分布を求めてみる．その分布は熱平衡状態に相当する．粒子の分布状態を微小量 δn_i だけ変えても $\ln W$ が変化しなければその分布は極値であるので，式（S.19）から，

$$\delta \ln W = \left(\frac{\partial \ln W}{\partial n_i}\right) \delta n_i = \sum_i \delta n_i \left(-\ln n_i - \frac{n_i}{n_i}\right) = 0 \tag{S.22}$$

S.3 粒子の熱平衡分布

となる．全粒子数と全エネルギーは，それぞれ

$$N = \sum_i n_i \tag{S.23}$$

$$E = \sum_i n_i \varepsilon_i \tag{S.24}$$

と書ける．上式の制約条件のもとで，目的とする関数の極大値を求める問題は，ラグランジュの未定乗数法を使って求めることができる．

ここで，未定乗数として，α と β を使って，

$$L = \ln W + \alpha\left(N - \sum_i n_i\right) + \beta\left(E - \sum_i n_i \varepsilon_i\right) \tag{S.25}$$

とおき，微小変化量は，

$$\delta L = \sum_i \delta n_i (-\ln n_i - \alpha - \beta \varepsilon_i) = 0 \tag{S.26}$$

と書けるので，

$$-\ln n_i - \alpha - \beta \varepsilon_i = 0 \tag{S.27}$$

$$\therefore n_i = e^{-\alpha - \beta \varepsilon_i} = A e^{-\beta \varepsilon_i} \tag{S.28}$$

を得る．ただし，$i = 0, 1, 2, 3 \cdots$ で，$A = e^{-\alpha}$ とおいた．次に，式中の β がどのような値になるかを求める．

式（S.28）で表される粒子の分布状態を少し変化させ，この分布のエントロピー変化を求めてみる．式（S.28）の対数をとり，分布全体を微小量変化させると，

$$\sum_i \delta n_i \ln n_i = -\beta \sum_i \varepsilon_i \delta n_i + A \sum_i \delta n_i \tag{S.29}$$

となる．ここで，全粒子数は変化しないので，$\sum_i \delta n_i = \delta N = 0$ である．両辺にボルツマン定数 k_B をかけて整理すると，

$$k_B \sum_i \delta n_i \ln n_i = \beta k_B \sum_i \varepsilon_i \delta n_i \tag{S.30}$$

この式の左辺は式（S.14）で表されるエントロピーの変化量であり，右辺の $\sum_i \varepsilon_i \delta n_i = d'Q$ とすると，

$$dS = k_B \beta d'Q \tag{S.31}$$

ここで，$\beta = 1/k_B T$ とおくと，$dS = k \log W = d'Q/T$ となり，粒子分布のエントロピー変化は**クラウジウスのエントロピー**（Clausius's entropy）を満たすことが導かれる．したがって式（S.28）は

$$n_i = A \exp\left(-\frac{\varepsilon_i}{k_B T}\right) \tag{S.32}$$

となる．この式は分子がとり得る最も安定した状態を表しており，ボルツマン分布と呼ばれている．この式を全粒子数 N で割ることで，エネルギー準位 ε_i に存

しっかり議論 S.2　内部エネルギーは分子の力学的エネルギー総和である．物質に熱を加えていくと，固体から液体，気体と変化していく．固体では分子間力が大きく，物質を構成している分子は規則正しく配列された状態で振動している．液体では分子間力は弱くなり，分子が自由に運動を始めるようになるが，分子間の距離はあまり変わらないので体積変化は小さい．気体になると分子間力の影響がなくなり，分子は自由に運動をはじめ，内部エネルギーは分子の運動エネルギーで表すことができる．体積も一気に増加する．2つの物質間で熱が移動し熱平衡に達するとは，運動エネルギーの大きい分子が多い物質が，運動エネルギーの小さい物質と接触した結果，分子同士で衝突を繰り返しながら，両物体の運動エネルギーが徐々に近づき，その平均運動エネルギーが等しくなった状態である．

しっかり議論 S.3　スターリングの公式は大きな数を扱う場合によく使われる以下の近似式である．

$$\ln N! = \ln 1 + \ln 2 + \ln 3 + \cdots \ln n$$

今，$\ln x$ を x の関数として，x の刻み幅が 1 で描いたのが図 S.5 である．x が 1 から n までの和は，図中の長方形の面積の和に等しく，それは $y=\ln x$ の 1 から N までの積分値が，幅が 1 の長方形の和で近似できる．

$$y = \int_1^N \ln x \, dx = [x \ln x]_1^N - \int_1^N dx \fallingdotseq N \ln N - N$$

$N=10$ では誤差は 13.8% であるが，$N=170$ では誤差は 0.5% となる．

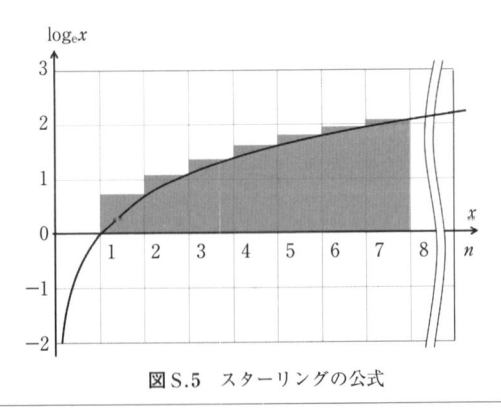

図 S.5　スターリングの公式

在する粒子の存在確率を知ることができる．粒子が状態 i を選ぶ確率を f_i とすれば，

$$\sum_i f_i = \frac{n_i}{N} = \frac{e^{-\frac{\varepsilon_i}{k_B T}}}{Z} = 1 \tag{S.33}$$

> **しっかり議論 S.4** ラグランジュの未定乗数法は，ある関数 $f(x, y)$ の極値を，制約条件 $g(x, y)=0$, $h(x, y)=0$ のもとで求める方法である．このとき，新しい変数 α, β を用意して次のような関数を作り，
> $$L(x, y, \alpha, \beta) = f(x, y) + \alpha g(x, y) + \beta h(x, y)$$
> 以下の条件式を解く．
> $$\frac{\partial L}{\partial x}=0, \quad \frac{\partial L}{\partial y}=0, \quad \frac{\partial L}{\partial \alpha}=0, \quad \frac{\partial L}{\partial \beta}=0$$
> これをラグランジュの未定乗数法という．この方法は条件付き極値問題を解く解法として便利である．制約条件のもとで極値を求める問題は，制約条件のない関数 $L(x, y, \alpha, \beta)$ の極値を求める問題と同様である．

$$Z = \sum_i e^{-\frac{\varepsilon_i}{k_B T}} \tag{S.34}$$

である．Z を**分配関数**（partition function）または**状態和**（sum over states）といい，統計熱力学で基本となる関数である．これを使うと，すべてのマクロな熱力学の状態量を求めることができる．系が持つエネルギーの期待値（平均値）は確率 f_i を使えば，

$$E = \sum_i \varepsilon_i f_i = \frac{\sum_i \varepsilon_i e^{-\frac{\varepsilon_i}{k_B T}}}{Z} \tag{S.35}$$

となる．これは熱力学の内部エネルギーを意味している．

S.4　情報理論のエントロピー

情報理論では価値のある情報とそうでない情報を数式化し，エントロピーを導入している．ある事象が確率 P で起こる場合の情報量 $I(P)$ を，

$$I = -\log_2 P \tag{S.36}$$

と定義する．この I を**シャノンの情報量**（Shannon's information）と呼んでいる．$-\log$ の形なので，確率 P が大きいほど情報量 I は小さくなる．対数の底が 2 になっているのは，確率が 50% の場合に I が 1 になるためであり，単位はビット（bit）である．

ある抽選会でくじを引く場合を例に考えてみる．当選くじが出る確率が 1% しかない A 抽選会と，当選くじが 30% ある B 抽選会のどちらの抽選会で当たりが出た方がうれしいだろうか．

A 抽選会では，当選確率は 1%，したがってはずれ確率は 99% である．当選確率の情報量 I は，$-\log_2 0.01 = 6.64$ ビット，はずれの情報量は同様に 0.15 ビ

ットである．当たりを引く前後では6.64−0.15=6.49ビットとなる．一方，B抽選会では1.73−0.51=1.22ビットである．A抽選のほうが当選したことによる情報量が大きく，A抽選会で当選するほうが価値ある情報（得にくい情報）を得たと解釈する．未知状態から既知状態に変化が起こる時のギャップの度合いを情報量として定量化している．

シャノンはさらに，情報量に発生する確率をかけて，その和をとることにより，エントロピーを情報量の期待値として定義した．

$$S = \sum_i P_i I_i = -\sum_i P_i \log_2 P_i \tag{S.37}$$

この値はシャノンのエントロピー（Shannon's entropy）と呼ばれる．情報量がどの程度の確率で発生するかを計算し，その期待値（平均値）をエントロピーとして定量化したものである．

例えば，抽選会に行って，最後の1枚が当たり券であるくじを引く場合，当選確率は100%であり，選択の余地はなく，エントロピーは0になる．2枚のくじの内，どちらか一方が当たりくじの場合，確率は50%なのでエントロピーは1となる．4枚なら確率25%でエントロピーは2になる．このエントロピーは，頻繁に起こる現象には情報としての価値は小さく，稀有な現象の情報の価値は大きいという意味がある．

サイコロを振って1の目が出る場合と，偶数の目が出る場合のエントロピーを計算してみる．

$$S = -6 \times \frac{1}{6} \log_2 \left(\frac{1}{6}\right) = 2.585 \text{ ビット}$$

$$S = -\frac{3}{6} \log_2 \left(\frac{3}{6}\right) - \frac{3}{6} \log_2 \left(\frac{3}{6}\right) = 1 \text{ ビット}$$

確率50%の場合は1ビットになる．

赤玉，青玉，黄玉から1つ選ぶ場合

$$S = -3 \times \frac{1}{3} \log_2 \left(\frac{1}{3}\right) = 1.585 \text{ ビット}$$

三者択一では二者択一よりも情報量が大きく，不確かさが大きくなる．

赤玉6個，青玉3個，黄玉1個から1つ選ぶ場合

$$S = -\frac{6}{10} \log_2 \left(\frac{6}{10}\right) - \frac{3}{10} \log_2 \left(\frac{3}{10}\right) - \frac{1}{10} \log_2 \left(\frac{1}{10}\right) = 1.295 \text{ ビット}$$

三者択一よりも小さい．3つの玉の数が違うので情報予測が立てやすい（赤玉を引く可能性が高い）．

四者択一の問題では，$S = -4 \times \frac{1}{4} \log_2 \left(\frac{1}{4}\right) = 2$ ビット，同様に，8者択一では3

> **しっかり議論 S.5** 期待値とは，ある試行によって得られる数値 X が x_1, x_2, x_3, …であり，それぞれの確率 P_i が P_1, P_2, P_3, …と与えられるとき，以下の式で表わされる．確率がわかると期待値が求まる．
>
> $$E = x_1 p_1 + x_2 p_2 + x_2 p_2 + \cdots = \sum_i x_i p_i$$
>
> 期待値は，ある試行を行ったとき，その結果として得られる数値の平均値のことである．例えば，1等が1万円が2本，2等3000円が8本，3等1000円が10本，はずれが100本の宝くじの期待値は，
>
> $$E = 10000 \times \frac{2}{120} + 3000 \times \frac{8}{120} + 1000 \times \frac{10}{120} + 0 \times \frac{100}{120} = 375 \text{円}$$
>
> となる．

ビット，16者択一の問題では4ビットというように，選択肢の増加に伴いエントロピーは増加していく．

こうしていくつかの例題を見てくると，シャノンのエントロピーは不確かな情報が多くなるほどビットが増えている．式（S.37）は，式（S.14）と酷似している．熱力学では，エントロピーの増加は熱平衡状態に向かうことを意味していたが，情報工学でのエントロピーの増加は，有益な情報がなくなり情報が平均化される方向に向かうことを意味している．エントロピーは小さいほど価値があり，放っておけば，必ずエントピーが増加する方向に現象は進んでいく．

参考文献

小倉陽三『図解　統計熱力学の学び方』，オーム社，1982．
都築卓司『なっとくする統計力学』，講談社，1993．
戸田盛和『熱・統計力学』，岩波書店，1987．
和達三樹，十河 清，出口哲生『ゼロからの熱力学と統計力学』，岩波書店，2005．

付　　　録

1. 熱力学で扱う代表的な物理量

表 A1.1　熱力学で扱う代表的な物理量

物理量	記号	単位	微小変化／微小量
代表的な状態量			
圧力	P	Pa	dP
体積	V	m^3	dV
温度	T	K	dT
エントロピー	S	J/K	dS
内部エネルギー	U	J	dU
エンタルピー	H	J	$dH = d(U+PV)$
ヘルムホルツ自由エネルギー	F	J	$dF = d(U-TS)$
ギブス自由エネルギー	G	J	$dG = d(U+PV-TS)$
熱		J	
系の受け取る熱	Q	J	$d'Q \equiv TdS$（可逆）
外界から系に加える熱	Q_e	J	$d'Q_e$
仕事		J	
閉じた系のする仕事	W_c	J	$d'W_c = d'W_a$（可逆）
開いた系のする仕事	W_o	J	$d'W_o = d'W_t$（可逆）
絶対仕事	W_a	J	$d'W_a \equiv PdV$
工業仕事	W_t	J	$d'W_t \equiv -VdP$
系から外界に取り出せる仕事	W_e	J	$d'W_e = P_e dV$（閉じた系）
外界から系に加える仕事	W_e^*	J	$d'W_e^* = -d'W_e$
サイクルの正味の仕事	W_{net}	J	－
熱容量	C	J/K	－
比熱	c	J/(kg K)	－
定積比熱	c_V	J/(kg K)	－
定圧比熱	c_P	J/(kg K)	－
比エントロピー	s	J/(kg K)	ds
気体定数	R	J/(kg K)	－
一般気体定数	R_0	J/(mol K)	－
熱効率	η_{th}	－	－
成績係数（冷凍機）	ε_R	－	－
成績係数（ヒートポンプ）	ε_H	－	－
比熱比	κ	－	－
ポリトロープ指数	n_p	－	－

物質量	n	mol	dn
質量	M	kg	dM
モル質量	M_m	kg/mol	-
圧縮因子	Z	-	-
等温圧縮率	α	1/Pa	-
体膨張係数	β	1/K	-
定積圧力係数	χ	Pa/K	-

下付　e：外界, rev：可逆, irr：不可逆, env：環境.

　本書では，質量当たりの物理量を小文字で，物質量当たりの物理量を添字のmをつけて表す．例えば，比内部エネルギーはu[J/kg]，モル内部エネルギーはU_m[J/mol]となる．ただし，比熱はc[J/(kg K)]で，モル比熱はC_m[J/(mol K)]で，一般気体定数はR_0[J/(mol K)]で表す．また，状態量の微小変化はdをつけて，状態量ではない物理量の微小量はd'をつけて表す．比熱と気体定数と比エントロピーの単位が同じになることに注意．表中で（可逆）とある式は，可逆過程の場合にのみ成立する．熱は系に加えられる量，仕事は系から取り出させる量として定義し，その逆向きの値には＊をつけて区別する．微小変化欄の「-」は本書の範囲では扱わないだけであり，これらの変化について議論する場合にはもちろん微小変化は考えられる．

2. 国際単位系（SI）

表 A2.1　基本単位

量	記号	名称
長さ	m	メートル
質量	kg	キログラム
時間	s	秒
電流	A	アンペア
温度	K	ケルビン
光度	cd	カンデラ
物質量	mol	モル

付　録

表 A2.2　接頭語

記号	名称	倍数	記号	名称	倍数
da	デカ	10	d	デシ	10^{-1}
h	ヘクト	10^2	c	センチ	10^{-2}
k	キロ	10^3	m	ミリ	10^{-3}
M	メガ	10^6	μ	マイクロ	10^{-6}
G	ギガ	10^9	n	ナノ	10^{-9}
T	テラ	10^{12}	p	ピコ	10^{-12}
P	ペタ	10^{15}	f	フェムト	10^{-15}
E	エクサ	10^{18}	a	アト	10^{-18}
Z	ゼタ	10^{21}	z	ゼプト	10^{-21}
Y	ヨタ	10^{24}	y	ヨクト	10^{-24}

表 A2.3　代表的な組み立て単位

量	記号	名称	基本単位での表記
力・エネルギー	N	ニュートン	$kg\,m/s^2$
仕事	J	ジュール	$kg\,m^2/s^2$
仕事率	W	ワット	$kg\,m^2/s^3$
圧力	Pa	パスカル	$kg/(m\,s^2)$
角度	rad	ラジアン	m/m
立体角	sr	ステラジアン	m^2/m^2

3．単位の換算係数

表 A3.1　圧力

Pa	atm	at=kgf/cm²	bar	mmH₂O	mmHg	psi=lbf/in²
1	9.86923 E−6	1.01972 E−5	1E−5	0.101972	7.50064 E−3	1.4503 E−4
1.01325 E5	1	1.03323	1.01325	1.03323 E4	760	14.695
9.80665 E4	0.967841	1	0.980665	1 E4	735.56	14.223
1 E5	0.986923	1.01972	1	1.01972 E4	750.062	14.503
9.80665	9.67841 E−5	1E−4	9.80665 E−5	1	7.35561 E−2	1.4223 E−3
133.322	1.31579 E−3	1.35951 E−3	1.33322 E−3	13.5951	1	1.934 E−2
6.8948 E3	6.8046 E−2	7.0307 E−2	6.8948E−2	703.073	51.715	1

数字が小さくなって読みにくくなるので 1000 以上の数と 0.1 以下の数は FORTRAN 表記とする。1.01325 E5 とあれば，1.01325×10^5 のことである。

表A3.2 仕事・熱・エネルギー

J	cal	Btu	kgf・m	W・h
1	0.238846	9.479 E−4	0.101972	2.77778 E−4
4.1868	1	3.969 E−3	0.426934	1.163 E−3
1.055 E3	251.98	1	107.58	0.2931
9.80665	2.34228	9.295 E−3	1	2.72407 E−3
3600	859.845	3.412	3.67098 E2	1

表A3.3 仕事率

W	メートル馬力	HP	kgf m/s	ft lb/sec	kcal/sec
1	1.3596E−03	1.3410E−03	1.0197E−01	7.3756E−01	2.3885E−04
7.3550E+02	1	9.8630E−01	7.5000E+01	5.4248E+02	1.7567E−01
7.4571E+02	1.0139E+00	1	7.6042E+01	5.5001E+02	1.7811E−01
9.8066E+00	1.3333E−02	1.3151E−02	1	7.2330E+00	2.3423E−03
1.3558E+00	1.8434E−03	1.8182E−03	1.3826E−01	1	3.2383E−04
4.1868E+03	5.6925E+00	5.6145E+00	4.2694E+02	3.0880E+03	1

4. 気体の物性

表A4.1 0℃, 101.3 kPa における気体のモル質量, ガス定数, 密度および比熱

気体	モル質量 [g/mol]	ガス定数 [kJ/(kg K)]	密度 [kg/m^3]	定圧比熱 [kJ/(kg K)]	定積比熱 [kJ/(kg K)]	比熱比 [-]
水素, H_2	2.016	4.125	0.08240	14.301	10.177	1.405
メタン, CH_4	16.043	0.518	0.65573	2.231	1.713	1.303
水蒸気, H_2O	18.015	0.462	−	1.868	1.407	1.328
窒素, N_2	28.013	0.297	1.14502	1.039	0.743	1.400
空気	28.965	0.287	1.18392	1.006	0.719	1.399
酸素, O_2	31.999	0.260	1.30791	0.918	0.658	1.395
二酸化炭素, CO_2	44.010	0.189	1.79885	0.851	0.662	1.285

0.101325 MPa, 298.15 K の値. モル質量と定圧比熱は日本化学会『化学便覧 基礎編』改訂4版, 丸善, 1993 から抜粋. 一部, 内挿値. また, 水蒸気の定圧比熱は Reid, R. C. et al., *The Properties of Gases and Liquids*, 4th edition, McGraw-Hill, 1987 の値から推算. ガス定数は一般ガス定数 8.314510 J/(mol K) を用いて計算. 密度と定積比熱は理想気体を仮定して計算. 比熱比は定圧比熱と定積比熱の比として計算.

5. 水の物性

表 A5.1〜A5.11 に日本機械学会「1999 蒸気表」日本機械学会 (1999) から抜粋した水の物性値を示す.

表 A5.1 飽和蒸気表 (温度基準)

温度		圧力	比体積		比エンタルピー			比エントロピー	
[℃] t_C	[K] T	[kPa] P	[m³/kg] v'	v''	[kJ/kg] h'	h''	$h''-h'$	[kJ/(kg K)] s'	s''
0	273.15	0.61121	0.00100021	206.140	−0.04	2500.89	2500.93	−0.00015	9.15576
0.01	273.16	0.61166	0.00100021	205.997	0.00	2500.91	2500.91	0.00000	9.15549
10	283.15	1.2282	0.00100035	106.309	42.02	2519.23	2477.21	0.15109	8.89985
20	293.15	2.3392	0.00100184	57.7615	83.92	2537.47	2453.55	0.29650	8.66612
30	303.15	4.2467	0.00100441	32.8816	125.75	2555.58	2429.84	0.43679	8.45211
40	313.15	7.3844	0.00100788	19.5170	167.54	2573.54	2406.00	0.57243	8.25567
50	323.15	12.351	0.00101214	12.0279	209.34	2591.31	2381.97	0.70379	8.07491
60	333.15	19.946	0.00101711	7.66766	251.15	2608.85	2357.69	0.83122	7.90817
70	343.15	31.201	0.00102276	5.03973	293.02	2626.10	2333.08	0.95499	7.75399
80	353.15	47.415	0.00102904	3.40527	334.95	2643.01	2308.07	1.07539	7.61102
90	363.15	70.182	0.00103594	2.35915	376.97	2659.53	2282.56	1.19266	7.47807
99.974	373.124	101.325	0.00104344	1.67330	418.99	2675.53	2256.54	1.30672	7.35439
100	373.15	101.42	0.00104346	1.67186	419.10	2675.57	2256.47	1.30701	7.35408
110	383.15	143.38	0.00105158	1.20939	461.36	2691.07	2229.70	1.41867	7.23805
120	393.15	198.67	0.00106033	0.891304	503.78	2705.93	2202.15	1.52782	7.12909
130	403.15	270.26	0.00106971	0.668084	546.39	2720.09	2173.70	1.63463	7.02641
140	413.15	361.50	0.00107976	0.508519	589.20	2733.44	2144.24	1.73929	6.92927
[℃]	[K]	[MPa]	[m³/kg]		[kJ/kg]			[kJ/(kg K)]	
150	423.15	0.47610	0.00109050	0.392502	632.25	2745.92	2113.67	1.84195	6.83703
160	433.15	0.61814	0.00110199	0.306818	675.57	2757.43	2081.86	1.94278	6.74910
170	443.15	0.79205	0.00111426	0.242616	719.21	2767.89	2048.69	2.04192	6.66495
180	453.15	1.0026	0.00112739	0.193862	763.19	2777.22	2014.03	2.13954	6.58407
190	463.15	1.2550	0.00114144	0.156377	807.57	2785.31	1977.74	2.23578	6.50600
200	473.15	1.5547	0.00115651	0.127222	852.39	2792.06	1939.67	2.33080	6.43030
210	483.15	1.9074	0.00117271	0.104302	897.73	2797.35	1899.62	2.42476	6.35652
220	493.15	2.3193	0.00119016	0.0861007	943.64	2801.05	1857.41	2.51782	6.28425
230	503.15	2.7968	0.00120901	0.0715102	990.21	2803.01	1812.80	2.61015	6.21306
240	513.15	3.3467	0.00122946	0.0597101	1037.52	2803.06	1765.54	2.70194	6.14253
250	523.15	3.9759	0.00125174	0.0500866	1085.69	2801.01	1715.33	2.79339	6.07222
260	533.15	4.6921	0.00127613	0.0421755	1134.83	2796.64	1661.82	2.88472	6.00169
270	543.15	5.5028	0.00130301	0.0356224	1185.09	2789.69	1604.60	2.97618	5.93042
280	553.15	6.4165	0.00133285	0.0301540	1236.67	2779.82	1543.15	3.06807	5.85783
290	563.15	7.4416	0.00136629	0.0255568	1289.80	2766.63	1476.84	3.16077	5.78323
300	573.15	8.5877	0.00140422	0.0216631	1344.77	2749.57	1404.80	3.25474	5.70576
310	583.15	9.8647	0.00144788	0.0183389	1402.00	2727.92	1325.92	3.35058	5.62430
320	593.15	11.284	0.00149906	0.0154759	1463.05	2700.67	1238.62	3.44912	5.53732
330	603.15	12.858	0.00156060	0.0129840	1525.74	2666.25	1140.51	3.55156	5.44248
340	613.15	14.600	0.00163751	0.0107838	1594.45	2622.07	1027.62	3.65995	5.33591
350	623.15	16.529	0.00174007	0.00880093	1670.86	2563.59	892.73	3.77828	5.21089
360	633.15	18.666	0.00189451	0.00694494	1761.49	2480.99	719.50	3.91636	5.05273
370	643.15	21.043	0.00222209	0.00494620	1892.64	2333.50	440.86	4.11415	4.79962
373.946	647.096	22.064	0.00310559	0.00310559	2087.55	2087.55	0	4.41202	4.41202

表 A5.2 飽和蒸気表（圧力基準）

圧力	温度		比体積		比エンタルピー			比エントロピー	
[kPa] P	[℃] t_c	[K] T	[m³/kg] v'	v''	[kJ/kg] h'	h''	$h''-h'$	[kJ/(kg K)] s'	s''
1.0	6.970	280.120	0.00100014	129.183	29.30	2513.68	2484.38	0.10591	8.97493
1.5	13.020	286.170	0.00100067	87.9621	54.69	2524.75	2470.06	0.19557	8.82705
2.0	17.495	290.645	0.00100136	66.9896	73.43	2532.91	2459.48	0.26058	8.72272
3.0	24.080	297.230	0.00100277	45.6550	100.99	2544.88	2443.89	0.35433	8.57656
4.0	28.962	302.112	0.00100410	34.7925	121.40	2553.71	2432.31	0.42245	8.47349
6.0	36.160	309.310	0.00100645	23.7342	151.49	2566.67	2415.17	0.52087	8.32915
8.0	41.510	314.660	0.00100847	18.0994	173.85	2576.24	2402.39	0.59253	8.22741
10	45.808	318.958	0.00101026	14.6706	191.81	2583.89	2392.07	0.64922	8.14889
15	53.970	327.120	0.00101403	10.0204	225.94	2598.30	2372.37	0.75484	8.00712
20	60.059	333.209	0.00101714	7.64815	251.40	2608.95	2357.55	0.83195	7.90723
30	69.095	342.245	0.00102222	5.22856	289.23	2624.55	2335.32	0.94394	7.76745
40	75.857	349.007	0.00102636	3.99311	317.57	2636.05	2318.48	1.02590	7.66897
60	85.926	359.076	0.00103306	2.73183	359.84	2652.85	2293.02	1.14524	7.53110
80	93.485	366.635	0.00103849	2.08719	391.64	2665.18	2273.54	1.23283	7.43389
100	99.606	372.756	0.00104315	1.69402	417.44	2674.95	2257.51	1.30256	7.35881
101.325	99.974	373.124	0.00104344	1.67330	418.99	2675.53	2256.54	1.30672	7.35439
150	111.35	384.50	0.00105222	1.15936	467.08	2693.11	2226.03	1.43355	7.22294
200	120.21	393.36	0.00106052	0.885735	504.68	2706.24	2201.56	1.53010	7.12686
300	133.53	406.68	0.00107318	0.605785	561.46	2724.89	2163.44	1.67176	6.99157
400	143.61	416.76	0.00108356	0.462392	604.72	2738.06	2133.33	1.77660	6.89542
600	158.83	431.98	0.00110061	0.315575	670.50	2756.14	2085.64	1.93110	6.75917
800	170.41	443.56	0.00111479	0.240328	721.02	2768.30	2047.28	2.04599	6.66154
[MPa]	[℃]	[K]	[m³/kg]		[kJ/kg]			[kJ/(kg K)]	
1.00	179.89	453.04	0.00112723	0.194349	762.68	2777.12	2014.44	2.13843	6.58498
1.50	198.30	471.45	0.00115387	0.131702	844.72	2791.01	1946.29	2.31468	6.44305
2.00	212.38	485.53	0.00117675	0.0995805	908.62	2798.38	1889.76	2.44702	6.33916
3.00	233.86	507.01	0.00121670	0.0666641	1008.37	2803.26	1794.89	2.64562	6.18579
4.0	250.36	523.51	0.00125257	0.0497766	1087.43	2800.90	1713.47	2.79665	6.06971
6.0	275.59	548.74	0.00131927	0.0324487	1213.73	2784.56	1570.83	3.02744	5.89007
8.0	295.01	568.16	0.00138466	0.0235275	1317.08	2758.61	1441.53	3.20765	5.74485
10.0	311.00	584.15	0.00145262	0.0180336	1407.87	2725.47	1317.61	3.36029	5.61589
15.0	342.16	615.31	0.00165696	0.0103401	1610.15	2610.86	1000.71	3.68445	5.31080
20.0	365.75	638.90	0.00203865	0.00585828	1827.10	2411.39	584.29	4.01538	4.92990
22.064	373.946	647.096	0.00310559	0.00310559	2087.55	2087.55	0	4.41202	4.41202

表 A5.3 蒸気表 1

温度 [℃]	1 kPa			2 kPa			4 kPa		
	v	h	s	v	h	s	v	h	s
20	135.22	2538.19	9.0604	67.572	2357.67	8.7390	0.0010018	83.92	0.2965
50	149.10	2594.40	9.2430	74.525	2594.14	8.9224	37.239	2593.62	8.6012
100	172.19	2688.54	9.5138	86.084	2688.41	9.1937	43.030	2688.17	8.8732
150	195.28	2783.65	9.7530	97.631	2783.58	9.4330	48.808	2783.44	9.1128
200	218.36	2880.00	9.9682	109.17	2879.95	9.6482	54.582	2879.86	9.3282
250	241.44	2977.73	10.1645	120.72	2977.70	9.8446	60.354	2977.64	9.5246
300	264.52	3076.95	10.3456	132.26	3076.93	10.0257	66.125	3076.88	9.7057
350	287.59	3177.72	10.5142	143.79	3177.70	10.1943	71.895	3177.66	9.8743
400	310.67	3280.08	10.6722	155.33	3280.06	10.3522	77.665	3280.03	10.0323
500	356.83	3489.77	10.9625	178.41	3489.76	10.6426	89.205	3489.74	10.3227
600	402.98	3706.33	11.2258	201.49	3706.33	10.9059	100.74	3706.32	10.5860
700	449.13	3929.96	11.4682	224.57	3929.95	11.1483	112.28	3929.94	10.8284
800	495.29	4160.66	11.6938	247.64	4160.65	11.3739	123.82	4160.65	11.0540

v の単位は m³/kg, h の単位は kJ/kg, s の単位は kJ/(kg K).

表 A5.4 蒸気表 2

温度 [℃]	6 kPa			8 kPa			10 kPa		
	v	h	s	v	h	s	v	h	s
20	0.0010018	83.92	0.2965	0.0010018	83.93	0.2965	0.0010018	83.93	0.2965
50	24.811	2593.09	8.4127	18.596	2592.55	8.2786	14.867	2591.99	8.1741
100	28.678	2687.92	8.6856	21.502	2687.68	8.5523	17.197	2687.43	8.4488
150	32.533	2783.30	8.9254	24.396	2783.16	8.7924	19.514	2783.02	8.6892
200	36.384	2879.77	9.1409	27.285	2879.68	9.0080	21.826	2879.59	8.9048
250	40.233	2977.57	9.3374	30.173	2977.51	9.2045	24.136	2977.45	9.1014
300	44.081	3076.83	9.5185	33.059	3076.78	9.3857	26.446	3076.73	9.2827
350	47.928	3177.62	9.6871	35.945	3177.58	9.5543	28.755	3177.54	9.4513
400	51.775	3280.00	9.8451	38.830	3279.97	9.7123	31.064	3279.94	9.6093
500	59.469	3489.72	10.1355	44.601	3489.69	10.0027	35.680	3489.67	9.8997
600	67.162	3706.30	10.3989	50.371	3706.29	10.2661	40.296	3706.27	10.1631
700	74.854	3929.93	10.6413	56.140	3929.92	10.5085	44.912	3929.91	10.4055
800	82.547	4160.64	10.8669	61.910	4160.63	10.7341	49.528	4160.62	10.6311

v の単位は m³/kg, h の単位は kJ/kg, s の単位は kJ/(kg K).

表 A5.5 蒸気表 3

温度 [℃]	20 kPa			40 kPa			60 kPa		
	v	h	s	v	h	s	v	h	s
20	0.0010018	83.94	0.2965	0.0010018	83.96	0.2965	0.0010018	83.97	0.2965
50	0.0010121	209.34	0.7038	0.0010121	209.36	0.7038	0.0010121	209.37	0.7038
100	8.5857	2686.19	8.1262	4.2800	2683.68	7.8009	2.8446	2681.10	7.6083
150	9.7488	2782.32	8.3680	4.8664	2780.91	8.0455	3.2388	2779.49	7.8557
200	10.907	2879.14	8.5842	5.4481	2878.23	8.2629	3.6283	2877.32	8.0743
250	12.064	2977.12	8.7811	6.0279	2976.48	8.4602	4.0159	2975.83	8.2722
300	13.220	3076.49	8.9624	6.6067	3076.00	8.6647	4.4024	3075.52	8.4541
350	14.375	3177.35	9.1311	7.1850	3176.97	8.8108	4.7883	3176.59	8.6232
400	15.530	3279.78	9.2892	7.7629	3279.47	8.9690	5.1739	3279.16	8.7815
500	17.839	3489.57	9.5797	8.9180	3489.35	9.2596	5.9444	3489.14	9.0722
600	20.147	3706.19	9.8431	10.073	3706.04	9.5231	6.7145	3705.88	9.3358
700	22.455	3929.85	10.0855	11.227	3929.73	9.7655	7.4843	3929.62	9.5783
800	24.763	4160.57	10.3112	12.381	4160.48	9.9912	8.2539	4160.39	9.8040

v の単位は m³/kg, h の単位は kJ/kg, s の単位は kJ/(kg K).

表 A5.6 蒸気表 4

温度 [℃]	80 kPa			100 kPa			101.325 kPa		
	v	h	s	v	h	s	v	h	s
20	0.0010018	83.99	0.2965	0.0010018	84.01	0.2965	0.0010018	84.01	0.2965
50	0.0010121	209.39	0.7038	0.0010121	209.41	0.7038	0.0010121	209.41	0.7038
100	2.1268	2678.47	7.4698	1.6960	2675.77	7.3610	1.6734	2675.58	7.3545
150	2.4250	2778.05	7.7203	1.9367	2776.59	7.6147	1.9112	2776.49	7.6084
200	2.7184	2876.40	7.9400	2.1725	2875.48	7.8356	2.1439	2875.41	7.8294
250	3.0098	2975.19	8.1385	2.4062	2974.54	8.0346	2.3746	2974.49	8.0284
300	3.3002	3075.03	8.3207	2.6389	3074.54	8.2171	2.6043	3074.51	8.2110
350	3.5900	3176.20	8.4900	2.8710	3175.82	8.3865	2.8334	3175.79	8.3804
400	3.8794	3278.85	8.6484	3.1027	3278.54	8.5451	3.0621	3278.52	8.5390
500	4.4577	3488.92	8.9393	3.5656	3488.71	8.8361	3.5189	3488.69	8.8300
600	5.0354	3705.73	9.2029	4.0279	3705.57	9.0998	3.9753	3705.56	9.0937
700	5.6129	3929.50	9.4455	4.4900	3929.38	9.3424	4.4313	3929.37	9.3363
800	6.1902	4160.30	9.6712	4.9520	4160.21	9.5681	4.8872	4160.21	9.5620

v の単位は m³/kg, h の単位は kJ/kg, s の単位は kJ/(kg K).

表 A5.7 蒸気表 5

温度 [℃]	200 kPa			400 kPa			600 kPa		
	v	h	s	v	h	s	v	h	s
20	0.0010018	84.11	0.2965	0.0010017	84.29	0.2964	0.0010016	84.48	0.2964
50	0.0010121	209.50	0.7037	0.0010120	209.67	0.7036	0.0010119	209.84	0.7035
100	0.0010434	419.17	1.3069	0.0010433	419.32	1.3068	0.0010432	419.47	1.3066
150	0.95989	2769.09	7.2809	0.47089	2752.78	6.9305	0.0010904	632.33	1.8418
200	1.0805	2870.78	7.5081	0.53434	2860.99	7.1724	0.35212	2850.66	6.9684
250	1.1989	2971.26	7.7100	0.59520	2964.56	7.3805	0.39390	2957.65	7.1834
300	1.3162	3072.08	7.8940	0.65488	3067.11	7.5677	0.43441	3062.06	7.3740
350	1.4330	3173.89	8.0643	0.71395	3170.01	7.7398	0.47426	3166.10	7.5480
400	1.5493	3276.98	8.2235	0.77264	3273.86	7.9001	0.51373	3270.72	7.7095
500	1.7814	3487.64	8.5151	0.88936	3485.49	8.1931	0.59200	3483.33	8.0039
600	2.0130	3704.79	8.7792	1.0056	3703.24	8.4579	0.66977	3701.68	8.2694
700	2.2444	3928.80	9.0220	1.1215	3927.63	8.7012	0.74725	3926.46	8.5131
800	2.4755	4159.76	9.2479	1.2373	4158.85	8.9273	0.82457	4157.95	8.7395

v の単位は m³/kg, h の単位は kJ/kg, s の単位は kJ/(kg K).

表 A5.8 蒸気表 6

温度 [℃]	800 kPa			1 MPa			2 MPa		
	v	h	s	v	h	s	v	h	s
20	0.0010015	84.67	0.2963	0.0010014	84.86	0.2963	0.0010009	85.80	0.2961
50	0.0010118	210.02	0.7034	0.0010117	210.19	0.7033	0.0010113	211.05	0.7029
100	0.0010431	419.62	1.3065	0.0010430	419.77	1.3063	0.0010425	420.53	1.3055
150	0.0010903	632.45	1.8416	0.0010902	632.57	1.8414	0.0010895	633.19	1.8403
200	0.26087	2839.77	6.8176	0.20600	2828.27	6.6955	0.0011561	852.57	2.3301
250	0.29320	2950.54	7.0403	0.23274	2943.22	6.9266	0.11148	2903.23	6.5474
300	0.32415	3056.92	7.2345	0.25798	3051.70	7.1247	0.12550	3024.25	6.7685
350	0.35441	3158.16	7.4106	0.28249	3158.16	7.3028	0.13859	3137.64	6.9582
400	0.38427	3267.56	7.5733	0.30659	3264.39	7.4668	0.15121	3248.23	7.1290
500	0.44332	3481.17	7.8690	0.35411	3479.00	7.7640	0.17568	3468.09	7.4335
600	0.50186	3700.12	8.1353	0.40111	3698.56	8.0309	0.19961	3690.71	7.7042
700	0.56011	3925.29	8.3794	0.44783	3924.12	8.2755	0.22326	3918.24	7.9509
800	0.61820	4157.04	8.6060	0.49438	4156.14	8.5024	0.24674	4151.59	8.1791

v の単位は m³/kg, h の単位は kJ/kg, s の単位は kJ/(kg K).

付　録

表 A5.9　蒸気表 7

温度 [℃]	4 MPa			6 MPa			8 MPa		
	v	h	s	v	h	s	v	h	s
20	0.0010000	87.68	0.2957	0.00099911	89.55	0.2952	0.00099821	91.42	0.2948
50	0.0010104	212.77	0.7020	0.0010095	214.49	0.7010	0.0010086	216.22	0.7001
100	0.0010415	422.03	1.3040	0.0010405	423.53	1.3024	0.0010395	425.04	1.3009
150	0.0010881	634.43	1.8380	0.0010868	635.68	1.8358	0.0010855	636.93	1.8337
200	0.0011540	853.39	2.3269	0.0011521	854.22	2.3238	0.0011501	855.06	2.3207
250	0.0012517	1085.69	2.7933	0.0012481	1085.65	2.7885	0.0012446	1085.66	2.7837
300	0.058868	2961.65	6.3638	0.036191	2885.49	6.0702	0.024280	2786.38	5.7935
350	0.066474	3093.32	6.5843	0.042253	3043.86	6.3356	0.029978	2988.06	6.1319
400	0.073432	3214.37	6.7712	0.047423	3178.18	6.5431	0.034348	3139.31	6.3657
500	0.086441	3445.84	7.0919	0.056672	3422.95	6.8824	0.041769	3399.37	6.7264
600	0.098857	3674.85	7.3704	0.065264	3658.76	7.1692	0.048463	3642.42	7.0221
700	0.11097	3906.41	7.6215	0.073542	3894.47	7.4248	0.054825	3882.42	7.2823
800	0.12292	4142.16	7.8523	0.081642	4133.27	7.6583	0.061005	4124.02	7.5186

v の単位は m^3/kg, h の単位は kJ/kg, s の単位は $kJ/(kg\,K)$.

表 A5.10　蒸気表 8

温度 [℃]	10 MPa			20 MPa			22.064 MPa		
	v	h	s	v	h	s	v	h	s
20	0.00099732	93.29	0.2944	0.00099292	102.57	0.2921	0.00099203	104.48	0.2916
50	0.0010078	217.93	0.6992	0.0010035	226.51	0.6946	0.0010026	228.27	0.6937
100	0.0010385	426.55	1.2994	0.0010337	434.10	1.2918	0.0010327	435.66	1.2903
150	0.0010842	638.18	1.8315	0.0010779	644.52	1.8209	0.0010767	645.85	1.8188
200	0.0011482	855.92	2.3177	0.0011390	860.39	2.3030	0.0011372	861.35	2.3000
250	0.0012412	1085.72	2.7791	0.0012254	1086.58	2.7572	0.0012223	1086.87	2.7529
300	0.0013980	1343.10	3.2484	0.0013611	1334.14	3.2087	0.0013546	1332.78	3.2014
350	0.022442	2923.96	5.9458	0.0016649	1645.95	3.7288	0.0016340	1635.61	3.7068
400	0.026439	3097.38	6.2139	0.0099496	2816.84	5.5525	0.0082041	2732.92	5.4400
500	0.032813	3375.06	6.5993	0.014793	3241.19	6.1445	0.013089	3210.82	6.0681
600	0.038377	3625.84	6.9045	0.018184	3539.23	6.5077	0.016293	3520.60	6.4457
700	0.043594	3870.27	7.1696	0.021133	3808.15	6.7994	0.019032	3795.08	6.7435
800	0.048624	4114.73	7.4087	0.023869	4067.73	7.0534	0.021554	4057.94	7.0006

v の単位は m^3/kg, h の単位は kJ/kg, s の単位は $kJ/(kg\,K)$.

表 A5.11　蒸気表 9

温度 [℃]	40 MPa			60 MPa			80 MPa		
	v	h	s	v	h	s	v	h	s
20	0.00098450	120.90	0.2872	0.00097655	138.94	0.2818	0.00096902	156.71	0.2761
50	0.00099531	243.56	0.6855	0.00098758	260.47	0.6765	0.00098025	277.26	0.6675
100	0.0010245	449.27	1.2773	0.0010159	464.49	1.2634	0.0010078	479.75	1.2501
150	0.0010663	657.49	1.8009	0.0010553	670.77	1.7822	0.0010456	684.29	1.7645
200	0.0011224	870.12	2.2758	0.0011077	880.67	2.2509	0.0010945	891.85	2.2280
250	0.0011986	1090.59	2.7185	0.0011764	1096.72	2.6848	0.0011574	1104.33	2.6548
300	0.0013083	1325.41	3.1469	0.0012700	1323.25	3.0982	0.0012398	1324.85	3.0572
350	0.0014884	1588.74	3.5870	0.0014067	1567.41	3.5064	0.0013525	1557.67	3.4465
400	0.0019107	1931.13	4.1141	0.0016329	1843.15	3.9316	0.0015163	1808.76	3.8339
500	0.0056249	2906.69	5.4746	0.0029503	2570.4	4.9356	0.0021880	2397.56	4.6474
600	0.0080891	3350.43	6.0170	0.0048336	3156.95	5.6528	0.0033837	2988.09	5.3674
700	0.0099310	3679.42	6.3743	0.0062651	3551.39	6.0815	0.0045161	3432.92	5.8509
800	0.011523	3972.81	6.6614	0.0074568	3880.15	6.4034	0.0054762	3793.32	6.2039

v の単位は m^3/kg, h の単位は kJ/kg, s の単位は $kJ/(kg\,K)$.

6. 臨界定数

表 A6.1 臨界定数

物質	化学式	臨界温度 [K]	臨界圧力 [MPa]
水素	H_2	33.2	1.316
酸素	O_2	154.58	5.043
窒素	N_2	126.20	3.400
水	H_2O	647.096	22.064
一酸化炭素	CO	132.91	3.491
二酸化炭素	CO_2	304.21	7.3825
アンモニア	NH_3	405.6	11.28
メタン	CH_4	190.555	4.595
メタノール	CH_3OH	512.58	8.09

日本化学会『化学便覧 基礎編』,改訂4版,丸善,1993,日本機械学会『1999蒸気表』日本機械学会,1999から抜粋.空気は混合物なので厳密な意味での臨界定数は存在しない.ただし,臨界定数から物性を推算する場合があり,その場合には目的と推算法に応じて臨界定数が与えられることがある.

7. 熱化学的特性

表 A7.1 各種物質の臨界定数,標準生成エンタルピー,標準エントロピー,標準生成ギブズ自由エネルギー

物質	化学式	状態	標準生成エンタルピー [kJ/mol]	標準エントロピー [J/(mol K)]	標準生成ギブズ自由エネルギー [kJ/mol]
水素	H_2	g	0	130.68	0
酸素	O_2	g	0	205.14	0
窒素	N_2	g	0	191.61	0
水(蒸気)	H_2O	g	-241.82	188.83	-228.57
水(液体)	H_2O	l	-285.83	69.91	-273.13
一酸化炭素	CO	g	-110.53	197.67	-137.17
二酸化炭素	CO_2	g	-393.51	213.74	-394.36
アンモニア	NH_3	g	-46.11	192.45	-16.45
メタン	CH_4	g	-74.4	186.38	-50.3
メタノール	CH_3OH	l	-239.1	127.19	-166.8
炭酸カルシウム	$CaCO_3$	s	-1206.92	92.9	-1128.79
酸化カルシウム	CaO	s	-635.09	39.75	-604.03

標準状態は298.15 K,0.1 MPa.日本化学会『化学便覧 基礎編』,改訂4版,丸善,1993から抜粋.一部は筆者の計算値.

8. 各種線図

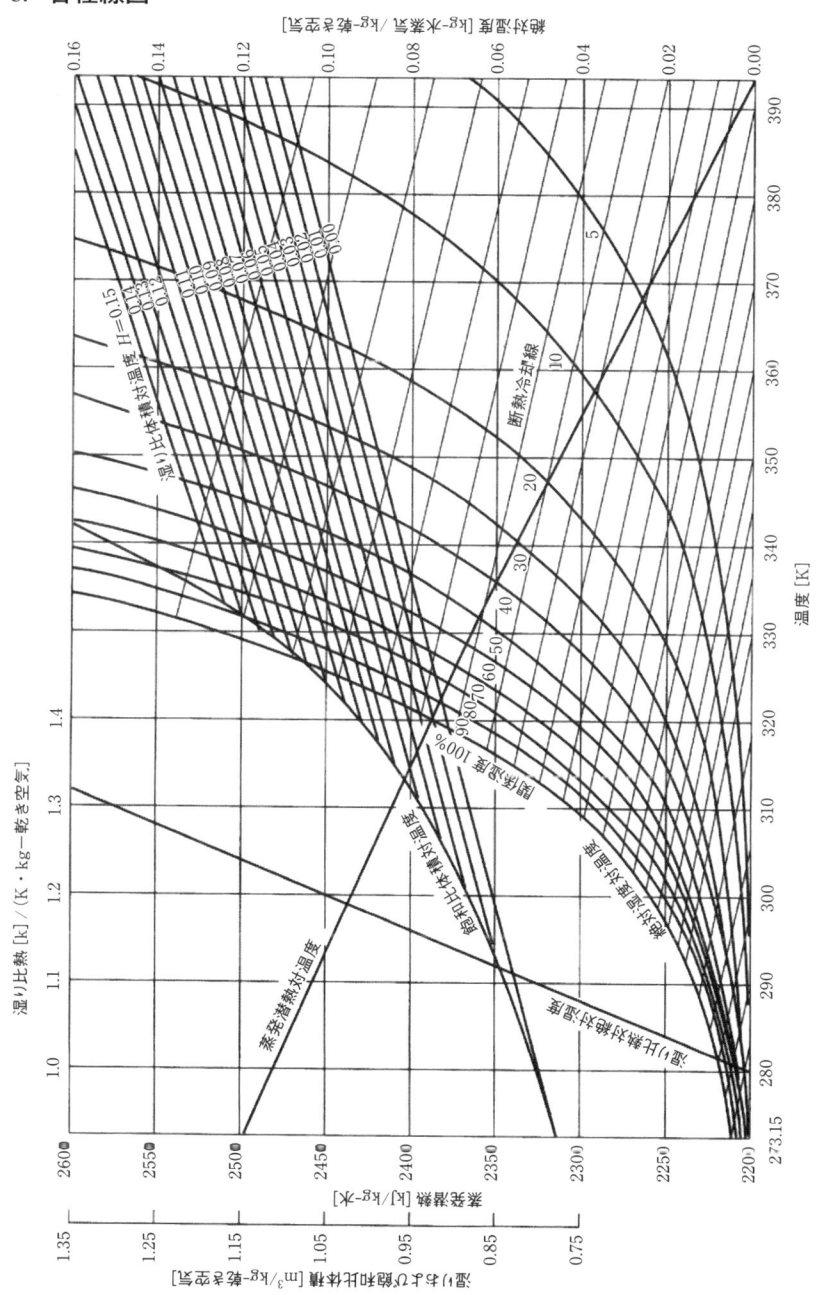

図 A8.1 空気-水系湿度図表

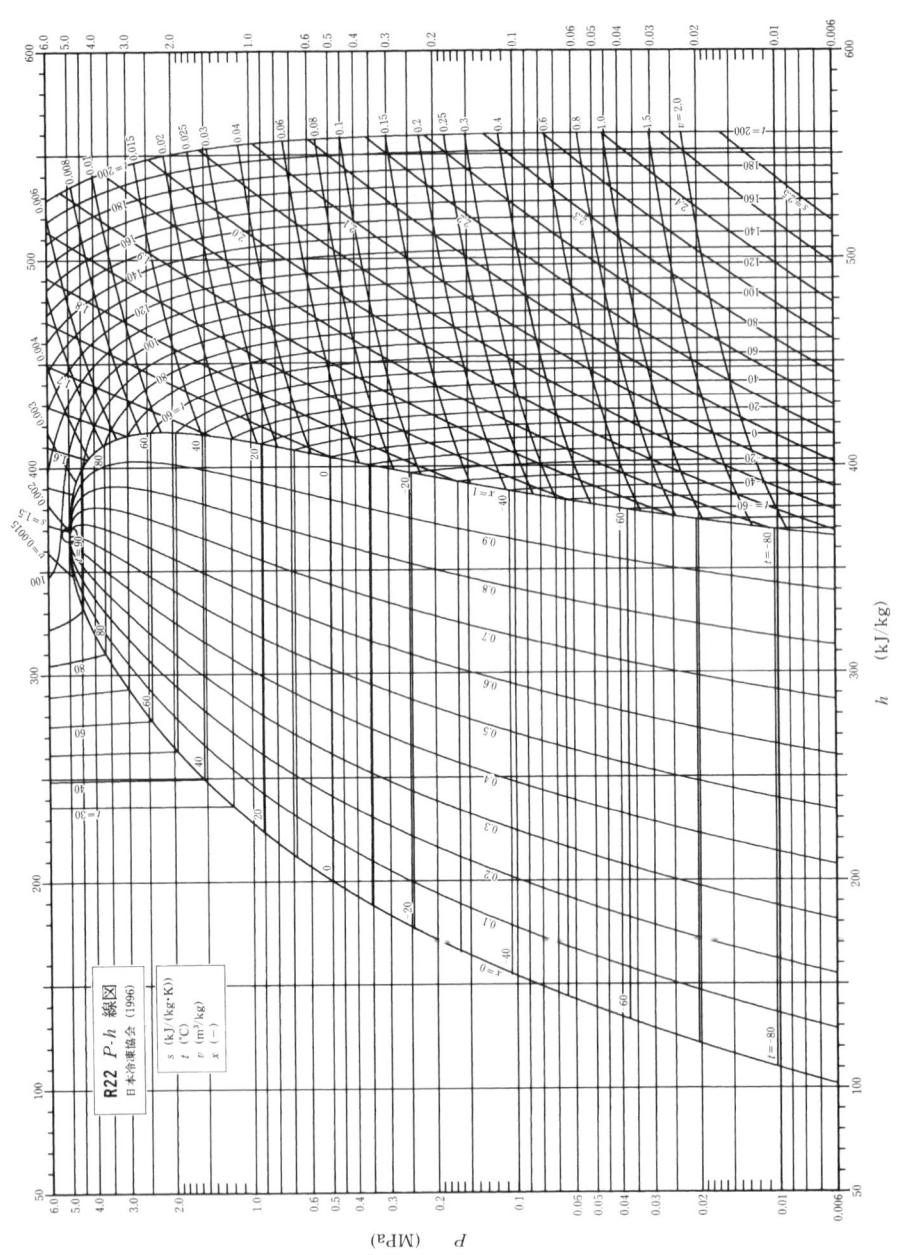

図 A8.2 R22 *P-h* 線図（SI 単位版）冷凍空調学会

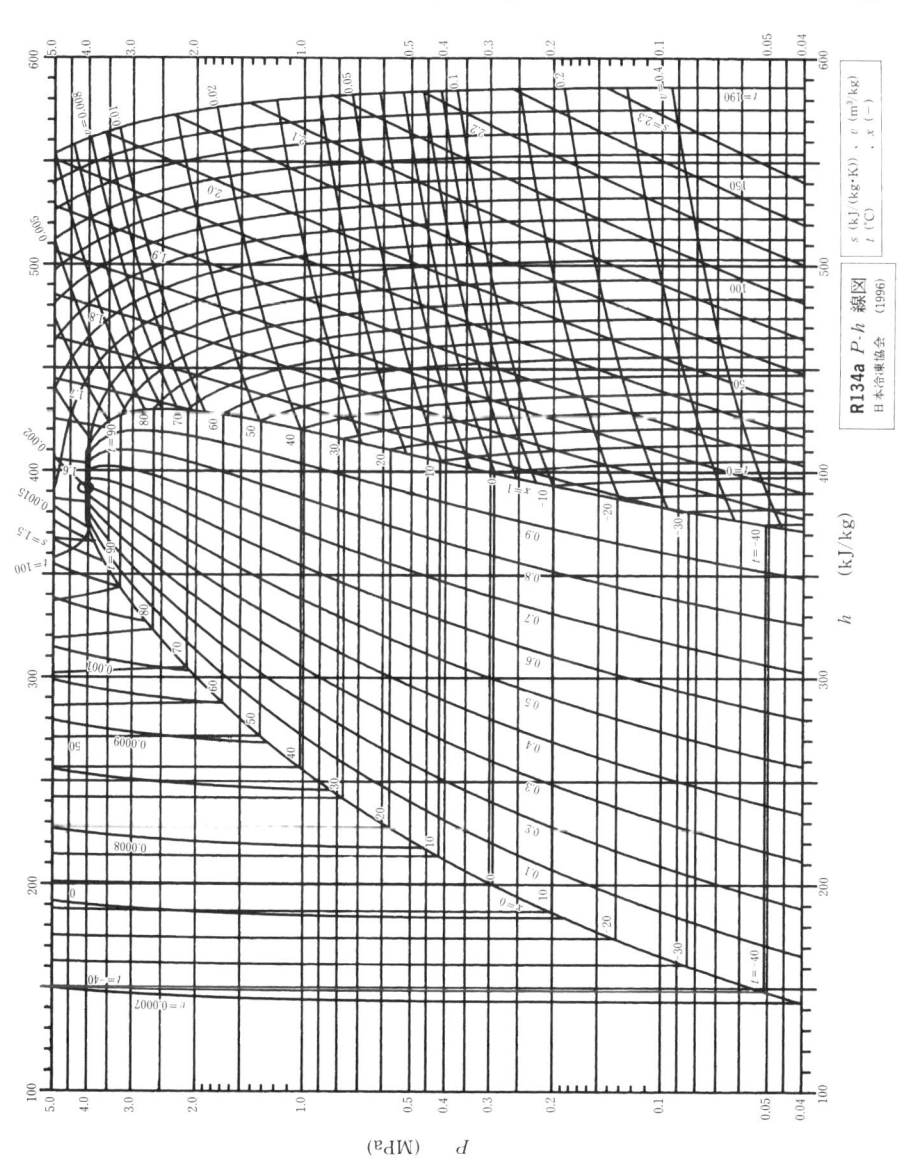

図 A8.3 R134a P–h 線図 (SI 単位版) 冷凍空調学会

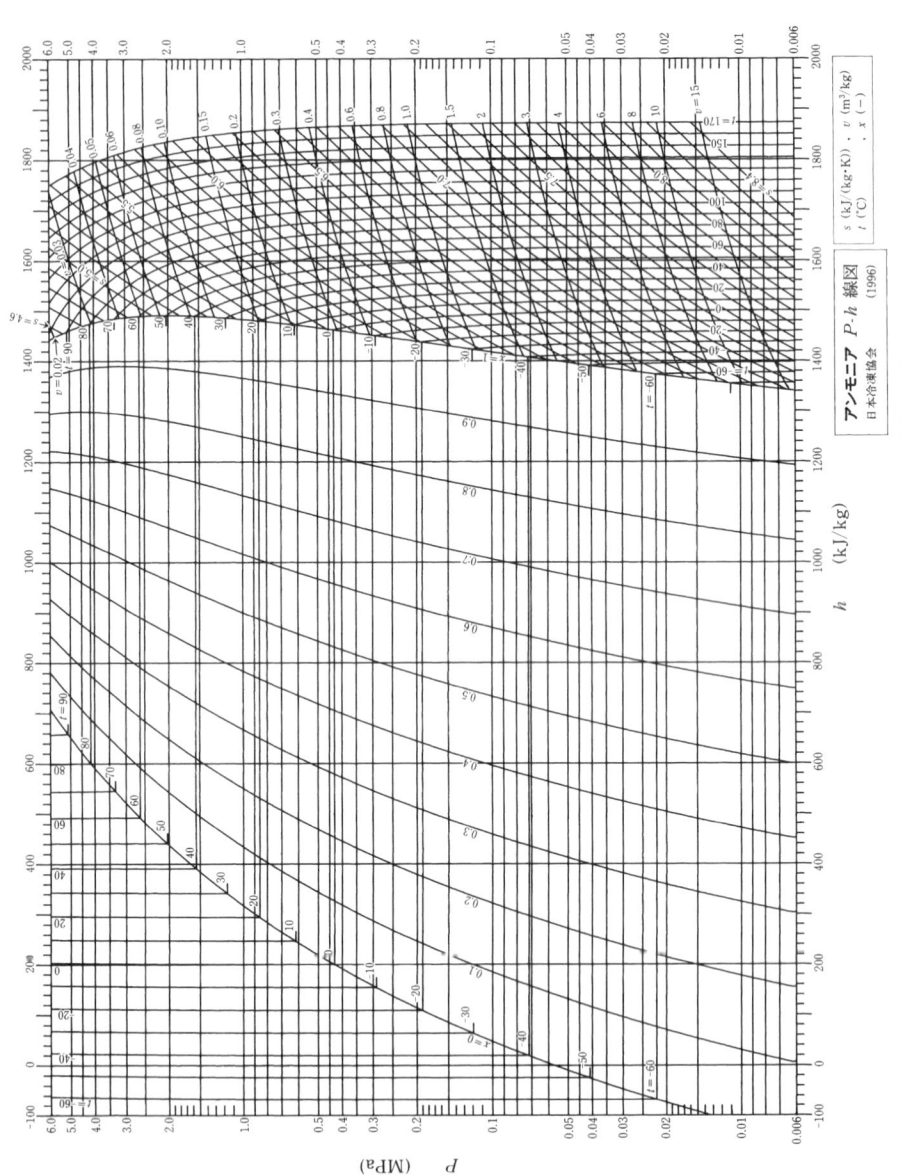

図 A8.4 アンモニア P-h 線図（SI単位版）冷凍空調学会

9. 微小量（全微分）の計算

以下，厳密な議論は省略．例えば，関数は各変数について1回微分可能でなくてはならない，など．

定義と基本公式

全微分とは「すべての変数を微小量動かしたときの関数の変化量」．微小量は，無限に0に近づいた値で，この場合には関数の変化量はすべての変数の影響の和で表せる．

関数についての議論なので，当然，ある変数 $x, y, z, \cdots$ によって決まる関数 f を考えることになる．このとき，関数 f が，独立変数 $x, y, z, \cdots$ をすべて微小量動かした時に変化する量（= 全微分）$\mathrm{d}f$ は，

$$\mathrm{d}f = \frac{\partial f}{\partial x}\mathrm{d}x + \frac{\partial f}{\partial y}\mathrm{d}y + \frac{\partial f}{\partial z}\mathrm{d}z + \cdots$$

となる．

今，$f = kg$（k は定数，g は別の関数）だったとすれば，

$$\begin{aligned}
\mathrm{d}f = \mathrm{d}(kg) &= \frac{\partial(kg)}{\partial x}\mathrm{d}x + \frac{\partial(kg)}{\partial y}\mathrm{d}y + \frac{\partial(kg)}{\partial z}\mathrm{d}z + \cdots \\
&= k\frac{\partial g}{\partial x}\mathrm{d}x + k\frac{\partial g}{\partial y}\mathrm{d}y + k\frac{\partial g}{\partial z}\mathrm{d}z + \cdots \\
&= k\left(\frac{\partial g}{\partial x}\mathrm{d}x + \frac{\partial g}{\partial y}\mathrm{d}y + \frac{\partial g}{\partial z}\mathrm{d}z + \cdots\right) \\
&= k\mathrm{d}g
\end{aligned}$$

今，$f = g + h$（g も h も別の関数）だったとすれば，

$$\begin{aligned}
\mathrm{d}f = \mathrm{d}(g+h) &= \frac{\partial(g+h)}{\partial x}\mathrm{d}x + \frac{\partial(g+h)}{\partial y}\mathrm{d}y + \frac{\partial(g+h)}{\partial z}\mathrm{d}z + \cdots \\
&= \left(\frac{\partial g}{\partial x} + \frac{\partial h}{\partial x}\right)\mathrm{d}x + \left(\frac{\partial g}{\partial y} + \frac{\partial h}{\partial y}\right)\mathrm{d}y + \left(\frac{\partial g}{\partial z} + \frac{\partial h}{\partial z}\right)\mathrm{d}z + \cdots \\
&= \frac{\partial g}{\partial x}\mathrm{d}x + \frac{\partial g}{\partial y}\mathrm{d}y + \frac{\partial g}{\partial z}\mathrm{d}z + \cdots + \frac{\partial h}{\partial x}\mathrm{d}x + \frac{\partial h}{\partial y}\mathrm{d}y + \frac{\partial h}{\partial z}\mathrm{d}z + \cdots \\
&= \mathrm{d}g + \mathrm{d}h
\end{aligned}$$

今，$f = gh$（g も h も別の関数）だったとすれば，

$$\begin{aligned}
\mathrm{d}f = \mathrm{d}(gh) &= \frac{\partial(gh)}{\partial x}\mathrm{d}x + \frac{\partial(gh)}{\partial y}\mathrm{d}y + \frac{\partial(gh)}{\partial z}\mathrm{d}z + \cdots \\
&= \left(g\frac{\partial h}{\partial x} + h\frac{\partial g}{\partial x}\right)\mathrm{d}x + \left(g\frac{\partial h}{\partial y} + h\frac{\partial g}{\partial y}\right)\mathrm{d}y + \left(g\frac{\partial h}{\partial z} + h\frac{\partial g}{\partial z}\right)\mathrm{d}z + \cdots
\end{aligned}$$

$$= g\left(\frac{\partial h}{\partial x}+\frac{\partial h}{\partial y}+\frac{\partial h}{\partial z}+\cdots\right)+h\left(\frac{\partial g}{\partial x}+\frac{\partial g}{\partial y}+\frac{\partial g}{\partial z}+\cdots\right)$$
$$= g\mathrm{d}h+h\mathrm{d}g$$

どうして全微分で表したいのか

例えば，閉じた系から取り出すことのできる絶対仕事は体積変化 $V_2-V_1=\Delta V$ と圧力 P の積で表せる．ある閉じた系が，最初の状態から別の状態に変化する時に，どれだけの仕事が取り出せるかを考えた場合に，圧力 P 一定なら計算は簡単で，$P\Delta V$ で計算できる．ところが，圧力が体積に伴って変化する場合には，圧力も変化しながら，体積が変化していくので P の値の変化も考える必要がある．この時の取り出せる仕事の総量は，圧力変化が階段状と考えて近似でき，階段の幅を無限に小さくすれば真の値が得られる．この計算は積分となる．

P が V とともに変化するかどうかを気にせずに，これを表すには，$P\mathrm{d}V$ として微小な変化についての式を出しておき，これを，P が変化するかどうかを考えながら積分すればよい．つまり，$P\Delta V$ は圧力一定の場合にしか使えないが，$P\mathrm{d}V$ なら P が V とともに変化する場合でも使える．一般的な式を表すには全微分が便利．

2次以上の微小量

微小量と微小量を掛け合わせなくてはならないことがある．例えば，$(P+\mathrm{d}P)(V+\mathrm{d}V)-PV=PV+P\mathrm{d}V+V\mathrm{d}P+\mathrm{d}P\mathrm{d}V-PV=P\mathrm{d}V+V\mathrm{d}P+(\mathrm{d}P)(\mathrm{d}V)$ などである．ここで，$P\mathrm{d}V$ と $V\mathrm{d}P$ は微小量について1次だが，$(\mathrm{d}P)(\mathrm{d}V)$ は微小量について2次である．この場合，高次の微小量は0としてよい．すなわち，
$$P\mathrm{d}V+V\mathrm{d}P+(\mathrm{d}P)(\mathrm{d}V)=P\mathrm{d}V+V\mathrm{d}P$$
となる．これは，微小量は無限に0に近づけた値であり，0に近づくときに高次の微小量の方が先に0に近づくことによって数学的に厳密に成立する．

全微分の積分の仕方

両辺とも，最初の状態から最後の状態まで積分する．このときに，積分変数が，対応する値の間を変化する．

状態量の場合：積分を計算する．
$$\int_1^2 \mathrm{d}U=[U]_1^2=U_2-U_1$$
$$\int_1^2 \mathrm{d}(PV)=[PV]_1^2=P_2V_2-P_1V_1$$

$$\int_1^2 \frac{k}{V}\mathrm{d}V = k[\ln V]_1^2 = k\ln\frac{V_2}{V_1} \quad (k\text{ は定数})$$

状態量でない場合：経路に沿って出入りした量の全体としてしか表せない．

$$\int_1^2 \mathrm{d}'Q = Q_{1\to 2}$$

　計算ができるのは状態量だけ．このため，変化の途中も状態方程式が成立すると仮定して（平衡が成立すると仮定して＝準静的過程），熱や仕事を状態量で表して，計算する．

索　引

あ　行

圧縮因子　92
圧縮水　131
圧縮比　77
圧力比　80, 83
アネルギー　87
亜臨界状態　128

1段圧縮2段膨張冷凍サイクル　148
1段圧縮冷凍サイクル　146
一般ガス定数　64, 92
一般気体定数　64

ウエハラサイクル　143

エクセルギー　86
エクセルギー効率　87
エクセルギー損失　87
エネルギー方程式　50
エンタルピー　16
エントロピー　34

往復動式機関　75
オットーサイクル　76

か　行

外界　2
外燃機関　75
化学ポテンシャル　103
化学量論係数　153
可逆　23
可逆過程　10
可逆サイクル　11

ガス逆サイクル　76
ガス定数　65
ガソリンエンジン　76
過程　9
過熱蒸気　138
過熱水蒸気　131
カリーナサイクル　143
カルノーサイクル　23
乾き気体　122
乾き水蒸気　131
乾き度　131
関係湿度　123
完全な熱力学関数　43
完全微分　45, 60

気液二相サイクル　138
ギブズ自由エネルギー　44
ギブズの相律　161
ギブズの関係式　36
ギブズ・ヘルムホルツの式　51
境界　2
共存線　127
均一　3

クラウジウスのエントロピー　171
クラウジウスの不等式　30
クラペイロンの式　130

系　2
経験式　51
ケミカルポテンシャル　103
ケルビンの原理　21
検査体積　17
顕熱　5

工業仕事　7

工業熱力学　1
効率　23, 62
国際単位系　55
孤立系　2

さ　行

サイクル　11
再生サイクル　142
再熱サイクル　141
再熱再生サイクル　143
作業物質　22
作動物質　22
作動流体　131
サバテサイクル　79
三重点　128

ジェットエンジン　83
示強性状態量　5
示強変数　5, 40
仕事　3, 13
自然な独立変数　43
湿球温度　125
実在気体　64
湿度　122
湿度図表　124
自発的な変化　108
締切比　78
湿り気体　122
湿り水蒸気　131
湿り度　131
湿り比エンタルピー　124
湿り比体積　124
湿り比熱　124
シャノンのエントロピー　174
シャノンの情報量　173
シャルルの法則　64

索 引

自由度　161
ジュール・トムソン係数　96
ジュール・トムソン効果　96
準静的過程　9
蒸気　131
蒸気圧曲線　127
蒸気サイクル　138
蒸気表　132
状態　3
状態変数　40
状態方程式　41
状態量　5
状態和　173
蒸発　131
蒸発潜熱　131
示量性状態量　5
示量変数　5, 40
親和力　155

水蒸気体積分率　123
水蒸気濃度　122
水蒸気分圧　122
水蒸気モル濃度　122
水蒸気モル分率　123
スターリングサイクル　81
スターリングの公式　170

生成物　153
成績係数　62, 85
絶対仕事　7
絶対湿度　123
潜熱　5
全微分　45

相　127
相図　127
相対湿度　123
相転移　128

た 行

体膨張係数　47
多元冷凍サイクル　150
タービン式機関　75
断熱変化　67
断熱飽和温度　124
断熱冷却線　124

超臨界状態　128

定圧過程　15
定圧熱容量　41
定圧比熱　6, 41
定圧変化　67
T-S 線図　54
定温変化　67
定常　3
定積圧力係数　48
定積過程　15
定積熱容量　41
定積比熱　6, 41
定積変化　67
ディーゼルエンジン　78
ディーゼルサイクル　78
定容過程　15
定容変化　67
デュエムの定理　162
伝熱　75

等圧過程　15
等圧変化　67
等エントロピー変化　72
等温圧縮率　48
等温変化　67
等積過程　15
等積変化　67
閉じた系　2
トムソンの原理　21
ドルトンの法則　118

な 行

内燃機関　75
内部エネルギー　8, 13
2段圧縮1段膨張冷凍サイクル　149
2流体サイクル　143

熱　3, 13
熱機関　23
熱源　21
熱効率　75
熱的状態方程式　41
熱発生率　80

熱平衡　4
熱容量　6, 41
熱浴　21
熱落差　62
熱力学　1
熱力学第0法則　4
熱力学第1法則　13
熱力学第2法則　21
熱力学的合理性　51
熱力学的絶対温度　28
熱量的状態方程式　41

は 行

反応進行度　154
反応熱　154
反応物　153

P-V 線図　53
比体積　40
比内部エネルギー　8
比熱　6, 41
比熱比　43
比熱容量　6
標準エントロピー　106
標準生成エンタルピー　106
標準生成ギブズ自由エネルギー　106
開いた系　2

ファン・デル・ワールスの式　93
不可逆　23
不可逆過程　10
不可逆サイクル　11
不完全微分　60
沸点　128
部分系　4
普遍気体定数　64
ブレイトン逆サイクル　85
ブレイトンサイクル　82
分配関数　173

平均モル質量　118
平衡　4
平衡定数　159
ヘルムホルツ自由エネルギー

索　引

44
ヘルムホルツの式　50

ボイルの法則　64
飽和温度　131, 138
飽和空気　122
飽和湿度　124
飽和水蒸気圧　122
飽和蒸気圧　138
飽和水　131
飽和水蒸気　131
飽和度　123
ポリトロープ指数　72
ポリトロープ変化　67
ボルツマン定数　167
ボルツマンの原理　168

ま　行

マイヤーの関係　67
マクスウェルの熱力学的関係　47

無限小過程　10
無効エネルギー　87

モリエ線図　145
モル湿度　123
モル熱容量　6
モル比熱　6, 41

や　行

融点　128

ら　行

ランキンサイクル　138

理想気体　64
　——の状態方程式　65
流体要素　17
理論熱効率　139
臨界圧力　128
臨界温度　128
臨界点　128

ルジャンドル変換　44

冷媒　145

露点　125

英語索引

A

absolute humidity 123
absolute work 7
adiabatic change 67
adiabatic cooling line 124
adiabatic saturated temperature 124
affinity 155
anergy 87
average molar mass 118

B

binary fluid cycle 143
boiling point 128
Boltzmann constant 167
Boltzmann's principle 168
boundary 2
Boyle's law 64
Brayton cycle 82
Brayton reverse cycle 85

C

caloric equation of state 41
Carina cycle 143
Carnot cycle 23
Charles's law 64
chemical potential 103
Clapeyron equation 130
Clausius's entropy 171
Clausius inequality 30
closed system 2
coefficient of performance 62, 85

coexistence line 127
compressed water 131
compressibility factor 92
compression ratio 77
constant-pressure process 15
constant-volume process 15
control volume 17
critical point 128
critical pressure 128
critical temperature 128
cut-off ratio 78
cycle 11

D

Dalton's law 118
degree of freedom 161
degree of saturation 123
dew point 125
Diesel cycle 78
diesel engine 78
dry gas 122
dry steam 131
dryness fraction 131
Duhem's theorem 162

E

efficiency 23, 62
empirical equation 51
energy equation 50
enthalpy 16
entropy 34
equation of state 41
equilibrium 4
equilibrium constant 159
evaporation 131

exact differential 45, 60
exergy 86
exergy efficiency 87
exergy loss 87
extensive property 5
extensive variable 5, 40
extent of reaction 154
external combustion engine 75

F

first law of thermodynamics 13
fluid element 17

G

gas constant 65
gas reverse cycle 76
gas-liquid two phase cycle 138
gasoline engine 76
Gibbs free energy 44
Gibbs' phase rule 161
Gibbs relation 36
Gibbs-Helmholtz equation 51

H

heat 3, 13
heat bath 21
heat capacity 6, 41
heat capacity under constant pressure 41
heat capacity under constant volume 41
heat drop 62
heat engine 23
heat of reaction 154

heat release rate 80
heat source 21
heat transfer 75
Helmholtz equation 50
Helmholtz free energy 44
homogeneous 3
humid heat capacity 124
humid specific enthalpy 124
humid specific heat 124
humid specific volume 124
humidity 122
humidity chart 124

I

ideal gas 64
ideal gas law 65
industrial thermodynamics 1
inexact differential 60
infinitesimal process 10
intensive property 5
intensive variable 5, 40
internal combustion engine 75
internal energy 8, 13
International System of Units 55
irreversible 23
irreversible process 11
isentropic change 72
isobaric change 67
isobaric process 15
isochoric change 67
isochoric process 15
isolated system 2
isothermal change 67
isothermal compressibility 48

J

jet engine 83
Joule-Thomson coefficient 96
Joule-Thomson effect 96

K

Kelvin's principle 21

L

latent heat 5
latent heat of vaporization 131
Legendre transformation 44

M

Maxwell relations 47
Maxwell thermodynamic relations 47
Mayer's relation 67
melting point 128
molar heat 6
molar humidity 123
molar specific heat 41
Mollier diagram 145
multi-stage cascade refrigeration cycle 150

N

natural variables 43

O

open system 2
Otto cycle 76

P

partition function 173
petrol engine 76
phase 127
phase diagram 127
phase transition 128
polytropic change 67
polytropic index 72
pressure ratio 80, 83
process 9
product 153
property 5
P-V diagram 53

Q

quality 131
quantity of state 5
quasistatic process 9

R

Rankine cycle 138
reactant 153
real gas 64
reciprocating engine 75
refrigerant 145
regenerated cycle 142
reheated and regenerated cycle 143
reheated cycle 141
relative humidity 123
reversible 23
reversible cycle 11
reversible process 10

S

Sabathe cycle 79
saturated air 122
saturated humidity 124
saturated steam 131
saturated vapor pressure 138
saturated water 131
saturation temperature 131, 138
saturation water vapor pressure 122
second law of thermodynamics 21
sensitive heat 5
Shannon's entropy 174
Shannon's information 173
SI 55
single-stage compression and two-stage expansion 148
single-stage compression cycle 146
specific heat 6, 41
specific heat under constant pressure 6, 41

specific heat under constant volume 6, 41
specific internal energy 8
specific volume 40
specific-heat ratio 43
spontaneous change 108
standard enthalpy of formation 106
standard entropy 106
standard Gibbs free energy of formation 106
state 3
state variable 40
steady 3
steam cycle 138
steam table 132
Stirling cycle 81
Stirling's formula 170
stoichiometric coefficient 153
subcritical state 128
subsystem 4
sum over states 173
supercritical state 128
superheated steam 131
superheated vapor 138
surrounding 2
system 2

T

technical work 7
theoretical thermal efficiency 139
thermal coefficient of the pressure at constant volume 48
thermal efficiency 75
thermal equation of state 41
thermal equilibrium 4
thermodynamic absolute temperature 28
thermodynamic consistency 51
thermodynamic potential 43
thermodynamics 1
total differential 45
triple point 128
T-S diagram 54
turbine engine 75
two-stage compression and single-stage expansion cycle 149

U

Uehara cycle 143
universal gas constant 64, 92

V

van der Waals equation 93
vapor 131
vapor concentration 122
vapor molar concentration 122
vapor molar fraction 123
vapor partial pressure 122
vapor pressure curve 127
vapor volume fraction 123
volumetric coefficient of thermal expansion 47

W

wet bulb temperature 125
wet gas 122
wet steam 131
wetness fraction 131
work 3, 13
working fluid 131
working substance 22

Z

zeroth law of thermodynamics 4

編著者略歴

松村幸彦（まつむらゆきひこ）

1965 年　鳥取県に生まれる
1993 年　東京大学大学院工学系研究科博士課程単位取得後退学
現　在　広島大学大学院工学研究院エネルギー・環境部門 教授
　　　　博士（工学）

遠藤琢磨（えんどうたくま）

1962 年　宮城県に生まれる
1990 年　大阪大学大学院工学研究科博士後期課程修了
現　在　広島大学大学院工学研究院エネルギー・環境部門 教授
　　　　工学博士

機械工学基礎課程
熱　力　学
定価はカバーに表示

2015 年 9 月 25 日　初版第 1 刷
2024 年 8 月 1 日　　　第 6 刷

編著者　松　村　幸　彦
　　　　遠　藤　琢　磨
発行者　朝　倉　誠　造
発行所　株式会社　朝　倉　書　店

東京都新宿区新小川町 6-29
郵便番号　162-8707
電　話　03(3260)0141
FAX　03(3260)0180
https://www.asakura.co.jp

〈検印省略〉

© 2015〈無断複写・転載を禁ず〉

Printed in Korea

ISBN 978-4-254-23794-8　C 3353

JCOPY　〈出版者著作権管理機構　委託出版物〉

本書の無断複写は著作権法上での例外を除き禁じられています．複写される場合は，そのつど事前に，出版者著作権管理機構（電話 03-5244-5088, FAX 03-5244-5089, e-mail: info@jcopy.or.jp）の許諾を得てください．

前東大 中島尚正・東大 稲崎一郎・前京大 大谷隆一・
東大 金子成彦・京大 北村隆行・前東大 木村文彦・
東大 佐藤知正・東大 西尾茂文編

機械工学ハンドブック

23125-0 C3053　　　B 5 判 1120頁 本体39000円

21世紀に至る機械工学の歩みを集大成し，細分化された各分野を大系的にまとめ上げ解説を加えた大項目主義のハンドブック。機械系の研究者・技術者，また関連する他領域の技術者・開発者にとっても役立つ必備の書。〔内容〕Ｉ編（力学基礎，機械力学）／II編（材料力学，材料学）／III編（熱流体工学，エネルギーと環境）／IV編（設計工学，生産工学）／Ｖ編（生産と加工）／VI編（計測制御，メカトロニクス，ロボティクス，医用工学，他）

E.スタイン・R.ドゥボースト・T.ヒューズ編
早大 田端正久・明大 萩原一郎監訳

計算力学理論ハンドブック

23120-5 C3053　　　B 5 判 728頁 本体32000円

計算力学の基礎である，基礎的方法論，解析技術，アルゴリズム，計算機への実装までを詳述。〔内容〕有限差分法／有限要素法／スペクトル法／適応ウェーブレット／混合型有限要素法／メッシュフリー法／離散要素法／境界要素法／有限体積法／複雑形状と人工物の幾何学的モデリング／コンピュータ視覚化／線形方程式の固有値解析／マルチグリッド法／パネルクラスタリング法と階層型行列／領域分割法と前処理／非線形システムと分岐／マクスウェル方程式に対する有限要素法／他

前東大 矢川元基・前京大 宮崎則幸編

計算力学ハンドブック

23112-0 C3053　　　B 5 判 680頁 本体30000円

計算力学は，いまや実験，理論に続く第3の科学技術のための手段となった。本書は最新のトピックを扱った基礎編，関心の高いテーマを中心に網羅した応用編の構成をとり，その全貌を明らかにする。〔内容〕基礎編：有限要素法／CIP法／境界要素法／メッシュレス法／電子・原子シミュレーション／創発的手法／他／応用編：材料強度・構造解析／破壊力学解析／熱・流体解析／電磁場解析／波動・振動・衝撃解析／ナノ構造体・電子デバイス解析／連成問題／生体力学／逆問題／他

千葉大 野波健蔵・埼玉大 水野 毅・足立修一・
池田雅夫・大須賀公一・大日方五郎・
木田 隆・永井正夫編

制　御　の　事　典

23141-0 C3553　　　B 5 判 592頁 本体18000円

制御技術は現代社会を支えており，あらゆる分野で応用されているが，ハードルの高い技術でもある。また，これから低炭素社会を実現し，持続型社会を支えるためにもますます重要になる技術であろう。本書は，制御の基礎理論と現場で制御技術を応用している実際例を豊富に紹介した実践的な事典である。企業の制御技術者・計装エンジニアが，高度な制御理論を実システムに適用できるように編集，解説した。〔内容〕制御系設計の基礎編／制御系設計の実践編／制御系設計の応用編。

前東大 吉識晴夫・東海大 畔津昭彦・東京海洋大 刑部真弘・
前東大 笠木伸英・前電中研 浜松照秀・JARI 堀 政彦編

動力・熱システムハンドブック

23119-9 C3053　　　B 5 判 448頁 本体16000円

代表的な熱システムである内燃機関（ガソリンエンジン，ガスタービン，ジェットエンジン等），外燃機関（蒸気タービン，スターリングエンジン等）などの原理・構造等の解説に加え，それらを利用した動力・発電・冷凍空調システムにも触れる。〔内容〕エネルギー工学の基礎／内燃・外燃機関／燃料電池／逆サイクル（ヒートポンプ等）／蓄電・蓄熱／動力システム，発電・送電・配電システム，冷凍空調システム／火力発電／原子力発電／分散型エネルギー／モバイルシステム／工業炉／輸送

| 横国大 君嶋義英著
基礎からわかる物理学2
熱　　　　力　　　　学
13752-1 C3342　　　A5判 144頁 本体2500円

理工学を学ぶ学生に必須な熱力学を基礎から丁寧に解説。豊富な演習問題と詳細な解答を用意。〔内容〕熱と分子運動／熱とエネルギー／理想気体の熱力学／カルノーサイクルと熱力学の第2法則／熱サイクルとエンジン／蒸気機関と冷凍機

戸田盛和著
物理学30講シリーズ4
熱　現　象　30　講
13634-0 C3342　　　A5判 240頁 本体3700円

熱の伝導，放射，凝縮等熱をとりまく熱現象を熱力学からていねいに展開していく。〔内容〕熱力学の第1, 2法則／エントロピー／熱平衡の条件／ミクロ状態とエントロピー／希薄溶液／ゆらぎの一般式／分子の分布関数／液体の臨界点／他

静岡理工科大 志村史夫著
したしむ物理工学
し　た　し　む　熱　力　学
22766-6 C3355　　　A5判 168頁 本体3000円

エントロピー，カルノーサイクルに代表されるように熱力学は難解な学問と受け取られているが，本書では基本的な数式をベースに図を多用し具体的な記述で明解に説き起す〔内容〕序論／気体と熱の仕事／熱力学の法則／自由エネルギーと相平衡

前東邦大 小野嘉之著
シリーズ〈これからの基礎物理学〉1
初歩の統計力学を取り入れた
熱　　　力　　　学
13717-0 C3342　　　A5判 216頁 本体2900円

理科系共通科目である「熱力学」の現代的な学び方を提起する画期的テキスト。統計力学的な解釈を最初から導入し，マクロな系を支えるミクロな背景を理解しつつ熱力学を学ぶ。とりわけ物理学を専門としない学生に望まれる「熱力学」基礎。

前東工大 市村浩著
基礎の物理8
熱　　　　　　　　学
13588-6 C3342　　　A5判 232頁 本体3700円

熱力学と統計力学の初歩を平易明快に解説する。〔内容〕温度と状態方程式／熱力学第一法則／簡単な応用／第二法則／熱力学的関係式／熱平衡の条件／第三法則／種々の系／平衡状態の統計力学／理想系／強い相互作用のある系／非平衡状態

I. プリゴジン・D. コンデプディ著
前東大 妹尾学・東海大 岩元和敏訳
現　代　熱　力　学
―熱機関から散逸構造へ―
13085-0 C3042　　　A5判 388頁 本体6400円

ノーベル賞学者I.プリゴジンとその仲間により1999年に刊行された本格的教科書の全訳。5部構成20章で"散逸構造"に辿り着く。〔内容〕熱機関からコスモロジーへ／平衡系熱力学／ゆらぎと安定性／線形非平衡熱力学／ゆらぎによる秩序形成

前北大 松永義夫著
ベーシック化学シリーズ3
入門　化　学　熱　力　学
14623-3 C3343　　　A5判 168頁 本体3200円

高校化学とのつながりに注意を払い，高校教科書での扱いに触れてから大学で学ぶ内容を述べる。反応を中心とする化学の問題に熱力学をどのように結びつけ，どのように活用するかを簡潔明快に説明する。必要な数学は付録で解説

阪大 山下弘巳・京大 杉村博之・熊本大 町田正人・大阪府大 齊藤丈靖・近畿大 古南博・長崎大 森口勇・長崎大 田邉秀二・大阪府大 成澤雅紀他著
熱　　力　　学　基礎と演習
25036-7 C3058　　　A5判 192頁 本体2900円

理工系学部の材料工学，化学工学，応用化学などの学生1〜3年生を対象に基礎をわかりやすく解説。例題と豊富な演習問題と丁寧な解答を掲載。構成は気体の性質，統計力学，熱力学第1〜第3法則，化学平衡，溶液の熱力学，相平衡など

東京工芸大 佐々木幸夫・北里大 岩橋槇夫・岐阜大 沓水祥一・東海大 藤尾克彦著
応用化学シリーズ8
化　学　熱　力　学
25588-1 C3358　　　A5判 192頁 本体3500円

図表を多く用い，自然界の現象などの具体的な例をあげてわかりやすく解説した教科書。例題，演習問題も多数収録。〔内容〕熱力学を学ぶ準備／熱力学第1法則／熱力学第2法則／相平衡と溶液／統計熱力学／付録：式の変形の意味と使い方

東工大 大熊政明・東大 金子成彦・京大 吉田英生編
事例で学ぶ数学活用法
11142-2 C3541　　　A5判 304頁 本体5200円

具体的な活用例を通して数学の使い方を学び，考え方を身につける。〔内容〕音響解析（機械工学×微積分）／人のモノの見分け方（情報×確率・統計）／半導体中のキャリアのパルス応答（電気×微分方程式）／細胞径分布（生物×関数・級数展開）／他

稲葉英男・加藤泰生・大久保英敏・河合洋明・原 利次・鴨志田隼司著
学生のための機械工学シリーズ5
伝 熱 科 学
23735-1 C3353　　A5判 180頁 本体2900円

身近な熱移動現象や工学的な利用に重点をおき，わかりやすく解説。図を多用して視覚的・直感的に理解できるよう配慮。〔内容〕伝導伝熱／熱物性／対流熱伝達／放流伝熱／凝縮伝熱／沸騰伝熱／凝固・融解伝熱／熱交換器／物質伝達／他

佐賀大 門出政則・長崎大 茂地 徹著
基礎機械工学シリーズ8
熱 力 学
23708-5 C3353　　A5判 192頁 本体3400円

例題，演習問題やティータイムを豊富に挿入したセメスター対応教科書。〔内容〕熱力学とは／熱力学第一法則／第一法則の理想気体への適用／第一法則の化学反応への適用／熱力学第二法則／実在気体の熱力学的性質／熱と仕事の変換サイクル

小口幸成編著　佐藤春樹・栩谷吉郎・伊藤定祐・高石吉登・矢田直之・洞田 治著
機械工学テキストシリーズ2
熱 力 学
23762-7 C3353　　B5判 184頁 本体3200円

ごく身近な熱現象の理解から，熱力学の基礎へと進む，初学者にもわかりやすい教科書。〔内容〕熱／熱現象／状態量／単位記号／温度／熱量／理想気体／熱力学の第一法則／第二法則／物質とその性質／各種サイクル／エネルギーと地球環境

倉林俊雄・寺崎和郎・永井伸樹・伊藤献一著
工 業 熱 力 学
23027-7 C3053　　A5判 240頁 本体3800円

将来技術者として必要な高度な基礎知識も盛り込み，熱力学の骨組が理解できるようていねいに解説。〔内容〕物質の状態変化／熱と仕事／エントロピ／エクセルギ／ガスサイクル／実在気体と蒸気／ガスと蒸気の流れ／蒸気サイクル／燃焼／伝熱

前大工大 北條勝彦著
わかる 工 業 熱 力 学
23124-3 C3053　　A5判 216頁 本体2800円

基礎より応用に重点を置き平易に解説。〔内容〕熱力学の第1(2)法則とエンタルピ／完全ガスと混合ガス／蒸気の性質と状態変化／ガスと蒸気の流動／ガスサイクル，空気圧縮機サイクル，蒸気原動機サイクル，冷凍サイクル／他

鳥飼欣一・鈴木康一・岡田昌志・飯沼一男・須之部量寛著
機械系基礎工学5
熱 工 学
23625-5 C3353　　A5判 212頁 本体4000円

熱工学は大学機械工学系において重要な基礎科目の一つになっている。本書は熱エネルギと機械的エネルギに関する現象およびそれらに関する物質の性質を例題もまじえながら平易に解説。〔内容〕熱力学／伝熱工学／燃焼／熱機関の構造と性能

河野通方・角田敏一・藤本 元・氏家康成著
最新 内 燃 機 関
23083-3 C3053　　A5判 200頁 本体3800円

内燃機関の基礎的事項を簡潔にまとめたテキスト。対象とする機関としては，往復動式内燃機関に重点をおいた。〔内容〕緒論／サイクル／吸・排気／燃料／燃焼／伝熱と冷却／往復動式内燃機関の力学／潤滑／火花点火機関／圧縮点火機関／他

前東人 谷田好通・前東人 長島利夫著
ガスタービンエンジン
23097-0 C3053　　B5判 148頁 本体3200円

航空機，発電，原子力などに使われているガスタービンエンジンを体系的に解説。〔内容〕流れと熱の基礎／サイクルと性能／軸流圧縮機・タービン／遠心圧縮機／燃焼器・再熱器・再生器／不安定現象／非設計点性能／環境適合／トピックス／他

前筑波大 松井剛一・北大 井口 学・千葉大 武居昌宏著
熱 流 体 工 学 の 基 礎
23121-2 C3053　　A5判 216頁 本体3600円

熱力学と流体力学は密接な関係にありながら統一的視点で記述された本が少ない。本書は両者の橋渡し・融合を目指した基本中の基本を平易解説。〔内容〕流体の特性／管路設計の基礎／物体に働く流体力／熱力学の基礎／気液二相流／計測技術

前神奈川工大 小口幸成・前ものつくり大 神本武征編著
機械工学テキストシリーズ3
動 力 発 生 学
—エンジンのしくみから宇宙ロケットまで—
23763-4 C3353　　B5判 152頁 本体3200円

エネルギーの基本概念から，燃焼，電気や動力の発生を体系的に学ぶことができる，これから技術者を目指す学生に向けた入門テキスト。〔内容〕エネルギー／燃焼／環境／内燃機関／ガスタービン／蒸気機関／燃料電池／宇宙用推進エンジン他

上記価格（税別）は2024年7月現在